AF318785
219
1827

MANUEL PRATIQUE

DE

CULTURE FOURRAGÈRE

LIVRES ET OBJETS D'ENSEIGNEMENT
EN VENTE A LA GRAINÆTERIE DENAIFFE

Culture des betteraves fourragères et des choux fourragers, par C. et H. Denaiffe, 1 volume de 83 pages, avec 45 figures. 1 fr. 50

Les Mélanges de graines fourragères pour obtenir les plus forts rendements de bonne qualité; étude scientifique et pratique par le Dr Stebler, directeur de la Station fédérale Suisse d'essais des semences. Traduction française publiée par la Graineterie Denaiffe, 1 volume de 170 pages, avec 21 figures....................... 1 fr. 60

Étude sur la carte agronomique du département des Ardennes, par C. et H. Denaiffe, 1 brochure de 30 pages....... 0 fr. 25

Renseignements succincts sur les plantes fourragères et les créations de prairies, par C. et H. Denaiffe, 1 brochure illustrée. 6ᵉ édition revue et considérablement augmentée.............. 0 fr. 75

Herbier des légumineuses et des graminées fourragères dit : **Herbier Denaiffe,** 2 forts volumes (0 m. 45 × 0 m. 28) reliés. 32 fr. »
Chaque volume séparé.................................. 16 fr. »

Herbiers des Écoles primaires. Ces herbiers sont livrés en boîtes de 0 m. 45 sur 0 m. 30 ; les uns sont composés des meilleures plantes fourragères, les autres renferment les principales plantes nuisibles des prairies. Chaque Herbier en boîte....................... 9 fr. »

Collections de graines pour Écoles et Musées, composées de 60 flacons uniformes placés sur une jolie étagère en noyer ciré. 16 fr. »

Collections de graines pour l'Enseignement primaire, composées de 18 flacons fixés sur un carton de façon à former un tableau mural très intéressant, chaque collection....................... 3 fr. »

Grandes collections de graines (Prix variables suivant le nombre et les espèces de graines).

Légumes et végétaux divers, moulés en plâtre sur des spécimens soigneusement choisis et peints d'après nature (Demander le prix courant spécial). Cette superbe collection confectionnée par la Graineterie Denaiffe et mise en vente pour la première fois sera très appréciée des Amateurs ainsi que des Marchands grainiers. Elle rendra aussi de grands services dans les Écoles d'agriculture et d'horticulture.

Clichés galvanos (Collection Denaiffe) pour la reproduction imprimée des plantes de grande culture, légumes, fleurs, etc. (Demander le Prix courant spécial).

Collections géologiques.

POITIERS — IMPRIMERIE BLAIS, ROY ET Cⁱᵉ, 7, RUE VICTOR-HUGO.

CLÉMENT ET HENRI DENAIFFE

Cultivateurs de Graines

MANUEL PRATIQUE

DE

CULTURE FOURRAGÈRE

AVEC 108 FIGURES INTERCALÉES DANS LE TEXTE

CRÉATION ET ENTRETIEN DES PRAIRIES
RÉCOLTE, CONSERVATION, UTILISATION ET VALEUR ALIMEN-
TAIRE DES FOURRAGES
GRAMINÉES — LÉGUMINEUSES ET PLANTES FOURRAGÈRES
DIVERSES
PLANTES NUISIBLES DES PRAIRIES — ENSILAGE
SIDÉRATION — TABLEAUX DIVERS

PARIS

LIBRAIRIE J.-B. BAILLIÈRE & FILS

19, RUE HAUTEFEUILLE, PRÈS DU BOULEVARD SAINT-GERMAIN

1896

PRÉFACE

Il y a six ans, en présentant aux cultivateurs français l'excellent livre que le Dr Stebler venait de publier sur *les Mélanges de graines fourragères pour obtenir de grands rendements*, nous disions : « Le revenu de la culture des céréales se réduisant de plus en plus, il s'ensuit naturellement que le cultivateur s'adonne davantage à celle des fourrages; aussi cette branche de l'économie rurale prend-elle, dans la plupart des pays d'Europe, un développement qui va grandissant d'année en année et bientôt elle l'emportera sur toutes les autres. »

« Aujourd'hui une grande réaction s'est produite, dit à son tour M. E. Fagot, dans sa *Monographie de la ferme de la Haute-Maison*; les cultivateurs sont las d'avoir tant labouré, et souvent sans profits; ils sont fatigués des exigences de plus en plus grandes des ouvriers et des hauts prix de la main-d'œuvre, et c'est pour s'y soustraire autant qu'il leur est possible de le faire, qu'ils pratiquent un autre mode de culture. Ils ne cherchent plus de grands produits bruts, mais ils veulent abaisser les frais de production pour augmenter le produit net.

« Dans toute la région jurassique des Ardennes, cette réaction s'est manifestée il y a déjà 15 ou 20 ans et s'est traduite partout par la transformation en herbages à vaches des plus grandes parcelles de terre. »

La production peu rémunératrice des céréales et de plusieurs plantes industrielles n'est pas l'unique cause de l'extension de la culture fourragère. L'augmentation toujours croissante de la population marchant de pair avec le développement de la civilisation et du bien-être, il a fallu s'appliquer à produire plus de viande et de lait. La consommation de la viande a pris des proportions extraordinaires en France depuis cinquante ans; à cette époque, le paysan français ne mangeait de la viande de boucherie que deux ou trois fois par an, à l'occasion des grandes fêtes; de son côté, l'ouvrier des villes en consommait beaucoup moins qu'aujourd'hui. Depuis, des boucheries se sont installées jusque dans les petites bourgades, elles sont même légion dans certaines villes, et les citadins peu fortunés, de même que les ouvriers de la campagne, peuvent se procurer journellement ce qu'ils ne s'offraient autrefois qu'à grand'peine et à de longs intervalles.

Il a fallu aviser aux moyens d'augmenter la production fourragère pour satisfaire aux besoins toujours plus grands et nourrir le bétail chaque jour plus nombreux destiné à fournir la viande de même que le lait et ses dérivés. Aussi, depuis un demi-siècle, la production fourragère a-t-elle pris un immense développement et hâtons-nous d'ajouter que, depuis quelques années, elle marche à grands pas dans la voie du progrès.D'autre part, la sidération, ce puissant moyen de fertilisation, quoique connue en réalité depuis des siècles, en est encore à ses débuts dans notre pays; en se généralisant ne donnera-t-elle pas, elle aussi, un immense essor aux cultures herbacées ?

Qui n'a remarqué depuis vingt ans la régularité du prix des fourrages, de la viande ou des produits de la laiterie en comparaison du marché des céréales toujours à la merci des spéculateurs, et à l'heure actuelle, malgré les droits protecteurs, ne voit-on pas encore le blé continuer sa baisse ininterrompue depuis trente ans, tandis que (années anormales exceptées)le prix du bétail et des produits qu'il fournit a toujours suivi une marche ascendante. Ce mouvement ascensionnel ne semble même pas arrivé à son apogée, car, ainsi que nous venons de le dire, la demande de viande augmente chaque jour dans notre pays et nul n'ignore que la production est inférieure à la consommation.

Enfin, dans un autre ordre d'idées, malgré l'influence heureuse de la vulgarisation des engrais chimiques, le fourrage ne reste-t-il pas aujourd'hui comme hier la base la plus sérieuse de la production de la fertilité, n'est-il pas presque banal de dire que les fermes bien pourvues de prairies et nourrissant un nombreux bétail sont généralement les plus prospères !

La production fourragère est donc une question d'importance extrême, devant intéresser au plus haut point les personnes soucieuses de la prospérité de l'agriculture française.

C'est ce qui nous a décidé à publier ce petit manuel, en souhaitant qu'il contribue un tant soit peu, dans sa modeste sphère, à la vulgarisation des bonnes plantes, à l'amélioration de la culture fourragère et à une connaissance plus approfondie des bonnes semences si délaissées d'habitude dans les livres agricoles (1).

Carignan, le 5 septembre 1895.

C. & H. Denaiffe.

(1) « On remarquera que des volumes ont été consacrés à l'étude « du sol, que des volumes ont été écrits sur les engrais, tandis « qu'on ne s'est pas plus préoccupé des semences que s'il s'agissait « là d'une chose tout à fait accessoire. » (Petermann, *Recherches sur les graines originaires des hautes latitudes.*)

MANUEL PRATIQUE

DE

CULTURE FOURRAGÈRE

PREMIÈRE PARTIE

LES PRAIRIES
ET LES FOURRAGES

§ 1er. — Les Prairies

Il suffit de parcourir les écrits de Columelle, de Caton et de Pline, pour juger que, dès l'antiquité, l'utilité de la culture des plantes fourragères était déjà reconnue.

En France, ce n'est guère que vers la fin du quinzième siècle que les questions relatives à la culture fourragère commencèrent à être étudiées sérieusement; elles prirent ensuite de l'extension au début de notre siècle pour arriver progressivement à l'importance extrême qu'elles ont acquise aujourd'hui.

Les plantes constituant les prairies se rattachent en majeure partie à deux grands groupes ou familles botaniques : les *Graminées* et les *Légumineuses*.

1.

Les graminées sont monocotylédones, le plus souvent à racines traçantes, à tiges généralement creuses avec nœuds inégalement distants desquels partent les feuilles qui sont ordinairement allongées, rubanées et à gaine fendue, à fleurs réunies en épillets groupés de différentes sortes pour constituer l'inflorescence totale ;

Les légumineuses, au contraire, sont dicotylédones, à racines pivotantes, garnies de radicelles, à tiges ramifiées, droites, courbées ou même traçantes sur le sol, à feuilles composées de trois folioles (luzerne, trèfle) ou d'un plus grand nombre (sainfoin), à fleurs réunies en capitules ou en grappes.

« L'histoire des graminées se rattache étroitement à l'histoire de la civilisation, dit M. de Moor ; partout où celle-ci a fait quelques progrès, l'on trouve leur culture en honneur. Elles forment, aux yeux du botaniste, la famille la plus riche et la plus naturelle du règne végétal ; et l'agronome, le cultivateur, lui, la considère, à juste titre, comme la plus importante de ses cultures. En effet, toutes peuvent servir à nos besoins ou concourir à nos jouissances ; ici, elles forment la base de la nourriture de l'homme ; là, elles pourvoient à la subsistance et à l'entretien de ses troupeaux, et fournissent les éléments de diverses industries ; enfin, plus loin, leurs tiges souterraines raffermissent et fixent les sols mobiles de pays entiers. »

On peut dire que la plupart des meilleures graminées de nos prairies poussaient spontanément dans les terrains qui leur convenaient et qu'il a suffi d'en recueillir les graines lorsqu'on a voulu les cultiver séparément. Pour les unes, tels que le ray-grass d'Italie, le dactyle pelotonné, le fromental, le brome des prés, l'avoine jaunâtre, la production des semences s'accrut d'abord proportionnellement aux besoins, puis les dépassa au point de permettre une exportation importante; pour les autres, les agriculteurs français ne se mettant pas à les produire, on les tira longtemps de l'étranger, mais depuis quelques années on commence à comprendre les avantages de la production de ces semences, notamment des fétuques, pâturins, agrostis, flouves odorantes, et on peut prévoir dès maintenant le moment où leur importation en France sera très faible.

La culture des légumineuses, aujourd'hui l'une des principales richesses du sol national, est beaucoup plus ancienne dans notre pays que celle des graminées, car le trèfle violet, la luzerne, le sainfoin, c'est-à-dire les plus usitées, commençaient à être cultivées au seizième siècle, tandis que les premières graminées importantes, comme le ray-grass anglais, le fromental, le dactyle pelotonné, ne se répandirent chez nous que dans ce siècle-ci.

Avantages des prairies. — Les prairies, une fois établies, présentent surtout cet immense avantage sur les autres cultures, de livrer leurs produits avec peu de soins d'entretien et de dépenses. De plus, ces produits sont plus certains et s'utilisent sous des formes variables (*herbe verte, foin, regain, conserve ensilée, engrais vert*) avec des frais peu élevés de transformation ou de préparation.

De même que les autres cultures, les prairies peuvent être soumises à la *culture intensive* ou à la *culture extensive* selon la situation et la richesse du sol. Sur des parcelles éloignées de la ferme, par exemple, où les frais de culture sont élevés, il est bien préférable d'établir des prairies chaque fois que la chose est possible, car les dépenses consistent surtout en frais de fumure et de récolte. Il n'y a même pas de meilleure utilisation des parcelles ou des enclaves éloignées.

La même observation s'applique aux terres situées en pente, aux terres de coteaux, de montagnes, à celles d'accès difficile, car la culture des fourrages à enfouir en vert y trouve une précieuse application en permettant d'emmagasiner dans le sol un stock considérable d'azote revenant à un prix moins élevé que celui produit par les fumiers. (Voir *Sidération*.)

Enfin, même dans les meilleurs sols d'une exploitation, les prairies sont plus rémunératrices que la plupart des autres cultures ; aussi, comme le dit fort sagement le proverbe : « Ce n'est jamais pour avoir eu trop de prairies qu'un cultivateur a été ruiné. »

Classification des prairies. — Le mot de *prairie*, qui désigne d'une façon générale une surface enherbée dont le produit peut être consommé en vert ou en sec, vient du latin *pratum, paratum*, qui signifie chose prête, les prés étant en effet plus que toute autre culture toujours prêts à donner un produit.

Il n'existe pas de classification absolue pour les prairies, voici comment sont souvent classées les principales sortes.

Un *herbage* ou *embouche* est une prairie fournissant une herbe abondante et de bonne qualité réservée habituellement à l'engraissement des bêtes bovines ; tandis que les mots de *pâturages* et de *pâtures* s'appliquent plutôt à des prairies dont le produit généralement pâturé est plus faible que celui des embouches ; la désignation de *pâture* est même le plus souvent réservée à une friche qui s'est recouverte d'herbe et n'est destinée à rester en place que temporairement.

Les *pacages*, appelés aussi *alpages* dans les pays de montagnes, sont des terrains recouverts d'une maigre végétation, ils occupent un degré en dessous des pâtures dans l'échelle de la fertilité et sont ordinairement réservés aux moutons et aux chèvres ; ils ne s'établissent guère que sur des surfaces arides, sèches et pierreuses.

Enfin les *polders* sont les prés créés en sol conquis sur la mer, et les *prés palustres* sont ceux établis en terrains marécageux.

Classification des prairies d'après la durée des plantes.

— Parmi les plantes composant les prairies, les unes sont annuelles, les autres bisannuelles et les autres vivaces. Selon leur durée, les prairies peuvent être rangées en trois grandes catégories :

1º Les *prairies annuelles ou bisannuelles ;*
2º Les *prairies et les pâturages temporaires ;*
3º Les *prairies et les pâturages permanents.*

Les premières sont connues de tous.

Les secondes, composées rien que de légumineuses, rien que de graminées, des deux réunies et même de plantes d'autres familles, se distinguent des prairies permanentes en ce qu'elles sont établies pour un temps limité pendant lequel elles sont très productives et au bout duquel elles périclitent ou disparaissent.

Il n'en est pas de même des prairies permanentes qui, à l'exception des prairies Gœtz comprenant exclusivement des graminées, sont toujours composées de légumineuses et de graminées en proportions variables, car leur durée est illimitée, leur rendement plus régulier ; de plus elles ne sont pas influencées aussi fortement que les autres cultures par les conditions climatériques.

Lorsque le milieu ne se prête pas à la création des prairies permanentes ou dans la culture intensive qui est cependant l'opposé de ce premier cas, on donne presque toujours la préférence aux prairies temporaires.

Classification de M. Heuzé. — Suivant leur situation, on peut ensuite, ainsi que le fait M. Heuzé, subdiviser les prairies en général en trois principales catégories, et les pâturages en particulier en quatre catégories :

1° Les *prairies élevées ou sèches ;*
2° Les *prairies moyennes ;*
3° Les *prairies basses.*

1° Les *pâturages de bois ;*
2° Les *pâturages de landes ;*
3° Les *pâturages de montagnes ;*
4° Les *pâturages de marais.*

Les prairies moyennes donnent lieu elles-mêmes à trois sous-classes selon qu'elles sont *irrigables, non irrigables, ou submersibles.* Elles sont plus productives que les prairies élevées ; elles donnent toujours une première coupe et un regain, mais leur foin est moins aromatique, moins tonique et moins alibile que celui récolté sur les plateaux ou les collines sèches.

Au contraire, les prairies basses ne produisent souvent qu'un foin médiocre, infesté de mauvaises plantes telles que les rumex, les carex et la colchique ; il n'est quelquefois bon à être utilisé que comme litière.

Classification de M. Moll. — Quoique moins caractéristiques que les précédentes, nous ne pouvons passer sous silence les deux classifications suivantes de M. Moll : l'une basée sur le rendement et l'autre sur le poids de chair vivante nourrie par hectare.

1° Classification des prairies permanentes :

1° Prés à 2 coupes donnant 8000 kil. de foin par hectare et par an.
2°   —   —   6000 kil.   —   —
3°   —   —   4000 kil.   —   —
4°   —   —   2000 kil.   —   —

2° Classification des pâturages permanents.

1° Pâturages nourrissant 800 kil. de poids vif par hectare et par an.
2°   —   —   500 kil.   —   —
3°   —   —   250 kil.   —   —
4°   —   —   60 kil.   —   —

Les prés d'alluvion et d'embouche ainsi que les polders (1) rentrent toujours dans la première catégorie ; les herbages de moyenne qualité, tels qu'une partie de ceux de la Normandie, du Nivernais, rentrent dans la seconde catégorie ; la troisième catégorie est encore considérée comme bonne pour les chevaux et les bêtes bovines ; enfin la dernière comprend les pâturages de landes et de montagnes.

Pour les pâturages surtout l'humidité constante est nécessaire, car il faut pour nourrir le bétail une végétation régulière presque toute l'année, tandis qu'une prairie permanente peut, en un espace de temps limité

(1) Il ne faut pas confondre ces prairies des polders avec les *grèves herbues*. Ces dernières, qui constituent la première végétation herbacée sur les sols encore imprégnés de sel, sont généralement composées de : Criste maritime (*Salicornia herbacea*), Pâturin aquatique (*Poa aquatica*), Glycérie maritime (*Glyceria maritima*).

et quelquefois par une croissance rapide peu de temps avant d'être coupée, donner un produit satisfaisant.

§ 2. — Influence des climats sur la végétation herbacée.

La prospérité des prairies tient assurément à la nature du sol, mais à la condition que le climat soit favorable, car il a une influence prépondérante sur la pousse de l'herbe. En thèse générale, il faut un sol propice, de la chaleur et de l'humidité pour la production herbacée : les résultats sont en raison directe des proportions dans lesquelles ces facteurs de réussite se trouvent réunis.

Ce sont les climats doux, brumeux, humides, les climats marins, à longue saison végétative, à jours longs, nébuleux ou éclairés ; enfin les climats à hivers peu rudes avec étés sans chaleurs excessives et humidité suffisante, qui sont les plus favorables.

Dans les pays septentrionaux la végétation est interrompue moitié de l'année par les grands froids ou la neige ; dans les régions méridionales, au contraire, elle est arrêtée à l'époque des grandes chaleurs ; entre ces deux extrêmes, se trouvent des contrées à hiver doux et à été suffisamment frais qui sont éminemment propres à la production herbacée.

Il faut cependant ajouter que même dans les pays très chauds, comme l'Algérie par exemple, où l'herbe se trouve grillée l'été et ne pousse que pendant l'hiver ou plus exactement pendant la saison des pluies, pour peu qu'on dispose de moyens spéciaux, tels que l'irrigation, on obtient des rendements extrêmement élevés en fourrage, la pousse ayant lieu avec une rapidité étonnante. Il existe aussi dans certains de ces pays à étés très chauds, la ressource de mettre une partie des troupeaux en montagne. Là le soleil est tempéré par l'altitude, et les montagnes, remplissant le rôle de condensateurs naturels, donnent toujours lieu, pour peu qu'elles soient élevées, à des précipitations aqueuses importantes, elles sont par suite beaucoup moins exposées à la sécheresse que les plaines. C'est ce qui explique, par exemple, pourquoi les bergers s'élèvent sur les Alpes et les Arabes sur les hauts plateaux au fur et à mesure que, le soleil montant à l'horizon, la saison devient plus chaude, pour redescendre ensuite à l'approche de l'hiver et se trouver dans les plaines au moment des pluies.

Il semble presque inutile de chercher à prouver l'influence du climat sur la végétation herbacée, car elle saute aux yeux même des personnes ne s'adonnant pas à l'agriculture. Qui n'a pas été frappé de l'influence des climats tempérés et humides en voyant les luxuriantes prairies de la Bretagne, de la Normandie, de la Hollande, de l'Écosse, de l'Irlande? Qui n'a pas admiré le puissant effet de la chaleur et des irrigations en pays chauds en passant dans les belles plaines de la Lombardie irriguées par le Pô ou en visitant les marcites du Milanais ; qui ne connaît de réputation la végétation exubérante se développant sous les tropiques aussitôt l'époque des pluies et pour citer des régions déshéritées comme le Sahara (1) par exemple, n'est-on

(1) Beaucoup de personnes, au nombre desquelles nous étions d'ailleurs avant notre excursion dans le sud de l'Algérie, se figurent qu'à part dans les oasis le Sahara est le désert absolu ; tandis qu'en réalité le désert commence plutôt au Hamada, situé au sud du Sahara, pour se continuer par les Aregs, immenses plaines de cailloux et de sable, complètement stériles et que les caravanes les plus hardies ne traversent qu'avec crainte.

pas étonné, aussitôt que l'humidité arrive, d'y voir pour ainsi dire surgir des prairies, de peu de rapport, il est vrai, mais immenses et susceptibles d'être parcourues par de nombreux troupeaux de moutons et de chèvres ?

En France, la culture fourragère est praticable partout. Nous devons cependant ajouter que sur certaines parties par trop sèches, de même que sur certains sols pauvres et sur les plateaux calcaires ou siliceux, elle n'est réellement praticable que par les prairies temporaires et doit même quelquefois se borner à la culture de plantes à végétation rapide qui parcourent toutes les phases de leur végétation pendant la courte période de temps propice aux fourrages.

Le choix de plantes susceptibles de végéter sous chaque climat a une grande importance, aussi aurons-nous souvent à y revenir par la suite.

§ 3. — Sols favorables à la production de l'herbe.

Nous avons dit que tous les sols pouvaient produire de l'herbe sous un climat favorable, mais la composition physique et chimique du sol exerce à son tour une influence capitale sur la production de l'herbe au double point de vue de la quantité et de la qualité.

Il ne faut pas perdre de vue, lorsqu'on exécute un semis de prairie, que le climat et le terrain, — le choix des espèces de semence fût-il excellent, — feront dans la suite la sélection des plantes. En général, nous pouvons admettre que les sols frais, sans excès d'humidité, et les sols profonds possédant en proportions suffisantes le calcaire, le sable et l'argile (ces deux derniers étant même prédominants) sont les meilleurs. Il va sans dire que ce sol type doit, en outre, être assez abondamment pourvu d'azote, d'acide phosphorique, de potasse, de chaux et même de magnésie, éléments très importants que l'on retrouve en quantité prédominante dans tout fourrage.

C'est bien, en effet, dans les terres d'alluvions profondes et riches, dans les limons argileux possédant assez de calcaire que l'on trouve les prairies les plus anciennes et les plus riches.

Mais en nous inspirant de la marche suivie par M. Boitel (1) nous allons passer en revue les diverses formations géologiques et examiner quelles sont celles qui donnent les meilleurs résultats au point de vue particulier auquel nous nous sommes placés. Il nous semble d'ailleurs que c'est la seule marche susceptible de donner des indications sérieuses, puisqu'il y a entre chaque même couche géologique une certaine similitude au point de vue de la composition. Ce que nous disons pour une assise dans une région donnée s'appliquera à la même assise dans une autre contrée.

Terrains granitiques. — Si nous prenons les terrains dans l'ordre de leur formation, nous devons nous occuper d'abord des terrains granitiques dont les roches fondamentales sont : le granit (2), le gneiss, le micaschiste, la pegmatite, l'amphibolite, la diorite et la syénite.

Ces terrains recouvrent en France une surface con-

(1) Boitel, *Prairies et Herbages naturels.*
(2) Composition du granit d'après M. de Lapparent : silice, 72, alumine, 16, potasse, 6.5, soude, 2.5, chaux, 1.5, magnésie, 1.5, oxyde de fer, 1.5.

sidérable qu'on évalue approximativement au cinquième du territoire; on les rencontre surtout dans le Plateau central, la Bretagne, les Alpes, les Pyrénées, le Morvan, les Vosges et la Corse.

Ces roches étant à décomposition lente ont donné naissance à des terrains peu profonds, légers, fréquemment siliceux ou silico-argileux et plus rarement argileux. Ils sont le plus souvent assez riches en potasse, *mais ordinairement très pauvres en chaux et en acide phosphorique.* Nous devons cependant ajouter qu'on trouve, mais rarement, des terrains provenant de la décomposition des granits qui sont assez riches en chaux, mais c'est lorsque le feldspath entrant dans la composition du granit est calcique et qu'il est à base d'oligoclase, de Labrador et d'anorthite. Les terres dioritiques et amphibolitiques sont aussi riches en chaux, il n'est pas rare de voir sur le Plateau Central une poussée de roche précitée ayant surgi au milieu d'une masse granitique et donner par décomposition des terres de haute valeur aptes à produire de superbes prairies, tandis qu'à côté la terre ne donne qu'à grand'peine un fourrage médiocre; mais, il faut le reconnaître, ces heureuses exceptions sont assez rares.

Ce sont les roches granitiques qui par leur décomposition ont donné les terres de landes et celles de bruyères. Lorsque ces dernières sont un peu améliorées, elles produisent surtout des agrostis, des brômes, des flouves, des houlques auxquels se joignent des rumex et de la petite oseille.

Pour rendre ces terrains fertiles, il faut les améliorer par un apport considérable de chaux et d'acide phosphorique, ils sont alors susceptibles de

donner des récoltes très satisfaisantes de bons four-
rages.

Les eaux qui traversent les terrains granitiques ou qui ruissellent à leur surface sont bonnes pour l'irrigation et contribuent en terres saines à l'obtention de bonnes récoltes.

Ce sont surtout les prairies des terrains granitiques établies sur le flanc des coteaux qui profitent le plus de cette irrigation, car elles renferment une forte proportion de sable (provenant de la décomposition des granits) qui, n'ayant pu être entraîné par les eaux, est resté sur place. Aussi lorsque ces prairies en pente ne sont pas arrosées sont-elles le plus souvent desséchées en été.

L'argile provenant de la décomposition des granits s'accumule dans les parties basses et forme un fond imperméable qui s'oppose à la filtration des eaux, aussi les bas-fonds qui en résultent ne sont que fondrières et terrains humides ou bourbeux, mais qui se transforment en prairies de bonne qualité aussitôt que l'excès d'eau peut être enlevé par le drainage et qu'on use largement des chaulages et des phosphatages.

Terrains éruptifs. — Cette deuxième classe comprend les terrains provenant de la décomposition des roches éruptives, parmi lesquels nous citerons les terrains dérivés des roches porphyriques, des roches basaltiques, des laves, des pouzzolanes et des cendres.

Le porphyre, roche très dure, de même composition mais de structure différente que le granit, donne des terrains peu profonds et médiocrement favorables à la production herbacée. Il n'en est pas de même des trachytes (1), des laves et des basaltes (2).

Grâce à leur haute teneur en éléments minéraux de premier ordre, les terrains volcaniques sont éminemment propres à la végétation des légumineuses, tout en se prêtant suffisamment bien à celle des graminées. Aussi les prairies établies sur le sommet ou les flancs des montagnes volcaniques sont-elles généralement très prospères et composées des meilleures légumineuses et des meilleures graminées.

Le Plateau central comprend beaucoup de terrains volcaniques, notamment dans le Puy-de-Dôme, la Corrèze, la Haute-Loire, l'Ardèche et le Cantal. Ce sont d'ailleurs les herbages de ce dernier département qui nourrissent la belle race des Salers si remarquable au triple point de vue du travail, du lait et de la boucherie.

Terrains de transition. — Les terres de transition ou terres schisteuses ont été formées aux dépens des terrains primitifs, par les débris arrachés par les eaux, déposés au sein de l'élément liquide et soumis ensuite à l'action du feu interne ; mais les terres de transition étant en très grande partie formées de schistes sont plutôt appelées terres schisteuses.

---

(1) Le trachyte est aussi une roche très dure qui, en se désagrégeant à la longue, donne de très bonnes terres ; selon M. Truchot, il renferme 2,40 p. 100 de chaux, 4,11 p. 100 de potasse et 0,217 p. 100 d'acide phosphorique.

(2) Les basaltes proviennent des poussées internes plus récentes et les laves ne sont en réalité que des basaltes modernes ; leur composition se rapproche beaucoup de celle des trachytes, mais ils se décomposent tous deux plus facilement que ce dernier, ils sont très riches en chaux, potasse et acide phosphorique.

Ces schistes sont composés de silice et d'argile en proportions variables suivant la roche dont ils proviennent et leur situation. Ils ont donné par leur décomposition des terres argilo-siliceuses et silico-argileuses dont le degré de perméabilité ou d'imperméabilité dépend de la proportion d'argile. Ces terres sont communes dans les Ardennes, l'Anjou, la Bretagne, la Normandie, la Provence : elles occupent le dixième de la surface du territoire.

Mais de même que les terres granitiques, elles sont très pauvres en chaux et en acide phosphorique. M. Nivoit, ancien ingénieur des Mines du département des Ardennes, a trouvé dans les schistes de ce département une teneur en acide phosphorique variant de 0, à 0,077 o/o. Aussi les terrains schisteux ne fournissent-ils souvent que de maigres pacages composés de graminées secondaires, et sur lesquels les légumineuses ne peuvent prospérer.

Dans ces terrains, les composts à base de chaux, les chaulages, les marnages et les phosphatages sont à préconiser.

Terrains triasiques. — Cette couche est surtout représentée dans l'est de la France par les grès vosgiens, les grès bigarrés, les marnes irisées, les calcaires coquilliers et dolomitiques; ils couvrent des surfaces importantes dans les Vosges, le Jura, la Meurthe-et-Moselle et la Haute-Saône. Ils ont donné, en se décomposant, des sols de valeur bien différente; ainsi les sols provenant des grès vosgiens et bigarrés sont légers, très siliceux, pauvres en chaux de même qu'en acide phosphorique et en potasse.

Néanmoins, les prairies établies sur de tels sols sur

les pentes des montagnes sont assez productives parce qu'elles sont le plus souvent bien irriguées.

Les marnes ont donné des terres généralement productives, le plus souvent situées dans les vallées, de bonnes prairies où les graminées dominent, car les légumineuses sont surtout abondantes dans les prairies sur sols dérivant des marnes dolomitiques et des marnes calciques.

Terrains jurassiques. — Les roches jurassiques comprennent un grand nombre d'étages, elles ont donné naissance à des terres calcaires, siliceuses, argileuses ou marneuses.

Les terrains jurassiques occupent tout autour du Plateau Central une large bande figurant un huit avec la boucle supérieure ouverte ; ils s'étendent sur une surface de dix à onze millions d'hectares. On les rencontre notamment dans l'Ain, les Ardennes, le Cher, la Côte-d'Or, le Doubs, la Haute-Marne, la Haute-Saône, l'Indre, le Lot, la Meurthe-et-Moselle, la Meuse, la Nièvre, la Vienne, l'Yonne, etc.

La chaîne du Jura, aussi bien en France que hors de nos frontières, appartient totalement à la formation jurassique.

A l'inverse des terrains primitifs et des terrains primaires, les terrains secondaires sont ordinairement riches en chaux et passablement riches en acide phosphorique ; quant à la potasse, elle se trouve en quantité suffisante dans les terrains argileux ou marneux, mais elle fait souvent défaut dans les terrains calcaires et siliceux. Ces deux derniers terrains, ordinairement secs, ne peuvent souvent donner que des pâturages à moutons ; cependant, quand ils trouvent de l'eau en suffisance, ils fournissent de bonnes prairies avec une flore spéciale qu'il faut suivre soigneusement pour la composition des semis de prairies dans ces sortes de terres.

Les terres argileuses ou marneuses bien situées sont, au contraire, très propices à la *production herbacée*.

Mais les sols les plus propices de tous à la pousse de l'herbe sont assurément les alluvions des terrains jurassiques, elles contiennent en proportion convenable le calcaire, l'argile, le sable, ainsi que l'acide phosphorique et la potasse. Elles produisent un bon mélange de légumineuses et de graminées et un foin très favorable à l'engraissement.

C'est sur des alluvions jurassiques que prospèrent les herbages si connus de la vallée d'Auge, du Nivernais et du Charolais, gras pâturages sur lesquels vivent nos plus belles races bovines. Ajoutons que les vallées de la Meuse et de la Saône, quoique un peu moins riches que ces dernières, parce qu'elles ne sont pas toujours formées d'alluvions des terrains secondaires, n'en produisent pas moins un foin abondant de très bonne qualité.

Il y a ordinairement peu à faire pour l'amélioration de ces prairies ; cependant l'irrigation est moins généralisée et moins bien comprise que dans des régions peu favorisées et il est certain que des progrès réalisés dans ce sens contribueraient à une augmentation de rendement très appréciable.

Terrains crétacés. — Les roches crétacées ont fourni des terrains à propriétés extrêmes, moyennement propices à la culture de l'herbe, tels sont les

« savarts » de la Champagne Pouilleuse et les terrains crayeux de la Charente. Mais à côté de ces terrains trop pourvus de carbonate de chaux, on en trouve d'autres, fournis aux dépens des marnes, des argiles du Gault, de la gaize et des argiles proprement dites. Ces derniers sols sont souvent compacts, tenaces, trop frais et généralement envahis par des joncées et des cypéracées que l'assainissement peut seul faire disparaître.

Les terrains gaizeux, que l'on rencontre sur les confins de la Meuse et des Ardennes, sont très riches en potasse ; les terrains crayeux sont au contraire très riches en chaux et en acide phosphorique, mais généralement très pauvres en potasse et les prairies qu'ils portent ne donnent d'importants rendements qu'à la condition de recevoir de fortes fumures potassiques.

Les vallées de terres crayeuses sont d'une nature plus complète que les terres avoisinantes, grâce aux dépôts alluvionnaires des cours d'eau. Aussi, quand l'argile y est en proportion suffisante, on a des prairies et des herbages qui ne le cèdent en rien comme qualité à ceux du Nivernais ; malheureusement ces vallées privilégiées sont rares et peu étendues : en Champagne, nous n'avons que la vallée de la Marne et celle de l'Aisne qui soient dans ce cas.

Sur les coteaux crayeux ou sur les pentes de même nature le sol ne porte guère qu'une maigre végétation utilisée surtout par les moutons. Enfin, les terres les plus arides sont boisées avec des résineux.

Terrains tertiaires. — Les terrains tertiaires occupent en France une étendue considérable que l'on évalue approximativement à quinze millions d'hectares ;

ils sont surtout répartis dans les quatre grands bassins suivants :

1º Le bassin de la Seine ;
2º — de la Gironde ;
3º — du Rhône ;
4º — du Rhin.

Le bassin parisien et le bassin girondin sont assurément de beaucoup les plus importants.

Ces terrains dérivent des formations suivantes : calcaire grossier, sable siliceux, molasse, argiles plastiques, argiles vertes, argiles à meulières et marnes.

Les terres provenant de la désagrégation des calcaires grossiers sont ordinairement sèches, légères et riches en calcaire, mais conviennent assez peu à l'établissement des prairies.

Aux environs de Fontainebleau, de même que dans une partie des Landes, les terrains siliceux sont encore plus incomplets et ne sont susceptibles de donner une bonne production d'herbe que dans les vallées arrosées. De même les sables de la Sologne et l'alios des Landes sont aussi peu riches en chaux et acide phosphorique, aussi les races ovines et bovines de ces pays se ressentent-elles de cette pauvreté du sol ; les sujets qu'on y rencontre sont souvent malingres, chétifs, rabougris, parce qu'ils ne trouvent pas dans les herbes dont ils se nourrissent la quantité de chaux et d'acide phosphorique nécessaire pour former leur squelette.

L'argile plastique, souvent appelée *argile bleue*, et l'argile bleue proprement dite offrent des difficultés pour les mettre en prairies. Quand elles sont en contrebas il est nécessaire de les assainir, car elles ne donneraient qu'un foin médiocre infesté de carex, de mousses ou d'autres mauvaises plantes.

Les argiles meulières de la Brie, du Perche, de la Beauce donnent d'assez bons herbages une fois drainées et amendées ; quant au limon des plateaux que l'on trouve dans la même contrée, il se prête admirablement à la culture herbacée, on sait d'ailleurs qu'il nourrit une des plus belles races chevalines de l'Europe.

Terrains quaternaires. — Les terrains quaternaires ne sont, en réalité, que des alluvions anciennes, on les retrouve aussi bien sur le flanc des collines et des plateaux que sur leur sommet. Situées au-dessus des vallées actuelles et quelquefois à plus de deux cents mètres au-dessus du niveau de la mer, les anciens géologues leur ont donné le nom de *limon* ou *diluvium des plateaux*. Elles constituent les *terres franches* de la Beauce, de la Normandie et de la Picardie. On les rencontre aussi dans l'Oise, la Seine-et-Oise, l'Aisne, le Nord et quelque peu dans le Cher et l'Indre.

Les alluvions contenant une proportion assez notable de calcaire sont les plus estimées, ce sont elles qui donnent les meilleures terres à blé et les plus belles prairies.

Les limons argileux peu riches en calcaire sont compacts, ils ont la propriété de se battre rapidement ; mais lorsqu'ils sont drainés, chaulés ou marnés, ils ne le cèdent en rien en qualité aux terres précédentes.

Comme on l'a vu précédemment, les alluvions quaternaires sont toujours assez élevées : aussi leur production fourragère se ressent de leur situation ; néanmoins, quand elles peuvent être irriguées, surtout avec des eaux riches en calcaire, on obtient de très bons résultats. Leur fertilité varie avec leur composition, mais, en général, à part le cas où le calcaire est suffisant, elles produisent surtout des graminées.

On trouve aussi des alluvions quaternaires très fertiles et très herbues dans les bassins du Rhône, de la Garonne et dans beaucoup d'autres vallées.

Mais si les terres d'alluvions anciennes sont très fertiles, il existe cependant parfois des exceptions malheureuses, nous voulons parler de la Sologne et des Dombes, plaines marécageuses composées exclusivement de terrains argileux, siliceux et caillouteux. Ces terrains reposent sur une couche argileuse imperméable, ce qui rend la surface trop humide; d'un autre côté, ils sont très pauvres en chaux et en acide phosphorique, aussi la flore est-elle surtout composée de graminées et non des meilleures, trop souvent accompagnées de plantes sans valeur fourragère. Dans cette situation il n'y a que deux remèdes, quand cela est possible : apport de chaux et assainissement.

A côté des alluvions anciennes des plateaux se placent les alluvions anciennes des vallées qui forment des terres légères où la silice prédomine; elles n'ont que peu d'importance pour le but qui nous intéresse.

Terrains alluvionnaires modernes. — Ce sont ces alluvions qui nous intéressent le plus.

Situées dans les parties les plus basses des vallées, le long des cours d'eau, elles sont souvent submergées l'hiver ou pendant les crues.

Tout cours d'eau venant d'un point plus ou moins élevé roule selon sa pente en emportant des éléments plus ou moins grossiers qui, pendant leur trajet, frottent sur le fond, se heurtent les uns contre les autres, s'usent, se polissent, se désagrègent, se triturent. Les plus gros débris roulés sont abandonnés dans le haut de la vallée, les éléments plus fins se déposent le long du parcours selon leur ordre de densité, les éléments les plus ténus arrivent jusqu'au fleuve et même à la mer, en comblant l'estuaire où ils forment des atterrissements, tels sont les deltas du Rhône, du Nil, du Gange. Au moment des crues, quand le volume d'eau est considérable, de plus gros débris sont arrachés aux montagnes et même les plus petits ruisseaux, tributaires du cours d'eau principal, ravinent les terres qu'ils traversent. Tous les débris rocheux, boueux ou limoneux charriés par le torrent, le ruisseau ou le fleuve sont déposés chemin faisant et surtout hors du lit du cours d'eau puisqu'il y a débordement. Ils s'étalent dans la vallée et y laissent, après le retrait des eaux, un dépôt limoneux plus ou moins considérable.

Comme les cours d'eau d'une certaine longueur traversent des natures de terre très variables, il en résulte que les débris transportés et déposés sont aussi bien différents, et que les terrains alluvionnaires modernes sont d'une composition très différente. C'est précisément cette complexité dans leur nature qui fait leur richesse.

Ces terrains toujours bas sont éminemment propres à la production de l'herbe ; non seulement ils sont submersibles, mais généralement aussi arrosables, grâce à la présence de l'eau dans le voisinage. Ils réunissent donc toutes les conditions propres à une végétation vigoureuse et fournissent d'excellentes prairies.

La mer, dans des proportions beaucoup plus grandes que les cours d'eau, ronge ses rivages, puis en emporte les débris qu'elle triture et dépose à l'embouchure des cours d'eau, dans les criques, dans les baies ou les anses tranquilles. Les dépôts sont très variables ; tantôt c'est du sable, tantôt de la tangue ou de la vase, ailleurs des grèves, etc.

Outre les *polders* qui sont, comme nous l'avons dit, des prairies basses conquises sur les eaux marines, nous trouvons aussi sur le littoral ce que M. Boitel appelle judicieusement les « *Grèves herbues* », qui se forment là où la mer gagne sur la terre. Les grèves herbues sont essentiellement recouvertes de graminées marines telles que la criste maritime, la glycérie maritime, etc.

§4. — Classification pratique des terrains

Comme, malgré les données précédentes, un certain nombre d'agriculteurs pourraient encore être embarrassés pour déterminer dans quelle catégorie ils doivent faire rentrer telle ou telle terre de leur domaine, nous allons indiquer une classification plus simple des terrains.

On est convenu d'appeler *terres argileuses* celles dans lesquelles il y a au moins trente pour cent d'argile. Mais à côté on trouve les *terres argilo-calcaires, argilo-siliceuses, argilo-humifères.* Les premières renferment environ 25 à 30 o/o d'argile, 10 à 12 o/o de calcaire pulvérulent, le reste étant constitué par du sable et des matières organiques ; les secondes possèdent la même proportion d'argile et au plus 50 o/o de sable ; enfin les troisièmes, outre l'argile comme élément principal, ont 10 à 15 o/o de matières organiques.

On appelle *terres calcaires* celles qui contiennent plus de 12 o/o de calcaire fin. Si la terre renferme cette proportion de calcaire avec environ 30 o/o d'argile, c'est une *terre calcaire argileuse;* si, au contraire, après le calcaire c'est le sable qui domine à la dose de 5o à 70 o/o, la terre est *calcaire siliceuse.*

Les terres renfermant plus de 70 o/o de sable sont dites *siliceuses;* comme précédemment on a des *terres silico-calcaires* ou *silico-humifères* avec plus de 10 o/o de calcaire pulvérulent ou d'humus.

Au delà d'une proportion de 15 o/o de matières organiques les terres seront *humifères* (1), *humeuses* ou *tourbeuses.*

On voit que la composition d'une terre de consistance moyenne, qu'on pourrait appeler *terre type* ou *terre franche*, est la suivante :

25 à 3o o/o d'argile ténue,	5 à 10 o/o de calcaire pulvérulent.
5o à 70 o/o de sable.	5 à 10 o/o d'humus.

Enfin on appelle *terres fraîches* celles qui renferment 10 à 20 o/o d'eau; *terres humides* celles qui en contiennent plus de 20 o/o et *terres sèches* celles dans lesquelles la proportion d'eau est inférieure à 10 o/o.

Les terres fraîches sont les plus productives ainsi que l'indique le dicton : « l'eau fait l'herbe, » cependant il n'en faut pas à l'excès et surtout il est nuisible qu'elle soit stagnante.

---

(1) Parmi ces dernières on distingue celles à base de terreau acide et celles à base de terreau doux. Les premières sont chargées de matières organiques non neutralisées par des bases, elles sont rebelles à la culture et gagnent beaucoup à être chaulées ou marnées ; les secondes à terreau basique, c'est à-dire neutralisées par une base (potasse, soude, chaux) sont excellentes et constituent des terres maraîchères quand elles sont situées près des centres de consommation.

§ 5. — Plantes caractéristiques des terrains

Sur les terres bien tranchées, la végétation spontanée est jusqu'à un certain point un indice de la composition du sol.

Les terres ingrates ne produisent guère que des mousses, des lichens et des bruyères; d'ailleurs, ainsi que le disait Olivier de Serres : « Bonnes et franches herbes ne viennent jamais sur des terrains pauvres. »

Voici l'énumération des principales plantes caractéristiques de chaque terrain.

Flore des terrains siliceux. — *Elyme des sables* (1), *spergule*, digitale, pensées sauvages, jasione des montagnes, réséda jaune, avoine à chapelet, roseau des sables, *houlque laineuse*, *fétuque rouge*.

Flore des terrains argileux. — Tussilage (pas-d'âne), prêles, orobe tubéreux, laitue vireuse, *agrostis traçante*, *lotier corniculé*, *lotier velu*.

Flore des terrains calcaires. — Bugrane (arrête-bœuf), brunelle à grandes fleurs, mélampyre, mercuriale annuelle, boucage, germandrée, petit chêne, saxifrage, coquelicot, anémone, potentille, fumeterre, chardon, gaude, sauge, *luzernes*, *trèfles*, *anthyllis*, *sainfoin*, *pimprenelle*.

Flore des terrains tourbeux. —Joncs, sphaignes, carex, pédiculaires.

(1) Les plantes dont les semences existent dans le commerce sont indiquées en caractères italiques.

Flore des terrains acides, pauvres en calcaire.
— Petite oseille, digitale pourprée, *ajonc*, bruyères,
fougères, *genêt*, mousses.

Flore des terrains inondés. — Mâcre, nénuphar,
glycérie aquatique, jonc, plantain d'eau, menthe
aquatique, menthe poivrée, ménianthe trèfle d'eau,
œnanthe fistuleuse, etc.

Flore des terrains argilo-calcaires. — Potentille
rampante, potentille anserine, laitue vivace, sureau
yéble, *anthyllis* et *en général toutes les bonnes
légumineuses* (*luzernes, trèfle blanc, sainfoin,
lotier,* etc.).

Lorsque l'ajonc se rencontre avec la bruyère, c'est
un indice de terre plus profonde, mais si la fougère se
joint à ces deux plantes, il est certain que c'est une
terre plus fertile et plus riche en potasse.

D'autre part, le liseron, le mouron des oiseaux, la
mercuriale, le fumeterre, le laiteron, le pissenlit, caractérisent les bonnes terres.

Le succès d'une culture de légumineuses indique une
terre riche en chaux et en potasse ; une luzerne vigoureuse prouve que les couches profondes du sol doivent
être bonnes ; enfin lorsque les betteraves et les pommes
de terre réussissent très bien sur un sol, il est presque
certain que ce dernier est riche en potasse, en acide
phosphorique et en chaux.

Il n'est pas jusqu'aux animaux qui ne donnent quelques indications sur la fertilité des terres.

La présence des Courtilières indique une terre riche
en débris organiques ;

On ne rencontre le plus souvent les Escargots et les

Limaçons que dans les lieux frais qui produisent des herbes tendres et savoureuses;

Les Lombrics abondent dans les terres riches en humus;

Les Vers blancs se plaisent surtout dans les terres meubles, saines et bien cultivées.

§ 6. — Épuisement du sol des prairies

Fumure des prairies (1). — Si l'on compare deux prairies non situées dans les mêmes conditions, on trouve de grandes différences au point de vue botanique; dans l'une, ce sont les Légumineuses qui prédominent, dans l'autre, ce sont les Graminées, selon la composition physique et chimique du sol : suivant la fertilité du sol, le rendement peut à son tour varier dans de grandes proportions. Bien plus, une même plante venue dans un sol donné présente une composition chimique différente d'une plante de la même espèce venue dans un sol différent.

En règle générale, plus le sol est riche, plus le rendement est élevé, plus le fourrage est azoté et riche en matières minérales; l'analyse révèle à cet égard des différences très étendues dans la composition. En un mot, les plantes sont le reflet du sol et l'expression du climat.

Nous ne pouvons mieux faire pour démontrer les

(1) Aux personnes désireuses de se procurer un excellent traité sur les engrais chimiques, nous recommandons le *Guide élémentaire pour l'emploi des engrais chimiques*, par F. Fiévet, professeur départemental d'agriculture, et E. Fagot, ingénieur agronome. — Prix du livre : 1 fr. 15 franco par la poste. Ce livre a obtenu une médaille d'argent à l'Exposition universelle de 1889 et a été honoré d'une souscription du Ministre de l'instruction publique.

exigences des deux grands groupes de plantes qui forment les prairies que d'emprunter un tableau à l'intéressant ouvrage de M. Joulie (1). Ce tableau nous donne la composition moyenne des graminées et des légumineuses dans mille kilos de fourrage sec, le voici :

	Graminées.	Légumineuses.
Azote	12.39	27.38
Acide phosphorique	4.68	6.48
— sulfurique	3.66	3.56
Chaux	4.95	23.45
Magnésie	1.39	3.92
Potasse	18.14	23.07
Soude	1.34	3.70
Oxyde de fer	2.21	1.77
Silice	75.31	21.81

Non seulement ce tableau nous éclaire sur les besoins des deux grandes catégories de plantes qui forment les prairies, mais il nous montre que le fourrage fourni par les légumineuses est de beaucoup plus azoté que celui des graminées, il est donc par ce fait beaucoup plus nutritif. Mais ce qu'il est surtout important de connaître, c'est que chez les légumineuses cet azote a été capté en majeure partie dans l'atmosphère par l'intermédiaire des bactéroïdes, vivant dans les nodosités ue l'on rencontre sur les racines des plantes.

En nous plaçant à un autre point de vue, le tableau ci-dessus nous montre encore que les légumineuses veulent des terres plus riches en éléments minéraux que les graminées, elles sont surtout avides de chaux, d'acide phosphorique et de potasse. C'est ce qui explique pourquoi les graminées sont souvent prédominan-

(1) Joulie, *la Production fourragère par les engrais.*

tes dans les prairies et viennent là où les légumineuses ne pourraient prospérer.

Cela est si vrai que l'on peut avec des engrais appropriés faire dominer dans une prairie, et presque à volonté, les Légumineuses et les Graminées, ainsi que l'ont démontré MM. Lawes et Gilbert dans leurs remarquables expériences de Rothamsted. Les premières ayant pour dominante l'azote et les secondes la potasse, il suffira, dans un sol suffisamment riche en acide phosphorique, de fournir alternativement de fortes fumures azotées ou potassiques pour voir apparaître, dans le premier cas, une ample moisson de graminées et, dans le second cas, une végétation luxuriante de légumineuses, à tel point qu'on pourrait croire qu'une main invisible a effectué des semis.

On peut donc, par des engrais judicieusement combinés, maintenir une bonne proportion entre les graminées et les légumineuses, tout en entretenant ou en augmentant la fertilité du sol.

Il est certain, ainsi que nous le verrons plus loin, que malgré la sélection naturelle qui s'opérera par la suite, il ne faut choisir, lors de la création de la prairie, que des plantes répondant au genre d'exploitation, à la nature du sol et au climat. Il est nécessaire aussi d'associer les plantes de façon à utiliser diverses couches du sol et à graduer l'élévation au-dessus de ce sol; mais on perd trop souvent de vue qu'il faut également tenir grand cas des exigences en engrais de ces plantes et de la richesse du sol.

On doit considérer, par exemple, que le pâturin des prés exige un sol bien pourvu de tous les principes fertilisants, tandis que la fléole se contente de sols plus ingrats; que le fromental et le dactyle pelotonné ont

des préférences marquées pour la potasse, tandis que
les ray-grass, les brômes, les fétuques n'en demandent
que des quantités beaucoup moins considérables;
qu'enfin les exigences en acide phosphorique du fromental, de l'avoine jaunâtre ou de la flouve odorante
sont doubles de celles des agrostis, des fétuques, de la
crételle et des ray-grass. Nous devons cependant ajouter que toutes ces considérations demandent une certaine expérience pour être mises en pratique, où souvent on ne peut se borner qu'à tirer le meilleur parti
possible d'une situation donnée et cela au moyen d'une
somme d'argent limitée, pour améliorer ensuite petit à
petit, afin de se rapprocher du type de prairie que l'on
désire.

On s'est demandé pendant longtemps si les prairies
devaient être fumées; aujourd'hui encore, beaucoup trop
d'agriculteurs sont d'avis qu'elles ne réclament aucun
engrais, même lorsqu'il n'y a pas de restitution partielle par les déjections ou les limons, ainsi que cela a
lieu dans les pâturages ou les prairies submersibles.
Nous allons montrer dans quelle grave erreur ils tombent.

Cependant, avant d'aller plus loin, nous faisons une
restriction pour l'azote; car aujourd'hui il est démontré
que, loin d'appauvrir le sol en azote, les prairies l'enri-
chissent toujours. En effet, outre que les légumineuses
de la prairie puisent la presque totalité de leur azote
dans l'atmosphère, les débris de fleurs, de feuilles, de
tiges et de racines en laissent une notable partie dans
le sol, de même que les pluies, les brouillards et les
neiges en apportent chaque année une quantité qui
n'est pas à dédaigner.

Mais il n'en est pas de même pour les autres éléments : l'acide phosphorique, la chaux et la potasse ne peuvent provenir que du sol, à moins que ce dernier ne soit irrigué ou ne reçoive naturellement des eaux provenant des terrains supérieurs.

Dans le cas où la prairie est constamment fauchée, la totalité des éléments minéraux est exportée du sol; si ce dernier, au début de l'établissement de la prairie, est suffisamment riche, il peut porter de bonnes récoltes pendant plusieurs années de suite, mais à la longue, il va s'appauvrissant et son rendement de même que sa flore se modifient très désavantageusement. C'est surtout la potasse et la chaux qui sont exportées dans les plus grandes proportions, aussi n'est-il pas rare de voir le sol des vieilles prairies devenir acide par suite de l'accumulation des débris organiques et de l'épuisement de ce même sol en chaux. Dans ces conditions les bonnes graminées sont remplacées par de la petite oseille, des mousses et d'autres espèces de qualité très inférieure. Il suffirait d'un chaulage énergique complété le plus souvent par une fumure phosphatée et potassique pour voir réapparaître les meilleures espèces des deux grands groupes et mettre en œuvre, — au grand profit de la végétation, — le stock d'azote qui restait inerte auparavant ne pouvant se nitrifier dans un milieu acide.

Selon M. Joulie, une récolte de dix mille kilog. de foin provenant d'une bonne prairie enlève à la terre, par hectare, les éléments minéraux suivants :

Acide phosphorique.........	45 kil.
Chaux.....................	114 kil.
Magnésie..................	21 kil.
Potasse	165 kil.

Ces éléments doivent être restitués intégralement, tôt ou tard, sous une forme ou sous une autre, sous peine d'aboutir au résultat que nous avons signalé précédemment.

Si l'herbage est pâturé, les conditions sont changées. Il y a dans ce cas une restitution partielle qui est assez considérable, mais il n'en est pas moins vrai non plus qu'une partie de l'azote a concouru à la formation des muscles et qu'une quantité très appréciable d'acide phosphorique a été assimilée pour entrer dans la constitution des os ou du lait, selon la spéculation de l'exploitant. A ce sujet nous distinguons encore les pâturages servant à l'engraissement des bœufs adultes, lesquels rendent, en grande partie, les éléments qu'ils ont ingérés, tandis que les animaux d'élevage ou les vaches laitières, au contraire, appauvrissent le sol en acide phosphorique. Dans l'un et l'autre cas, la restitution ne devra pas être la même.

Enfin si le pré est destiné à être alternativement fauché et pâturé, on comprendra facilement que l'épuisement est moindre que dans une prairie constamment fauchée, mais qu'il est supérieur à celui de l'herbage toujours pâturé.

A notre avis, un des meilleurs engrais pour prairies est assurément le *purin*. Étendu d'eau, son effet sur les prairies est aussi rapide que merveilleux, mais son usage ne peut être continu qu'avec addition d'acide phosphorique, si l'on ne veut pas à la longue produire un effet très désavantageux sur la flore de la prairie.

Sur les jeunes prairies, le purin ne doit être employé que très étendu d'eau et avec précaution dans la crainte de brûler l'herbe.

Les personnes qui connaissent nos idées savent que soit pour les semis des prairies, soit pour leur fumure, nous ne sommes pas partisans des formules faites à l'avance, qui simplifient, il est vrai, les recherches, mais ne sont le plus souvent qu'une cause de mécomptes. Aussi n'en donnerons-nous pas ici et répéterons-nous encore que *chaque formule doit être établie pour le*

Fig. 1. — Laboratoire pour l'analyse des terres.
(Gravure extraite du Catalogue de la Graineterie Denaiffe.)

cas particulier où elle est applicable et en se basant autant que possible sur une analyse récente du sol, qui est toujours largement remboursée par les utiles renseignements qu'on en tire.

Nous nous bornerons à donner les conseils suivants :

1º Puisque l'azote existe toujours en quantité suffisante dans les prairies établies, il est inutile de les fumer avec des engrais azotés ; on voit par là que le fumier, —chose qui paraîtra singulière à beaucoup de personnes, — n'est pas à recommander.

2º Comme les légumineuses fournissent l'azote à bon

marché, il faut chercher à les maintenir en bonne proportion dans la prairie ; on y parvient par des fumures potassiques et phosphatées si le sol est suffisamment riche en chaux; dans le cas contraire, des chaulages et des marnages seront encore nécessaires.

3° Si la prairie est fauchée et non irriguée, il doit y avoir restitution intégrale en éléments minéraux, à moins que le sol soit très riche en l'un ou l'autre de ces éléments, auquel cas on réduirait la dose ou on supprimerait cet élément.

4° Les herbages ordinairement pâturés s'épuisent lentement ; néanmoins il leur faut de légères fumures, qu'on devra surtout accentuer, pour l'élément phosphaté, s'ils entretiennent des vaches laitières ou de jeunes bêtes.

Appréciation de la fertilité des sols. — Nous terminerons ce chapitre en ajoutant quelques renseignements (1) à ceux précédemment donnés d'une façon générale ayant trait aux éléments fertilisants qui, le plus souvent, prédominent, suffisent ou sont en trop faible proportion dans les principaux terrains.

1° *Azote :*

Les terres très pauvres en renferment moins de 0,5 pour 1,000.

Les terres pauvres en renferment de 0,5 à 1 pour 1,000.

Les terres moyennement riches en renferment 1 pour 1,000.

Les terres riches en renferment de 1 à 2 pour 1,000.

(1) Extrait des « Méthodes d'analyse des terres du Comité consultatif des stations agronomiques et laboratoires agricoles ».

Les terres très riches en renferment plus de 2 pour 1,000.

2° Acide phosphorique :

Les terres très pauvres en renferment moins de 0,1 pour 1,000.

Les terres pauvres en renferment de 0,1 à 0,5 pour 1,000.

Les terres moyennement riches en renferment de 0,5 à 1 pour 1,000.

Les terres riches en renferment de 1 à 2 pour 1,000.

Les terres très riches en renferment plus de 2 pour 1,000.

3° Potasse :

Les terres où l'analyse par les acides décèle plus de 2 pour 1000 sont riches en potasse.

4° Calcaire :

Les terres légères qui en contiennent 5 pour 1000 en sont suffisamment pourvues, tandis que dans les terres fortes il en faudrait presque 20 à 25 millièmes. Il est donc difficile d'indiquer une proportion pour toutes les sortes de sol, on peut cependant dire qu'en thèse générale on peut considérer comme suffisamment pourvu de calcaire un sol qui renferme 5 p. 100 de calcaire pulvérulent.

On voit donc qu'une terre moyenne doit renfermer,

1 pour 1000 d'azote,
1 pour 1000 d'acide phosphorique,
2 pour 1000 de potasse,
5 pour 1000 de carbonate de chaux ou calcaire.

M. Joulie, de son côté, indique comme type d'une terre fertile, sans addition d'engrais, celle qui renferme les proportions suivantes :

	Dans 100 kil. de terre fine Grammes	*Ce qui donne*	A l'hectare dans une couche de 0m20 d'épaiss. Kilogr.
Azote...............	100		4.000
Acide phosphorique.	100		4.000
Potasse...........	250		10.000
Chaux...............	5.000		200.000

Dans une terre possédant ces proportions, dit M. Joulie, l'addition d'engrais cesse d'augmenter sensiblement les récoltes (1).

§ 7. — Eaux d'irrigation

L'irrigation systématiquement pratiquée est une opé-ration lucrative qui permet souvent de doubler ou de tripler les rendements; elle est d'ailleurs trop connue pour que nous insistions à ce sujet, aussi nous ne parlerons que de la qualité des eaux d'irrigation.

Ces eaux, parmi lesquelles il y a bien du choix, jouent un rôle important au point de vue de la fertilisation. Leur valeur résulte des matières qu'elles tiennent en suspension ou en dissolution et on peut dire, d'une manière générale, que les matières solubles ou insolubles charriées par les eaux sont le reflet de la composition des terrains qu'elles ont traversés.

Les eaux provenant des terrains granitiques sont bonnes, mais ne contiennent guère que de la potasse et de la magnésie en dissolution; au contraire, les eaux provenant des terrains éruptifs sont très riches en potasse, chaux, magnésie et même acide phosphorique.

---

(1) Aux personnes qui trouveront ces renseignements insuffisants pour apprécier les résultats des analyses de sol, nous conseillerons de consulter notre *Instruction abrégée sur l'interprétation de ces analyses* et notre *Étude sur la confection de la carte agronomique des Ardennes.*

Les terrains secondaires, tertiaires et quaternaires fournissent aussi des eaux plus ou moins bonnes suivant la composition de leurs sols. Les eaux résultant du drainage des terres labourables sont toujours bonnes pour l'irrigation.

Il n'en est pas de même des eaux ayant traversé des bois humides, des landes, des terrains tourbeux ou marécageux : elles sont trop acides, trop chargées de matières organiques, non nitrifiables parce qu'il y a ordinairement pénurie de base. De même la généralité des eaux résiduaires d'usines, des eaux provenant directement de la fonte des glaciers (trop froides), des eaux trop chargées de bicarbonate de chaux (trop incrustantes) sont nuisibles à la végétation.

Une remarque pratique permettra de juger de la qualité des eaux, c'est d'examiner la végétation qui croît sur les rives des cours d'eau ; si ces herbes sont de bonne nature, les eaux sont bonnes.

Lorsque les fleuves, rivières ou torrents ont un cours rapide, non seulement ils dissolvent les principes solubles, notamment la potasse, le bicarbonate de chaux, la magnésie et en proportion moindre l'acide phosphorique, mais encore ils arrachent au sol les débris terreux et entraînent les matières organiques qui se trouvent à la surface du sol. Ces matières en suspension rendent les eaux troubles et limoneuses et les rendent particulièrement propres à la production de l'herbe. Employées en irrigation ou arrivant par débordement, elles laissent sur le sol un limon fertilisant plus ou moins riche, suivant les cours d'eau.

Ces eaux amenées sur des terrains stériles pour y séjourner ensuite plusieurs jours à l'état d'immobilité conviennent très bien à la constitution d'une prairie.

3.

C'est ainsi qu'on opère dans le colmatage ou limonage.

Les eaux claires qui paraissent ne pas contenir de principes fertilisants renferment toujours des principes solubles, tels que sels potassiques, magnésiens, calciques et même azotés, ces derniers toujours sous forme de nitrates et de sels ammoniacaux.

La quantité d'eau employée en irrigation varie beaucoup selon que la prairie est sous un climat sec ou un climat humide, selon surtout la quantité d'eau dont on dispose, selon le degré de perméabilité du sol, selon enfin que l'on veut seulement fournir l'humidité nécessaire ou fertiliser à la fois la prairie.

Il faut aussi tenir compte que si l'eau est douée d'un grand pouvoir dissolvant qu'elle met en œuvre au profit de la végétation et des éléments qui sont dans le sol; par contre, si elle n'est pas saturée d'un principe ou si le sol en renferme de plus grandes proportions qu'elle, ce principe sera dissous et partiellement enlevé au sol. S'il est vrai que l'irrigation enrichit le sol de certains éléments, on voit donc que dans certains cas elle peut l'appauvrir d'autres éléments au détriment de la productivité. On préviendra dans une certaine mesure ce lessivage ou cet épuisement du sol en employant des quantités d'eau moins considérables.

Nous ne ferons que citer le drainage qui est indispensable chaque fois qu'une prairie renferme un excès d'eau, d'où résulte un fourrage aigre infesté de plantes médiocres ou mauvaises, telles que les joncées ou les cypéracées.

En résumé, pour une bonne production régulière d'herbe en sol et climat favorables, les prairies doivent être tenues dans un état constant de fraîcheur convenable.

§ 8. — **Analyse botanique**

Parmi les plantes constituant les prairies, les unes sont utiles, les autres sont nuisibles.

Les premières, utiles à des titres différents, peuvent être classées en plantes principales, plantes secondaires et plantes condimentaires.

Parmi les secondes, on distingue les plantes nuisibles aux bestiaux et celles seulement nuisibles aux prairies.

Ainsi que nous l'avons vu, les plantes principales se composent presque exclusivement de Légumineuses et de Graminées de qualités diverses.

Valeur alimentaire. — L'analyse botanique a pour but de nous indiquer la valeur d'un foin par la détermination des espèces et la proportion de chacune, car suivant que ce foin est composé d'espèces bonnes, assez bonnes ou médiocres, en plus ou moins grande quantité, il a plus ou moins de valeur. Pour abréger l'analyse, on peut faire des lots des espèces de plantes sensiblement de même valeur, peser ensuite chaque lot et multiplier le poids par le dosage moyen de l'espèce considérée, pour obtenir une valeur utilitaire d'un foin donné.

On peut aussi par un moyen pratique mais plus empirique déterminer la prédominance de certaines herbes en se servant des chiffres de 1 à 10. D'après cette convention, l'espèce ou les espèces prédominantes sont suivies du chiffre 10 ; en second lieu, les autres espèces principales mais non dominantes sont représentées par les chiffres 6, 7, 8 et 9 suivant leur importance et leur proportion. Enfin les numéros 5, 4, 3 sont affectés aux espèces secondaires, 2 et 1 aux espèces exceptionnelles.

Si les espèces dominantes et principales sont de bonne nature, on est sûr d'avoir affaire à un foin de bonne composition.

Un foin provenant d'une prairie bien située et contenant en proportion convenable les éléments fertilisant doit être de bonne nature et être bien accepté par les animaux. L'avidité que les animaux mettent à manger un fourrage est déjà un critérium de sa qualité; d'un autre côté le résultat obtenu avec la consommation de ce fourrage, c'est-à-dire la production de travail, de lait, etc., dans les conditions normales est à son tour un moyen sérieux de contrôle; mais le plus sûr et le plus précis pour se prononcer sur la valeur alimentaire d'un foin est l'analyse.

Les substances qui sont utiles à la nutrition de l'animal se rangent en trois groupes :

1º *Les substances azotées* qui servent à la formation des muscles et à la production de la force, telles sont l'albumine, la fibrine, la caséine. On les désigne souvent sous le terme général de *matières protéiques*, de *protéine* ou de *matières albuminoïdes*.

2º *Les substances ternaires*, ainsi nommées parce qu'elles sont essentiellement formées d'oxygène, d'hydrogène et de carbone; elles forment ce qu'on appelle vulgairement les aliments *calorifiques* ou *respiratoires*, parce qu'en effet, se combinant avec l'oxygène de l'air introduit dans l'organisme, ils entretiennent la chaleur du corps.

Elles comprennent toutes les matières grasses, et c'est ce que l'on est convenu d'appeler les *hydrates*

de carbone et les *matières extractives non azotées*.
Les hydrates de carbone ne sont autres que les sucres,
les amidons, les fécules et la cellulose, et enfin les
matières extractives non azotées peu importantes comprennent les gommes, la pectine, la dextrine, etc. Les
hydrates de carbone et les matières extractives non
azotées sont formés des mêmes éléments avec une différence seulement dans les proportions, tous deux
remplissent le même but dans l'économie animale. C'est
pourquoi, bien souvent, dans la pratique, on n'établit
pas de distinction entre eux et que le terme de *matières
extractives non azotées* sert à désigner le tout.

3º *Les substances minérales* que nous connaissons
déjà et dont les principales sont : l'acide phosphorique,
la chaux, l'acide sulfurique, la potasse et la magnésie ;
mais de toutes, les deux plus importantes sont la chaux
et l'acide phosphorique qui concourent essentiellement
à la formation des os.

Ration alimentaire des fourrages. — Pour constituer une bonne ration alimentaire il doit y avoir
dans un fourrage quelconque une relation déterminée
entre les matières azotées et les matières non azotées.

On admet dans la pratique que le foin type ou foin
normal doit contenir, pour maintenir les animaux en
bonne santé, un de matières azotées pour cinq de substances extractives non azotées et on dit, dans ce cas, que
le *foin normal* (dont la composition est celle du bon foin
de prairie) a un rapport nutritif et une relation nutritive de $\frac{1}{5}$. C'est ainsi que jusqu'alors des savants tels
que Grandeau (1) en France, Kühn et Wolff en Allemagne ont apprécié la valeur alimentaire des fourrages.

(1) Nous engageons à consulter les tables publiées par M. Grandeau.

Si la proportion des matières azotées ou des matières albuminoïdes, comme on les désigne encore, augmente, ou, ce qui revient au même, si les matières extractives non azotées diminuent, on dit que « le rapport nutritif se resserre ou qu'il devient plus étroit », ce qui signifie, ainsi que nous l'avons dit, que les matières azotées sont en proportion plus grande dans la ration. Prenons par exemple un fourrage dont la proportion de matières azotées sera 3 et celle de matières extractives non azotées 5, on aura pour rapport nutritif $\frac{3}{5}$, ce qui signifie que l'azote est trois fois plus élevé que dans le foin normal et, par conséquent, que la valeur alimentaire est plus grande, de même le rapport $\frac{1}{3}$ indique une teneur azotée plus considérable que dans la relation $\frac{1}{5}$.

Au contraire, si la quantité de matières extractives non azotées augmente ou que les substances albuminoïdes diminuent, on dit « que le rapport nutritif devient plus lâche » ou qu'il est « plus grand ».

En prenant toujours pour comparaison le foin normal, les fractions $\frac{1}{6}$ ou $\frac{5}{6}$ indiquent des fourrages de teneur azotée moindre et par conséquent de valeur alimentaire moindre aussi.

Jusqu'ici un certain nombre d'auteurs qui se sont occupés de la question comprennent dans les substances azotées des matières qui réellement n'ont pas de valeur alimentaire ; telles sont l'asparagine, les alcaloïdes, etc., qui quelquefois entrent en proportions notables dans la composition du foin. C'est un tort, car il n'y a réellement d'assimilable pour l'animal que les matières albuminoïdes proprement dites.

De même le terme qui compose le dénominateur de la fraction et qui correspond aux matières extractives non azotées comprend des substances de valeur alimentaire bien différente.

Nous suivrons la manière de voir de M. Joulie, et nous allons donner un modèle d'analyse selon sa méthode :

Matières azotées alimentaires,	Matières sucrées amylacées
Matières azotées non alimen-	et extractives,
taires,	Cellulose brute,
Matières grasses,	Matières minérales.

Selon M. Joulie, le nouveau rapport nutritif sera le suivant en désignant par a les matières azotées alimentaire, c les matières grasses, d les matières sucrées, amylacées et extractives et e la cellulose brute :

$$\text{Rapport nutritif} = \frac{a}{c + d + e}$$

Comme on le voit, il n'y a pas encore de distinction établie entre la valeur des aliments respiratoires, c'est leur somme qui constitue le dénominateur de la fraction dans le rapport nutritif.

Enfin la valeur alimentaire d'un fourrage ne peut encore être complètement déterminée par son analyse chimique seule, il y a encore la question de digestibilité qui est un facteur important dont on doit tenir grand compte. En effet, il n'y a de réellement utile que ce qui est digéré ou assimilé, et à ce sujet les variations sont très grandes. Tel fourrage voit ses éléments digérés dans la proportion de 3o o/o seulement, tandis que tel autre est digestible à raison de 9o o/o ; évidemment il faudra pour avoir le même résultat donner trois fois plus du premier fourrage que du second. Cette question de digestibilité est facteur de bien des conditions et elle échappe presque toujours à nos moyens d'investigation les plus minutieux.

Mais ce qui est certain, c'est que l'état physique, la saveur, l'arome, la quantité d'eau de constitution, le rapport convenable entre les éléments azotés et les éléments non azotés influent énormément.

Lorsqu'un fourrage est trop âgé, trop lignifié, trop chargé de cellulose, il est beaucoup moins digestible qu'un fourrage jeune, aqueux, contenant une forte proportion d'eau de constitution. La bonne préparation des aliments et la variation dans la ration exercent une heureuse influence sur la digestibilité. Ici l'expérimentation directe, aidée de la pesée et de l'analyse, fournit des renseignements précieux.

M. Joulie, se basant sur ce fait que l'acide phosphorique exerce une influence prépondérante dans la formation des matières albuminoïdes, a établi une loi générale, qui, sauf quelques rares exceptions, donne la valeur du pouvoir nutritif des foins. Malgré les nombreux emprunts que nous avons déjà faits à M. Joulie, nous ne pouvons résister au désir de citer cette loi générale que voici :

« Dans les limites de richesse normales, et, toutes choses étant égales d'ailleurs, le pouvoir nutritif et la valeur alimentaire des foins augmentent ou diminuent comme leur richesse en acide phosphorique. »

Enfin, si nous envisageons le cas particulier du foin, il sera d'autant meilleur qu'il renfermera une proportion plus grande de légumineuses et de bonnes graminées, qu'il n'aura pas été coupé trop tard, qu'il aura été soustrait aux influences désastreuses des pluies et des rosées, de même qu'à l'action trop desséchante du soleil. C'est alors qu'il aura une belle couleur verte, un arome délicat, qu'il n'aura perdu ni sucre, ni matières minérales solubles, toutes substances qui stimulent régulièrement l'appétit et favorisent beaucoup l'assimilation.

§ 9. — Semis des prairies

Le terrain destiné à faire un pré doit être labouré très profondément, afin de permettre aux racines de se ré-partir dans une couche aussi épaisse que possible pour trouver leurs éléments nutritifs. De plus, dans une terre ainsi préparée, l'action bienfaisante des agents atmos-phériques est plus active, la répartition de l'humidité se fait mieux, les inconvénients fâcheux causés par les excès de sécheresse ou d'humidité sont moindres.

Une bonne fumure est nécessaire ; sur les sols des-tinés à une longue production fourragère elle sera même très copieuse, car il ne faut pas perdre de vue que la restitution des éléments fertilisants aux couches pro-fondes n'est plus possible pendant l'exploitation de la prairie ; des engrais en couverture peuvent en effet être apportés, mais la majeure partie est absorbée par les couches superficielles.

Il faut également que le sol soit parfaitement ameubli et aussi propre que possible pour la réussite des gra-minées délicates qui nécessitent une terre aussi bien préparée que pour du jardinage.

L'époque propice à l'ensemencement varie suivant les climats : préférable au début du printemps dans les pays tempérés, elle est au contraire recommandable à l'automne dans les pays méridionaux, où l'hiver est peu rigoureux et où les plantes ont plutôt besoin d'être suffisamment développées pour résister à la sécheresse dès le premier printemps.

L'habitude subsiste toujours de semer trop tard au

printemps et trop tard à l'automne ; c'est le cas de rappeler pour les semis de prairies le vieux dicton :

> Si tu veux beaucoup récolter,
> Ne crains pas de trop tôt semer.

Même pour les semis de printemps, les façons culturales seront autant que possible exécutées à l'automne, car pendant l'hiver les alternatives de gelées désagrègent le sol et divisent les mottes toujours si nuisibles aux graines fines, en sorte que si la terre est propre, il ne reste qu'à donner un coup de herse ou d'extirpateur au printemps pour qu'elle soit prête à recevoir les semences.

Les semis d'automne ont lieu de préférence sur terre nue, mais peuvent s'effectuer dans une céréale d'hiver ; les semis de printemps ont toujours lieu dans des céréales semées soit à l'automne précédent, soit au printemps simultanément avec la prairie ou, ce qui est meilleur, quelque temps avant.

Ces céréales, si justement appelées *plantes protectrices* ou récoltes protectrices, garnissent le sol en attendant le développement de la prairie, empêchent la pousse des mauvaises herbes toujours si nuisibles, abritent plus tard la jeune prairie contre les hâles du printemps, les ardeurs du soleil et les effets désastreux de la sécheresse. Pour les semis de printemps, l'avoine convient très bien comme plante protectrice, surtout lorsqu'elle est destinée à être coupée en vert de bonne heure, ce qui, tout en favorisant la croissance des plantes fourragères, permet d'obtenir une seconde coupe qui, de même que la première, doit être fauchée un peu haute ; en année très sèche cependant, il serait préférable de laisser l'avoine venir à maturité.

Le blé, l'orge, le seigle sont aussi de bons abris; de même que l'avoine, *ils doivent être semés peu serrés* afin de ne pas priver la prairie d'air et de lumière ; d'autre part, il est très important de ne pas laisser séjourner des récoltes versées sur les jeunes plantes fourragères si l'on ne veut pas que ces dernières s'étiolent et disparaissent.

Les semences de légumineuses et de graminées destinées aux semis de prairies présentent des différences profondes quant au poids et au volume; de plus, les unes doivent être enterrées à une certaine profondeur, tandis que les autres demandent à être peu recouvertes (1). Pour simplifier les semis, l'on s'est borné à classer ces graines en deux grandes catégories :

1º Les légumineuses et les graminées les plus lourdes et généralement les plus volumineuses, destinées à être enterrées à la herse, que l'on est convenu d'appeler *graines de premier semis*, graines à herser ou grosses graines.

GRAINES DE 1er SEMIS.

GRAMINÉES	LÉGUMINEUSES
Les bromes	Le trèfle violet.
Le dactyle pelotonné.	Le trèfle jaune des sables (anthyllis vulnéraire).
Le fromental (avoine élevée).	
Les houques.	La luzerne.
Les fétuques.	La minette (luzerne lupuline).
Les ray-grass.	Les sainfoins.
	La pimprenelle (rosacée).
	La jacée des prés (composée).

2º Les légumineuses et les graminées les plus légères et généralement les moins volumineuses, destinées le

(1) Le défaut de trop recouvrir les graines, surtout dans les terres argileuses, est une des principales causes d'insuccès des semis de prairies.

plus souvent à être recouvertes simplement par le passage du rouleau, que l'on a l'habitude d'appeler *graines de deuxième semis*, graines à rouler, graines fines ou graines légères.

GRAINES DE 2° SEMIS.

GRAMINÉES | LÉGUMINEUSES

Les agrostis ou agrostides.   Le trèfle blanc.
L'avoine jaunâtre.   Le trèfle hybride.
Les canches.   Le lotier velu.
La cretelle des prés.   Le lotier corniculé.
La fléole.
Les flouves odorantes.
Les pâturins.
Le vulpin des prés.

Se basant sur ce que les graines rondes et nues, telles que les trèfles, ont toujours une tendance à se rendre à la partie inférieure des mélanges de semences et que cela expose à des semis irréguliers, certains auteurs conseillent d'adopter trois grandes catégories : 1° les graines rondes; 2° les graines lourdes; 3° les graines légères. Ce classement, qui entraîne à trois semis, semble un excès de précaution, ne présentant pas des avantages réels en pratique, lorsque les mélanges de graines sont opérés soigneusement de façon à être bien homogènes et que le semeur a soin de remuer rapidement par quelques tours de main chaque fraction du mélange au moment de semer.

Quoique, d'après ce que nous venons de dire, la marche à suivre pour semer soit tout indiquée, nous la résumons ainsi : 1° herser le champ; 2° semer les graines de 1er semis; 3° herser à nouveau; 4° semer les graines de 2e semis; 5° rouler et nous ajouterons même qu'on se trouvera bien d'effectuer encore un roulage peu de temps après la levée. Si la semence de la récolte protectrice se sème à la même époque que la prairie, il est préférable de commencer le semis par elle plutôt que de la mélanger avec les graines de 1er semis pour aller plus vite.

Le vent empêche la bonne répartition des semences ; aussi ne doit-on les répandre que par un temps calme ; il est indispensable également que la terre soit bien ressuyée.

Aux personnes qui n'ont pas l'expérience de ces sortes de semis, nous conseillerons cependant, pour éviter les chances de mauvaise répartition sur le sol et pour ne pas s'exposer aux risques d'excès ou de manquant de graine vers la fin du semis, d'opérer en deux fois le premier semis qui comporte presque toujours la majeure partie de la semence à employer, et de le croiser, c'est-à-dire de marcher la deuxième fois perpendiculairement à la direction suivie la première fois.

Pour les prairies temporaires composées d'un nombre limité d'espèces de graines, classées souvent dans la même catégorie d'après leur poids et leur volume, le semis s'opère généralement en une seule fois, surtout si la surface à ensemencer est inférieure à un hectare.

Toute formule sérieuse de semis applicable à un sol déterminé doit être basée sur l'analyse physico-chimique du sol, sa situation, le climat sous lequel il se trouve et le genre d'exploitation réservé à la prairie. Nous ajouterons que nous sommes à la disposition des personnes désireuses d'obtenir des formules de semis basées sur les analyses du sol et que nous sommes aussi en mesure d'effectuer ces dernières.

§ 10. — Soins à donner aux prairies

Il est bon de ne pas faucher la prairie la première année, car il est prouvé que certaines plantes fauchées peuvent périr ; il est préférable de faire pâturer, mais *à la condition que la terre soit bien sèche*. Pendant le premier hiver il faudra enlever avec soin les pierres et les cailloux restés à la surface du sol et qui gêneraient plus tard les fauchages.

Ce n'est qu'après un temps plus ou moins long qu'on voit apparaître le matelas de tiges, de racines, de collets qui forment un manteau protecteur à la prairie. C'est alors que celle-ci est à l'abri des écarts successifs de température et qu'elle peut donner une production régulière.

Il faut surveiller les rigoles d'arrosage aussi bien l'hiver que l'été et autant que possible ne jamais mettre les animaux dans les pâturages et surtout sur les jeunes prairies lorsque celles-ci sont encore mouillées, car forcément les animaux occasionnent avec leurs sabots des trous où l'eau séjourne et où les plantes pourrissent ; d'autre part les animaux en arrachent toujours un assez grand nombre en mangeant. Avoir soin dans les pâtures d'étendre de temps à autre les bouses des bêtes bovines et de faucher les touffes de plantes délaissées par les animaux.

Plantes nuisibles. — Ne jamais laisser croître, lorsqu'on le peut, des plantes nuisibles dans les prairies et surtout, si on ne peut faire plus, limiter leur propagation en empêchant leurs graines de se former. Les mauvaises herbes annuelles ou bisannuelles sont facilement détruites en fauchant de bonne heure. Les plantes vivaces sont plus difficiles à détruire et, pour elles, il n'y a qu'un moyen pratique de s'en débarrasser, c'est de les extirper en atteignant la racine le plus possible. C'est de la sorte qu'on détruit les chardons, les patiences, les colchiques qui sont assurément très nuisibles dans les prairies.

Certaines plantes ne demandent pour disparaître qu'une légère amélioration foncière. Nous avons déjà dit que dans les vieilles prairies établies en sol peu riche en calcaire, il se formait à la surface un fouillis inextricable de débris de feuilles, de tiges et de racines qui, à la longue, formait une couche plus ou moins épaisse.

Ces sortes de prairies sont envahies volontiers par la petite oseille et la mousse. Cette dernière n'est pas à proprement parler une plante nuisible, elle ne fait le plus souvent que garnir les vides laissés par les bonnes plantes qui ne réussissent pas parce que la composition chimique du sol est défectueuse ou quelquefois qu'il y a excès de fraîcheur.

Le meilleur moyen de se débarrasser de la mousse et de la petite oseille, c'est d'employer les amendements calcaires à haute dose, toutes deux disparaîtront par la suite comme par enchantement ; si leur présence était due à l'excès de l'humidité, le drainage s'imposerait.

Si l'on ne voulait se débarrasser de la mousse que temporairement, deux hersages énergiques au printemps, l'un en long, l'autre en travers, en détruiraient une forte proportion ; mais le but pourrait aussi être atteint en répandant 200 à 300 kilos de sulfate de fer pulvérisé par hectare (1) au printemps avant le début de la

____

(1) Si la mousse ne noircissait pas et ne tombait pas en poudre

végétation et autant que possible au moment d'une pluie. Quelquefois les prairies humides sont infestées de joncs, de laiches, de prêles et de roseaux ; il n'y a qu'un moyen réellement efficace de se débarrasser de toute cette végétation nuisible, c'est d'assainir. Des drainages bien faits enlèveraient l'excès d'humidité, et, en deux ou trois ans, ces plantes semi-aquatiques, ne trouvant plus la quantité d'eau dont elles ont besoin, disparaîtraient forcément. Les chaulages, marnages, phosphatages ou application d'autres engrais, en faisant prédominer les bonnes plantes, auront pour effet de diminuer la proportion des mauvaises.

Outre les diverses plantes nuisibles aux prairies, citées ci-dessus, il en existe beaucoup d'autres, telles que : la cuscute, le plantain, l'orobanche, la bugle, la sauge, la carotte sauvage, le cerfeuil doré, la marguerite, la pâquerette, les renoncules, l'euphraise officinale, la scabieuse, l'anthrisque sauvage, la berce-branc-ursine, etc. La description et l'indication des moyens de destruction de ces plantes se trouveront vers la fin de ce livre.

Ramassage. — Il est toute une série d'opérations qui ont lieu au printemps dans les prairies, telles que le ramassage des débris de bois si l'herbage est entouré d'arbres ou de haies vives, le ramassage des feuilles d'arbres, de même celui des débris de paille si la prairie a reçu du fumier en couverture. Les feuilles de chêne ou de châtaignier surtout doivent être ramassées, car elles sont particulièrement nuisibles par la forte

c'est que le traitement aurait été insuffisant ; dans ce cas il faudrait le renouveler en juin ou en juillet après la 1re coupe de l'herbe.

proportion de tannin qu'elles renferment; si elles n'étaient enlevées soigneusement, elles donneraient par décomposition un terreau acide qui nuirait beaucoup à la végétation des espèces de bonne nature, puis, lorsqu'elles sont en couche assez épaisse sur le sol, elles empêchent l'accès de l'air et étouffent le gazon.

Roulage. — Certaines graminées, telles que la canche gazonnante, la houlque laineuse, la fétuque durette, les ray-grass, le dactyle, la fléole, forment des touffes épaisses qui ont la propriété de remonter au-dessus de la surface du sol. Outre que ces touffes forment des inégalités, elles présentent une certaine difficulté à faucher et pour peu qu'elles soient nombreuses elles entravent le travail de la faucheuse mécanique. Pour obvier à cet inconvénient, il est bon d'effectuer un ou deux roulages énergiques au printemps avec des rouleaux aussi lourds que possible.

Ce roulage est même nécessaire au début de l'établissement de la prairie et pendant les deux ou trois premières années qui suivent les semis; il présente l'avantage de rechausser la racine des plantes qui ont été soulevées et dénudées pendant l'hiver.

Hersage. — Si certaines prairies ont besoin d'être roulées, d'autres au contraire veulent être hersées, ce sont surtout les vieilles prairies où la formation d'une couche superficielle de terreau acide est venue entraver la nitrification ou encore les prairies comprenant un grand nombre d'espèces traçantes qui forment un feutrage inaccessible à l'air et à la chaleur. Un bon hersage vient rompre cette croûte, l'aérer et rendre la vigueur aux bonnes espèces. Ce hersage permet encore de regarnir les éclaircies de la prairie en semant au préalable des graines dans ces parties dégarnies.

Etaupinage. — Une des opérations les plus importantes du printemps est assurément l'*étaupinage*. Les taupinières élevées par les taupes avec la terre enlevée aux galeries gênent beaucoup le fauchage quand elles sont nombreuses. Leur épandage ne présente aucune difficulté, il s'opère à la main, avec une pelle ou une houe. Mais lorsqu'on a une grande surface à étaupiner, il faut avoir recours à l'étaupinoir ; un des plus simples est celui de Mathieu de Dombasle, il est très répandu dans l'Est de la France. Il se compose en principe de deux limons solides assemblés par deux barres plus légères. Au milieu du carré ainsi formé sont placées deux traverses obliques assez grosses, munies à leur partie inférieure de deux lames d'acier. Ce sont ces lames qui tranchent les taupinières ou autres aspérités et déposent dans les parties creuses ce qu'elles ont enlevé. Cet étaupinoir a 1 m. 50 de large et peut être traîné par un cheval.

Destruction des principaux animaux ou insectes nuisibles. — La *taupe*, dont l'utilité est contestée, n'est réellement nuisible que dans les prairies irriguées. Là, il faut de toute nécessité la détruire, parce qu'avec ses galeries elle détourne le cours des rigoles et entrave beaucoup le bon fonctionnement des irrigations. Si l'on ne veut pas s'en débarrasser à l'aide des pièges, il suffit de mettre à sa portée, c'est-à-dire dans ses galeries, des morceaux de lombrics mélangés avec de la noix vomique, en prenant bien soin de ne pas toucher les vers avec les mains.

Les ennemis les plus redoutables des prairies sont les *vers blancs ;* on peut essayer de les détruire avec le *Botrytis tenella* quand la prairie n'est ni trop sèche ni trop humide et que la température moyenne a atteint au moins 14°.

Un ennemi moins connu, quoique très nuisible, est la *chenille ravageuse des prairies* (*Neuronia popularis*), longue de 4 centimètres, appartenant à la tribu des Noctuelles. On ne dispose pas de moyens réellement pratiques pour la détruire (1).

Les *campagnols*, les *souris* et les *mulots* sont aussi un fléau pour les prairies quand ils sont en trop grand nombre. Pour les campagnols, les mulots et les rats des champs, la Miocktamine est sans contredit le remède le plus sûr et le plus efficace.

Enfin, il est bon de ne pas laisser pénétrer les porcs et les oies dans les prairies. Les premiers bouleversent la surface du sol avec leur groin, tandis que les secondes, avec leur bec tranchant, coupent l'herbe au-dessus du collet, détruisent les bourgeons, le nœud vital et rendent la repousse difficile, sans compter que leurs déjections sont corrosives et que leurs plumes mêlées à l'herbe déplaisent au bétail.

Nous aurons à parler plusieurs fois dans la suite d'autres insectes nuisibles à certaines plantes et particulièrement aux légumineuses les plus importantes.

§ 11. — Récolte du foin

Les prairies doivent être fauchées lorsque la majorité des plantes est en fleurs ; c'est une erreur d'attendre que les graines soient partiellement ou totalement mûres.

(1) Voy. Brehm, *les Insectes,* tome II, p. 391.

— Il est vrai qu'en tardant jusqu'à la fin de la floraison la quantité d'herbe est un peu plus importante, mais par contre le fourrage est plus dur, moins digestif et d'une valeur nutritive plus faible ; enfin on risque d'avoir une seconde coupe moins forte dont la récolte tardive peut présenter des inconvénients.

Le fanage comporte toutes les opérations qui servent à convertir le fourrage vert en foin suffisamment sec, ou plus exactement il consiste à enlever au foin une quantité d'eau assez grande pour que ce dernier se conserve bien. Autant cette opération est simple par le beau temps, autant elle est pénible et coûteuse lorsque le temps est humide.

Si les graminées sont prédominantes et le temps propice, le fanage s'opère rapidement. Tout le monde sait que le fourrage coupé est d'abord éparpillé, arrangé ensuite en longues lignes appelées routes et séparées par des intervalles passés au rateau, puis rassemblé en petits tas et ensuite en gros tas ou même mis directement en meulons si le foin est bien sec, après quoi il est prêt à être rentré.

Pour les légumineuses, les parties les plus riches en azote et en sels minéraux sont les feuilles, les fleurons et les jeunes pousses; il faut veiller à perdre le moins possible de ces parties tendres très alibiles. Voici comment on opère. Le fourrage coupé est laissé en andains trois ou quatre jours, le quatrième et le cinquième jour, il est retourné avec soin en prenant la précaution d'élever fort peu les fourchées, on laisse le tout ainsi pendant une journée ou deux, après quoi on forme des petits tas appelés mulets, mulettes ou vieillottes, constitués par trois ou quatre fourchées. Ces petits tas restent deux jours sur le sol, puis on les retourne pour les réunir par quatre ou cinq le troisième jour si le foin est bien sec et bon à rentrer.

Lorsque le temps est incertain, voici, à notre avis, le meilleur procédé de fanage.

L'herbe coupée à la faux armée pour permettre aux tiges de bien se grouper est dressée poignée par poignée. On forme de la sorte un faisceau dont les tiges sont réunies au sommet par une torsade de foin. S'il arrive des pluies, l'eau glisse le long des tiges, mais celles-ci se sèchent très vite après. Fait-il quelques heures de beau temps, le fourrage continue lui-même sa dessiccation. On profite ensuite de quelques belles journées pour culbuter ces faisceaux ou moyettes afin de finir le fanage et on rentre le foin.

Le foin brun s'obtient en mettant l'herbe en meulons assez gros et peu de temps après avoir été coupé. Il ne tarde pas à s'établir une fermentation dans la masse, lorsque celle-ci atteint 60 à 70 degrés on l'étale au soleil, puis on rentre aussitôt que le fourrage est sec.

Dans les prairies irriguées on emploie pour soutenir le foin soit des tréteaux, soit des piquets assez hauts munis de petites tiges, soit simplement des perches réunies en forme de cône et souvent munies de chevilles.

Personne n'ignore que le râteau à cheval et la faneuse mécanique sont économiques autant qu'avantageux pour remplacer le fanage à bras dans les prairies où les légumineuses ne dominent pas.

Dans les régions où le climat le permet, le foin ne doit pas être immédiatement conduit dans les granges ou sous les hangars. On doit auparavant le réunir en meules ou meulons d'au moins 1000 kilos.

Ce système, peu usité chez nous, a des avantages

très sérieux. Tout d'abord, le foin qui doit passer par ces meulons n'a pas besoin d'être très desséché; de plus, on n'a pas à redouter une fermentation putride qui compromet la qualité du fourrage, ainsi que cela

De plus, dans ces conditions, la saveur est plus agréable, l'arome plus développé et le foin conserve une plus grande quantité d'eau de constitution qui en favorise la digestion.

Fig. 2. — Épurateurs système Denaiffe (p. 78) (Gravure extraite du Catalogue de la grainoterie Denaiffe).

arrive dans les gros tas de foin rentrés précipitamment.

On a jugé qu'environ mille kilos de foin étaient le volume favorable à une bonne fermentation basse qui améliore sensiblement les qualités nutritives du foin.

§ 12. — Conservation du foin

Le foin de pré pèse au plus 6o à 7o kilos le mètre cube, il faut donc un espace considérable pour le loger.

Lorsque les fenières sont établies sur le sol, pour éviter l'humidité de ce dernier, il faut l'isoler du foin par une couche de paille.

Avec les fermentations, il y a toujours des condensations, le long des murs, qui le font moisir, il est donc bon de les isoler aussi avec de la paille. Puis la couche supérieure du tas de foin est toujours soumise aux poussières, aux alternatives de sécheresse et d'humidité de l'extérieur et sujette à s'altérer ; si la consommation ne doit commencer qu'au bout d'un temps assez long, un abri est donc aussi utile. Enfin, pour les fenils qui sont établis au-dessus des écuries ou des étables, les émanations chaudes, humides, ammoniacales qui se dégagent de ces dernières le font moisir et lui communiquent une odeur désagréable ; il est indispensable de l'isoler par une couche assez forte de menues pailles. Répandu à la dose de 1 kilo à 1 kilo 500 par cent kilos de foin, le sel le rend bien plus appétissant, tout en exerçant une heureuse influence sur la santé du bétail. Le sel est encore utile pour empêcher la fermentation putride dans les foins récoltés dans de mauvaises conditions ; c'est donc un préservatif en même temps qu'un correctif dans les fourrages insuffisamment secs ou quelque peu avariés.

C'est peut-être en meules que le foin se conserve le mieux dans les régions qui n'ont pas un climat généralement humide. Celles-ci s'établissent sur sol bombé, surélevé, sur lequel on met une bonne couche de vieux foin, de mauvaise paille, etc. Ces meules sont circulaires ou rectangulaires ; dans ce dernier cas, elles sont orientées de l'est à l'ouest, ont une largeur de quatre à cinq mètres et une hauteur de six mètres au plus, la longueur est subordonnée à la quantité de foin que l'on possède. La meule terminée est recouverte d'une coiffe ou toit, formé de botillons de paille superposés ou de paillassons spéciaux ; dans les pays où les pluies sont peu abondantes on ne met même aucune couverture.

A l'état naturel pour transporter mille kilos de foin il faut 13 à 15 mètres cubes. Aujourd'hui, avec des presses perfectionnées on est parvenu à le réduire de quatre à cinq fois son volume, c'est-à-dire à le faire peser 300 à 350 kilos le mètre cube. Le transport peut se faire économiquement dans ces conditions, sans compter que se laissant peu traverser par l'air — qui est l'ennemi de la conservation du foin — il se conserve mieux.

La perte en eau du fourrage vert est très variable, non seulement suivant les familles, mais aussi parmi les espèces d'une même famille.

En général, les graminées perdent 60 o/o de leur poids ; chez les légumineuses cette proportion atteint au moins 75 o/o. Ces pertes peuvent aussi varier suivant l'état de maturité plus ou moins avancé de la plante. Il y a en outre des pertes de matières solides qui s'élèvent à 4 ou 5 o/o chez les graminées et à environ 10 o/o chez les légumineuses, quel que soit le procédé de fanage employé. Enfin de compte, il n'est pas rare de voir l'herbe verte se réduire à 25 o/o de foin sec.

§ 13. — Semis de fleurs de foin (1)

Les renseignements sur l'*ensilage* et la *sidération*

(1) Extrait du livre : « Les mélanges de graines fourragères pour obtenir les meilleurs rendements de bonne qualité, » étude scienti-

étant reportés à la fin de ce livre, nous arrivons à la
question des semences de prairies ; néanmoins, avant
de traiter cette question nous croyons utile de répéter
encore le conseil de ne jamais employer les fleurs de
foin, florins ou résidus de grenier qui, économiques
en apparence, constituent en réalité la plus mauvaise
spéculation qu'un agriculteur puisse faire; et à l'appui
de ce conseil, nous allons donner un extrait des recherches du savant Dr Stebler, Directeur de la station
fédérale suisse de contrôle des semences. Nous espé-
rons qu'il convaincra les plus incrédules.

La coutume, assez répandue, d'ensemencer en *fleur
de foin* ne constitue pas un progrès sur l'engazonnement naturel primitif, quoique beaucoup d'agriculteurs
pratiques soutiennent que ce procédé est encore le
meilleur : Il faut, disent-ils, rendre au sol la semence
qu'il a produite lui-même.

Le moyen rationnel le plus sûr de juger de la valeur
de la fleur de foin, c'est de l'examiner botaniquement.
Nous n'en citerons que deux exemples. Un échantillon
de fleur de foin, pris dans un lot destiné à être semé sur
les terres de l'orphelinat de Waedenswyl, contenait :

Balles, poussières et impuretés.........	66.52 %
Graines diverses......................	33.48
Total............................	100. %

Les 33,48 o/o de graines consistaient en:

fique et pratique par le *Dr Stebler*, prix 1 fr. 60 à la Graineterie
Denaiffe, à Carignan. Nous ne pouvons trop engager les personnes
que la question fourragère intéresse à se procurer cet excellent
livre dont le Dr Stebler a bien voulu nous charger de publier la traduction française.

Pâturins...................... 2.89 %
Houque laineuse.............. 1.49
Fétuque des prés............. 0.84
Avoine jaunâtre.............. 0.48
Dactyle...................... 0.32
Vulpin des prés.............. 0.32
Ray-grass anglais............ 0.16
Fétuque ovine................ 0.16
Flouve odorante.............. 0.16
Trèfle rouge................. 0.16
Trèfle jaune................. 0.16

TOTAL DES BONNES GRAINES.... 7.14 % 7.14 %

Plantain lancéolé.............. 24.32 %
Brome doux................... 0.48
Crête de coq................. 0.32
Eperviaires.................. 0.32
Oseille...................... 0.16
Boucage à grandes feuilles...... 0.16
Cumin des prés............... 0.16
Renoncule âcre............ ... 0.12
Grande pimprenelle........... 0.12
Myosotis..................... 0.12
Chrysanthème des moissons..... 0.03
Inconnue..................... 0.03

TOTAL DES MAUVAISES HERBES. 26.34 % 26.34 %
TOTAL GÉNÉRAL............... 33.48 %

Il y a donc prédominance des mauvaises plantes, parmi lesquelles le plantain lancéolé est pour près d'un quart (24.32 o/o).

Un kilogramme de mélange contenait :

Plantain lancéolé................ 183869 graines.
Eperviaires..................... 6120 —
Cumin des prés.................. 1933 —
Crête de coq.................... 1933 —
Brome doux..................... 1611 —

A reporter...... 195466

	Report......	195466 graines.
Myosotis......................	1611	—
Boucage à grande feuille.........	1611	—
Grande pimprenelle..............	1611	—
Renoncule âcre.................	322	—
Chrysanthème..................	322	—
Inconnue......................	322	—
TOTAL......................	201265 graines.	

Un kilogramme de cette *fleur de foin* contenait donc 201265 graines de mauvaises herbes.

Celles-ci étaient fort bien constituées, tandis que les bonnes semences étaient légères et menues.

| De l'avoine jaunâtre il n'a germé que | 7 o/o |
| De la houque laineuse | 20 o/o |

Il est facile de comprendre qu'un tel mélange n'est d'aucune valeur pour la culture fourragère, et que c'est dommage de sacrifier un seul pied carré du sol à un semis de cette nature.

Il est vrai qu'on peut, comme ça a été fait souvent, nous objecter avec raison que la fleur de foin n'a pas toujours la même composition; mais il est inexact de soutenir qu'il peut s'en trouver de bonne qualité; cette semence ne peut être que mauvaise, tantôt plus, tantôt moins.

M. Wiederkehr, agriculteur à la Stockmatt, près de Willisan (Lucerne), nous a envoyé à analyser un paquet de fleur de foin. Jusqu'alors, comme la plupart des cultivateurs de son pays, il avait eu l'habitude de faire une prairie simplement par un semis de fleur de foin; mais le peu de valeur de cette semence lui fut démontrée, et il fit l'expérience qu'il était plus avantageux d'employer un mélange convenable de graines de graminées et de trèfles purs et capables de germer. Ce-

pendant plus tard, ayant considéré combien était belle
la fleur de foin trouvée au printemps sur son fenil, il
eut la tentation de revenir à l'ancien procédé, et c'est
pourquoi il nous en expédia un échantillon à examiner,
avec la remarque qu'elle ne pouvait pas être mauvaise
et que certainement elle était meilleure que celle re-
cueillie par les autres cultivateurs, puisque les prairies
d'où elle provenait étaient toutes bonnes et grasses. Il
nous importait donc beaucoup de rechercher la vraie
valeur de cette semence; et il pouvait être intéressant à
d'autres cultivateurs de savoir, une fois, quelle est la
composition d'une « bonne fleur de foin ».

L'analyse a trouvé :

Balles........................	45.802 %
Houque laineuse.................	49.909
Autres graines..................	4.277
	99.988 %
Pertes.........	0.012
	100.000 %

Elle consistait donc, à côté des balles, pour la plus
grande partie en graine de houque laineuse. Or sur 800
de celles-ci 47 seulement germèrent, soit 6 o/o, de sorte
qu'en nombre rond cette fleur *ne contient que 3 o/o
desdites graines capables de germer.* Mais dans le
commerce 1 o/o de kilog. de graines de houque laineuse pures et capables de germer se paie environ 1 1/2
centime; et si la valeur de la fleur de foin n'était estimée
que d'après la houque, le prix en serait donc de 4 1/2
centimes le kilog. ou de 4 fr. 50 les 100 kilos. Maintenant, il est reconnu que la fleur constitue un meilleur
fourrage que le foin même. Mais 100 kilos de foin
coûtent de 8 à 10 francs, et l'on peut donc admettre
une valeur égale pour 100 kilos de fleur employée comme

fourrage. Par conséquent, 100 kilos de cette substance auraient pour la semaille une valeur de 4 fr. 50 seulement et, pour faire consommer, 9 fr. au moins.

Pour cette raison déjà et pour beaucoup d'autres, il n'est pas à recommander de faire des semis de graines de foin.

L'analyse de cette fleur de foin, passant pour bonne, dénotait la présence de 160 millions de graines de mauvaises herbes, en semant à raison de 30 quintaux par hectare. On peut en conclure les résultats qui auraient été obtenus avec de la fleur de foin passant pour défectueuse.

Il résulte d'autres expériences très rigoureuses, effectuées de 1876 à 1880, que le rendement de la fleur de foin est de moitié inférieur à celui d'un mélange de graines fourragères, et que, quant à la valeur vénale, il reste aussi chaque année en arrière de 400 à 500 fr. ; ce qui, pour une exploitation de six ans, représente à l'hectare une perte de 2.400 à 3.000 francs. C'est pourquoi le produit des mélanges l'emportant si fort sur celui de la fleur, l'on est richement récompensé d'en avoir fait, une fois pour toutes, un semis du prix d'environ 60 à 80 francs par hectare.

§ 14. — Appréciation de la qualité des semences

Nous venons de voir que les semences récoltées séparément sont préférables aux fleurs de foin, que parmi les premières les espèces susceptibles de prospérer sur chaque terrain à ensemencer devaient être exclusivement choisies ; nous ajoutons maintenant que suivant le vieil adage : « telle semence, tel produit, » le choix doit être strictement limité aux graines de bonne qualité. Comme pour juger les qualités des semences, il faut les analyser, nous allons expliquer en quoi consistent ces analyses.

L'analyse d'une semence comporte cinq opérations :

1° *La détermination de la réalité ou identité*, c'est-à-dire de l'espèce et de la variété. Beaucoup de graines d'espèces et de prix différents se ressemblent au point de ne pouvoir être distinguées que par des personnes très exercées ; aussi, cette ressemblance est mise à profit par des vendeurs peu consciencieux, qui substituent une semence bon marché à une autre de valeur plus grande. C'est cette fraude que la recherche de l'identité permet de découvrir.

La rusticité et le rendement des graines de même que leur valeur commerciale étant souvent très variables, suivant le climat de la contrée dans laquelle elles ont été récoltées, cette première recherche doit, lorsque c'est possible, être utilement complétée par la détermination de la provenance, c'est-à-dire du pays d'origine de la semence.

2° *La détermination de la pureté*, c'est-à-dire de la proportion pour cent de graines, dont l'identité correspond au nom de l'échantillon considéré. La différence entre 100 et ce chiffre représente les impuretés qui se composent de tous les éléments autres que la graine dénommée et se classent en impuretés inertes, impuretés nuisibles, impuretés utiles. Les premières consistent en pierrailles, sable, particules terreuses, débris de végétaux. Leur présence, due à une cause involontaire ou à une épuration insuffisante, déprécie la semence proportionnellement à leur poids, qui doit toujours être faible, car autrement il y aurait falsification par addition d'impuretés.

Les impuretés nuisibles sont principalement les graines de plantes parasites ou salissantes, telles que la cuscute, le plantain, les senés, l'oseille sauvage, etc., qui détruisent les récoltes ou y portent préjudice. Les unes, telles que la cuscute, doivent être éliminées totalement, et tout vendeur doit en garantir l'absence absolue dans la graine qu'il livre.

Les appareils nettoyeurs actuellement en usage (*fig. 2*, pp. 66 et 67) ne permettent pas d'extraire complètement les autres, — moins nuisibles d'ailleurs ; — il est bien rare, même dans les graines épurées, qu'il n'en reste pas une certaine proportion, mais qui doit être très faible.

Les impuretés utiles sont les graines de plantes ayant une valeur agricole. Suivant le but qu'on se propose, la valeur commerciale et l'utilité plus ou moins grande des plantes que ces impuretés produisent, elles déprécient ou rendent de la valeur à la semence dans laquelle elles se trouvent. De l'avoine jaunâtre par exemple, excellente graminée valant 5 fr. le kilo et se plaisant sur les mêmes sols que le brôme des prés, qui est une plante fourragère, médiocre, valant 0 fr. 70 le kilo, ne peut, dans un semis de prairie, que rendre de la valeur à ce dernier dans lequel on la rencontre presque toujours. L'inverse aurait lieu par exemple si de la houque laineuse se trouvait dans du vulpin des prés.

3° *Détermination de la faculté germinative* ou recherche de la proportion pour 100 de graines pures qui sont capables de germer. Tous les agriculteurs savent qu'une graine est d'autant meilleure que cette proportion est plus élevée, que la germination est plus rapide, que les germes ou plantules sont plus vigoureux.

La recherche de la germination se fait dans des germoirs ou étuves spéciales; la figure|3 donnera une idée des germoirs de notre système construits pour le service du laboratoire d'essais des semences de notre graineterie de Carignan.

Les graines, après être comptées, sont disposées sur des coupelles en terre poreuse humectées à l'avance. Ces coupelles sont placées sur le drap de bassins renfermant un peu d'eau pour y rester jusqu'à la fin des

Fig. 3. — Étuves à germination (système Denaiffe p. 77).

essais, et être stérilisées ensuite à haute température : elles peuvent être remplacées par du papier buvard, de la flanelle ou du sable.

La chaleur est fournie par un thermosiphon ou par tout autre moyen.

La température dans l'appareil est maintenue à une hauteur de 20 à 30 degrés pour la plupart des graines. Pour certaines il est nécessaire de les couvrir avec une toile humide ou de les poser simplement sur de la ouate, en évitant le contact direct avec l'eau. Il est aussi souvent nécessaire de faire simultanément les essais en terrines renfermant environ 10 centimètres de terre, comme contrôle des essais sur coupelles.

4° *Détermination du poids absolu de la semence pure (du poids de 100 grains, par exemple)*. Les semences à gros grains ont une valeur commerciale et agricole très supérieure à celle des semences à petits grains, car elles produisent généralement des plantes bien développées, vigoureuses, souvent hâtives. C'est cette détermination du poids absolu qui permet de compléter les remarques faites par l'examen à l'œil nu, ou au moyen d'instruments d'optique, et de fixer un nombre renseignant sur la grosseur.

5° *Détermination du poids volume*, c'est-à-dire du poids des graines considérées contenues dans une mesure prise pour unité, un hectolitre par exemple. Une graine est d'autant meilleure qu'elle est plus lourde, c'est-à-dire que l'hectolitre pèse davantage et c'est pourquoi le poids volume est très utile pour ju lar
 qualité d'une semence. Les Anglais l'ont tellement bien compris que, chez eux, c'est le poids volume qui sert à fixer le prix du kilogramme des graines les plus importantes.

L'analyse porte aussi quelquefois sur des déterminations d'importance secondaire.

Tous les agriculteurs savent que la valeur culturale d'une graine s'obtient en multipliant la pureté pour 100 par la germination pour 100 et en divisant ensuite par 100 le produit obtenu.

Nous rappellerons aussi la formule suivante, que nous avons communiquée, il y a quelques années, au *Journal de l'Agriculture*, et qui permet de calculer la quantité de semence à employer à l'hectare :

$$\frac{100 \; F}{V \times N} = X$$

F, désignant le nombre fixé de graines normales à semer à l'hectare ; V, la valeur culturale pour o/o ; N, le nombre de graines par kilogramme de semence normale.

F est invariable pour une même espèce de semence, il est donné par des tables ; V et N sont établis par l'analyse ; X est l'inconnue, c'est-à-dire le poids de la semence considérée à employer par hectare.

Des tables indiquant les taux moyens de pureté o/o, de germination o/o, de valeur culturale o/o des principales graines fourragères se trouvent insérées vers la fin de ce livre.

Enfin nous terminerons en rappelant qu'avec une pureté et une faculté germinative égales, une semence provenant des contrées septentrionales l'emportera en valeur réelle sur une autre provenant des contrées plus au sud.

Cette supériorité a été démontrée par Schubeler et érigée en loi que toutes les autorités agronomiques s'accordent à reconnaître et que la pratique confirme chaque jour.

Ce sujet a été développé à nouveau par MM. Grandeaux, Schribau, Nobbe, Stebler, Petermann, Zetterlund.

Le journal *la Semaine Agricole* constate qu'on est fondé à dire que la valeur des semences du Nord consiste en ce que :

« Semées au Sud, elles donnent des récoltes plus riches, mûrissant plus tôt que celles tirées d'un pays méridional :

« Les graines du Nord l'emportent sur celles du Sud par un poids absolu et un poids volume très élevés ;

« Les graines mûries dans les régions septentrionales produisent des plantes plus vigoureuses et plus hardies ;

« Les plantes septentrionales ont des feuilles plus grandes, d'un vert plus foncé que celles des localités méridionales. »

Les agriculteurs ne devront jamais perdre de vue ces grandes lois lorsqu'ils auront à renouveler leurs semences ou voudront obtenir des récoltes plus fortes.

En résumé, les semences du Nord ont comme qualité : l'énergie germinative, le pouvoir germinatif, le poids absolu, la pureté très élevés. Semées au Midi elles germent plus promptement, donnent naissance à des plantes plus vigoureuses, plus rustiques, d'une maturité plus précoce que celles obtenues par le semis des graines des pays méridionaux.

L'avantage pour les pays du Sud à s'approvisionner de semences dans les pays du Nord est donc incontestable.

DEUXIÈME PARTIE

GRAMINÉES (1)

Agrostis traçante (*Agrostis stolonifera*).
(Tremme, Traînasse, Chiendent.)

Le nom français, *agrostis*, est le même que le nom latin ; en grec, le mot *agrostis* a la signification impropre de chiendent.

L'Agrostis ou agrostide traçante (fig. 4) est une variété d'agrostis blanche (*agrostis alba*), appelée fréquemment *Fiorin* en Amérique ou en Angleterre et *Agrostis capillaire* dans le commerce.

Cultivée en Angleterre depuis plus de deux siècles, considérée dans ce pays comme une des meilleures graminées, cette plante n'a été cultivée et étudiée en France qu'au commencement de ce siècle.

Elle n'a pas donné les résultats extraordinaires annoncés par les agronomes anglais, mais a été néanmoins reconnue comme une bonne plante pour les terrains frais.

L'agrostis traçante pousse naturellement dans toutes les régions tempérées du globe. On la rencontre sur les terrains frais, dans les prairies basses, le long des cours d'eau, dans les bois, aux endroits où le brouillard séjourne longtemps.

(1) Nous nous sommes limités aux graminées végétant en France.

Cette graminée préfère les sols froids et humides, plutôt légers que compacts. Elle végète cependant sur les sols secs, mais produit une herbe dure et sèche qui a peu de valeur.

La plante acquiert son maximum de développement sous les climats humides et brumeux. Elle résiste très bien au froid.

Fig. 4. — Agrostis traçante.

La souche de l'agrostis traçante est cespiteuse, le rhizome très développé; les stolons rampent souvent plusieurs mètres sur le sol, en émettant de nouvelles tiges par les nœuds qui sont en contact avec la terre.

La tige a une hauteur de 4 à 9 décimètres. Son développement tardif, sa faculté de traîner sur le sol, de bien résister au piétinement, en font une graminée plus utile pour les pâturages que pour les prés à faucher.

La plante se développe assez tard au printemps, pousse vite une fois en végétation, fleurit en juin ou juillet, dure jusqu'à l'hiver. Elle est vivace, entre en rapport la première année, mais, par suite de l'époque de son développement, ne donne son plus grand produit qu'à la seconde coupe.

L'agrostis traçante coupée sur un terrain frais est une herbe fine, tendre, sucrée, de très bonne qualité, recherchée par les animaux. Coupée sur un terrain sec, elle donne un fourrage dur et sec que les animaux mangent difficilement.

Le produit à l'hectare est de 1.500 à 3.000 kilos de foin. L'herbe perd un peu plus de moitié de son poids par la dessiccation.

Par suite de la facilité avec laquelle la plante se mul‑tiplie, de la difficulté de l'extirper à la charrue, de la rapidité avec laquelle elle se développe naturellement et s'empare à nouveau d'un terrain — même après plusieurs labours — il est impossible d'utiliser cette graminée dans les prairies temporaires et de lui donner une place dans la rotation.

La graine étant extrêmement fine et légère ne peut être semée que par un temps très calme. On l'enterre simplement par le passage du rouleau.

Cette graine germe bien, et sa faculté germinative, quoique di‑minuant graduellement, reste assez élevée pendant plusieurs années. Le semis s'opère au prin‑temps ou à l'automne. L'agros‑tis traçante entre souvent dans les compositions des semis pour création de pâturages en terrains humides et quelquefois dans celles pour création de prairies perma‑nentes.

Fig. 5.
Agrostis vulgaire.

Le poids de l'hectolitre et le nombre de grains par litre sont très difficiles à fixer d'une ma‑nière générale, car ils varient de plus de moitié suivant que la graine est pesée nue, avec glumes, avec glumelles, ou seulement avec une partie des glumes et des glumelles.

Quantité à semer à l'hectare : 10 kilos.

NOMS DES PLANTES	ÉPOQUE de floraison	HAUTEUR en décimètres	DURÉE	STATIONS	VALEUR AGRICOLE
Agrostis blanche, var. flagellaris (*Agrostis alba var. flagellaris*)...........	Juin-Juillet	3 à 5	Vivace	Lieux humides, prés et bois	Fourragère.
Agrostis blanche géante (*Agrostis alba, var. gigantea*).......	id.	5 à 9	id.	Bois	id.
Agrostis blanche majeure pâle (*Agrostis alba, var. major*)..	id.	3 à 6	id.	id.	id.
Agrostis interrompue (*Agrostis interrupta*).	id.	3 à 5	An-nuelle	Champs en sols siliceux	Plante salissante des moissons
Agrostis Jouet du vent (*Agrostis spica venti*)...	id.	6 à 8	id.	Champs de blé.	id.
Agrostis des rochers (*Agrostis rupestris*).....	Juillet-Août.	5 à 20 centimètres	Vivace	Pâturages des montagnes	Fourragère.
Agrostis des chiens (*Agrostis canina*)....	id.	3 à 6	id.	Lieux humides tourbières.	Litière médiocre.
Agrostis des Alpes à panicule jaune (*Agrostis alpina, var. flavescens*)..........	id.	1 à 4	id.	Pâturages des montagnes.	Fourragère.
Agrostis blanche alpine (*Agrostis alba, var. flagellaris, subvar. alpestris*).	id.	1 à 3	id.	Pâturages et lieux boisés des montagnes.	id.

Agrostis vulgaire (*Agrostis vulgaris*).

Cette variété (fig. 5) ressemble beaucoup à la précédente; pour tous les renseignements relatifs à la végétation, à la valeur fourragère, au rendement, au semis, à la semence, on peut l'assimiler à l'agrostis traçante.

Elle en diffère cependant par une propriété importante, c'est de bien végéter et donner un bon fourrage dans les terrains un peu secs et dans la plupart des terrains.

Les deux variétés précédentes sont utilisées en grande culture, quelques autres variétés sont employées en horticulture, enfin celles désignées dans le tableau ci-contre (p. 84) se rencontrent le plus fréquemment.

Agropyre (*Agropyrum*).

Les Agropyres sont des graminées vivaces de 4 à 10 décimètres de hauteur que l'on 'trouve dans les lieux arides et sablonneux (*Agropyrum glaucum*), dans les sables maritimes (var. *pungens, junceum, acutum*), dans les plantes adventices des terres cultivées et des vignobles (var. *repens, repens aristatum, repens vulgare*), dans les bois (var. *caninum*). Elles n'ont aucune valeur agricole.

Airopsis (*Aïropsis*). — Plante sans valeur agricole.

Alfa (*Stipa tenacissima*).

L'Alfa ou *Halpha* occupe plusieurs millions d'hectares en Algérie. Il est surtout utilisé pour la fabrication des pâtes à papier et des ouvrages dits de sparterie; mais en plus de son utilité en industrie, il peut à l'occasion servir de nourriture aux herbivores et ses jeunes pousses ont souvent été une ressource précieuse pour les chevaux de nos colonnes expéditionnaires.

Alpiste. — Voir *Phalaris*.

Ampelodesmos (*Fétuque Diss*).

Connue en Algérie sous le nom de *Dys*, cette plante est utilisée comme foin ou comme paille en hiver ou au printemps avant sa floraison. On peut en tirer parti comme plante textile ainsi que pour la fabrication des brosses et même utiliser les graines ainsi que les racines pour la consommation.

Andropogon ou Barbon.

Graminées vivaces, appelées quelquefois *pied de poule*, consommées par le bétail, mais à racines envahissantes et traçantes au point de les rendre nuisibles.

Aristella. — Plante sans valeur agricole.

Arrhénatère — Voir *Fromental* (avoine élevée).

AVOINE (*Avena*).

Avoine élevée (*Avena elatior*). — Voir *Fromental*.

Avoine jaunâtre (*Avena flavescens*).

La plante (fig. 6) doit son nom à la couleur jaunâtre de sa panicule pendant la floraison. Elle est recherchée par tous les animaux; son foin est excellent mais peu abondant.

C'est une graminée peu précoce, tallant bien, formant des touffes peu serrées; convenant aussi bien pour les prairies permanentes que pour les prairies temporaires; demandant un sol de consistance moyenne avec une proportion suffisante de calcaire, riche en humus ou légèrement frais.

Il n'est pas pratiquement possible de cultiver l'avoine jaunâtre en semis pur, soit pour la production du fourrage, soit pour la production de la semence. Cette dernière le plus souvent est obtenue en criblant des déchets de l'épuration de la graine de dactyle et de fromental. Quoique très perfectionné pendant ces dernières années, ce procédé ne donne néanmoins qu'une graine renfermant un grand nombre d'impuretés de même poids et de même volume que l'avoine jaunâtre et qu'il est par suite impossible d'éliminer.

Fig. 6.
Avoine jaunâtre.

Les stations de contrôle considèrent comme de très bonne qualité l'avoine jaunâtre ayant 40 o/o de pureté, 40 o/o de faculté germinative, 16 o/o de valeur culturale.

Cette faible valeur utile, jointe au prix réel extrêmement élevé, limitera toujours beaucoup l'emploi de cette graminée et d'autant plus qu'il est facile de la remplacer par d'autres coûtant moins cher, préférables sous tous les rapports.

La semence offerte à bas prix est falsifiée avec de la canche flexueuse ou d'autres graminées de même aspect que l'avoine jaunâtre.

Poids de l'hectolitre : 18 kilos.

Quantité à semer à l'hectare : 30 kilos.

Avoine pubescente (*Avena pubescens*).

Appelée vulgairement *Avezone*, cette graminée est vivace, à souches fibreuses, à tiges genouillées à la base, à feuilles planes plus courtes et à panicule plus contractée que les deux variétés précédentes, à épillets violacés et argentés à la fois. Elle atteint 3 à 5 décimètres de hauteur; sa floraison a lieu au début de juin.

C'est une plante des climats tempérés : elle craint le froid excessif, la grande chaleur, l'humidité surabondante, préfère les sols secs, est assez exigeante comme fertilité.

Le foin qu'elle donne, quoique un peu grossier, est bien mangé par les animaux. Il est regrettable que la rareté de la graine ne permette pas d'en généraliser l'emploi.

Avoine cultivée (*Avena sativa*).

Cette espèce étant bien connue comme céréale, nous nous bornerons à parler de son emploi comme fourrage vert.

L'avoine a une tige plus grosse, plus aqueuse, des feuilles plus larges et plus développées que le seigle, mais elle est moins précoce que lui; même avec la variété d'hiver, on ne peut commencer à la couper en vert avant la fin de mai ou le commencement de juin.

La consommation dure plus longtemps que celle du seigle; on peut couper dès que la panicule se montre et continuer à la faire manger jusqu'au moment où les graines sont mûres.

Quantité à semer à l'hectare : 150 kilos.

Les autres variétés d'avoine ne présentent que peu
d'intérêt; voici les plus connues :

NOM DES PLANTES	ÉPOQUE de floraison	HAUTEUR en décim.	DURÉE	STATIONS	VALEUR AGRICOLE
Avoine bigarrée (*Avena versicolor*)	Juillet-août.	2 à 4	Vivace	Montagnes.	Plante fourrag. des montagnes.
Avoine à feuilles larges (*Avena planiculmis*) .... ?...	Juin-Juillet.	7 à 9	id.	Prés humides des montagnes.	id.
Avoine des prés (*Avena pratensis*)	id.	3 à 5	id.	Prés secs.	Fourrage médiocre.
Avoine folle (*Avena fatua*)	Juin-sept.	7 à 9	Annuelle	Champs de blé, sainfoin, etc.	Plante adventice nuisible.

Baldingère bigarrée (*Baldingera arundinacea*).

Graminée vivace de 6 à 15 décimètres de hauteur,
végétant sur le bord des eaux, donnant un foin grossier plutôt utilisable comme litière. Floraison en juin-
juillet. Serait susceptible de servir pour retenir la terre
des rives (Voir *Phalaris roseau*).

La variété bigarrée panachée est employée dans l'or-
nementation des jardins sous le nom vulgaire de *Roseau à ruban*.

Barbou. — Voir *Andropogon*.

Barnadette en grappe (*Tragus racemosus*).

Graminée annuelle sans valeur agricole, végétant
sur les lieux sablonneux. Floraison juin-juillet, hauteur 15 à 30 centimètres.

Blé de Turquie. — Voir *Maïs*.

Brachypodes (*Brachypodium*).

Graminées non cultivées et sans valeur agricole; cependant les variétés suivantes qui sont vivaces, assez hâtives, hautes de 3 à 6 décimètres et que l'on rencontre dans les lieux pierreux, les haies, les buissons, sont quelquefois utilisées comme litière : Br. des forêts (*Br. sylvaticum*), Br. corniculé ou penné (*Br. pinnatum*), Br. gazonnant (*Br. cæspitosum*).

Brachypode des bois (*Brachypodium sylvaticum*). — Voir *Brôme des bois*.

Brizes (*Briza*).

Plantes fourragères médiocres et de faible rendement, à graines difficiles à récolter et toujours de germination peu élevée. Les brizes n'ont que peu de valeur agricole, ce sont plutôt des graminées ornementales.

Fig. 7.
Brize à gros épillets.

La brize à gros épillets (*Briza maxima*) (fig. 7), annuelle, haute de 3 à 4 décimètres, fleurissant en mai-juin, est cultivée ou récoltée dans les lieux arides et incultes, pour servir à la confection des bouquets.

La brize tremblante ou intermédiaire (*Briza media*) est appelée aussi *tremblette* ou *amourette;* il en est de même de la brize tremblante pâle (*Briza media, var. lutescens*) (fig. 8), toutes deux graminées vivaces, beaucoup plus délicates que la précédente et servant dans le même but. Elles sont soit cultivées, soit récoltées, la première dans les prés secs et le long des haies, la seconde sur la lisière des bois et des marais.

Quant à la brize mineure (*Briza minor*), variété annuelle qui se trouve dans les herbes des sols sablonneux, sa petite taille (1 à 2 décimètres) empêche de l'utiliser.

BROME (*Bromus*)

Le mot brôme vient du grec. *brômos*, qui signifie nourriture.

Parmi plus de 25 variétés végétant en France, la semence de sept seulement se trouve dans le commerce et dans ce qui est vendu la majeure partie consiste en brôme dressé (*bromus erectus*), presque toujours appelé brôme des prés (*bromus pratensis*). Cette confusion est même tellement répandue que nous sommes obligés de la suivre.

Fig. 8. — Brize tremblante.

Brôme des Prés (*Bromus pratensis*).

Le brôme des prés (fig. 9) préfère les terrains secs, calcaires ; d'une façon générale, c'est une plante rustique apte à végéter dans toutes les terres susceptibles d'être engazonnées, mais à la condition de n'être ni trop humides, ni trop compactes ; c'est même une des graminées vivaces les plus utiles des terrains jurassiques et crétacés. A sa résistance au froid et à la sécheresse il joint la faculté de se développer en sol médiocre, en coteaux secs et pierreux où d'autres graminées meilleures ne végéteraient pas. Cependant, pour obtenir son plein rendement, un milieu assez fertile est nécessaire, ainsi que le montre l'analyse suivante de M. Rithausen :

Azote	14.3 %	Magnésie	1.9 %
Acide phosphorique.	6.8 %	Chaux	4.4 %
Potasse	16.8 %	Acide sulfurique...	1.8 %
Soude	1.1 %	Acide silicique.....	15.2 %

Les proportions varient selon la composition du sol pour l'azote en particulier qui est la dominante du brôme comme des graminées en général, car M. Demoor n'a trouvé que 5 o/o.

La hauteur du brôme des prés varie de 6 à 11 décimètres, le développement normal est atteint la deuxième année; comme c'est une plante naturellement un peu dure, il est nécessaire, quand c'est possible, de la faucher avant la floraison : en la laissant vieillir elle deviendrait coriace, trop riche en cellulose non digestible, la barbe des épillets acquerrait une rigidité suffisante pour se loger dans les gencives et le palais des animaux qui dès lors ne le mangeraient qu'avec difficulté. En n'attendant

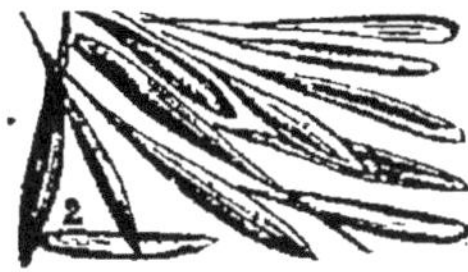

Fig. 9.
Brôme des prés.

pas trop tard pour couper l'herbe, tous ces inconvénients sont évités.

Placé dans des conditions moyennes, le brôme des prés produit 6 à 9.000 kilos de foin à l'hectare, il perd plus de moitié de son poids par la dessiccation.

C'est une des graminées très employées dans la composition des semis de prairies à faucher et à pâturer.

La semence renferme souvent du dactyle pelotonné, du fromental, de l'avoine jaunâtre, espèces meilleures que le brôme des prés et qui pour les semis de prairies rendent de la valeur à sa graine au lieu de la diminuer.

Poids de l'hectolitre : 22 kilos.

Quantité à semer à l'hectare : 65 kilos.

Brôme inerme. Brôme de Hongrie
(*Bromus inermis*).

Variété vivace (fig. 10), répandue en Hongrie où elle donne un bon résultat sur les terrains arides et siliceux — et même, ce qui le distingue du brôme des prés, — sur les sols forts et frais sans excès.

Il s'en distingue aussi en ce qu'il ne pousse pas en touffes, il émet de longs stolons souterrains qui sortent de place en place pour donner des plantes distinctes du pied mère. Les tiges varient de 0 m. 60 à 1 m. 20 et même plus de hauteur, c'est peut-être pourquoi certains botanistes l'ont surnommé à tort « Brôme géant », tandis que ce dernier (*Bromus giganteus*) n'est qu'une variété sans mérite.

C'est une plante rustique qui résiste aux froids très rigoureux et aux grandes sécheresses, sa place est marquée dans les sols secs et arides où d'autres graminées meilleures mais plus exigeantes ne viendraient pas. Ainsi que nous l'avons dit, on peut aussi l'employer dans des terrains un peu frais, c'est même dans les sols silico-argileux riches en matières organiques qu'elle donne ses rendements les plus élevés.

Fig. 16.
Brôme inerme.

Le brôme inerme se contente de peu pourvu que le terrain ait des propriétés physiques qui lui conviennent ainsi que le prouvent des analyses publiées par le docteur Stebler (1).

De même que celui du brôme des prés, son fourrage est meilleur lorsqu'il est fauché de bonne heure. Dans de bons terrains son rendement s'est élevé à 12.000 kilos de foin à l'hectare, mais dans les conditions ordinaires il ne donne pas plus de 8.000 kilos ; il perd plus de moitié de son poids par la dessiccation.

Mais à côté de ces avantages il a deux inconvénients qui sont peut-être les causes de l'emploi restreint de cette variété dans notre pays : d'abord l'analyse montre que son foin est inférieur à celui du brôme des prés et du foin normal ; de plus il est assez difficile à extirper puisque ses rhizomes se propagent comme ceux du chiendent, ce qui en défend l'emploi dans les prairies temporaires de même que dans celles destinées à être rompues après une assez longue exploitation.

Poids de l'hectolitre : 22 kilos.

(1) Stebler, *les Meilleures plantes fourragères.*

Quantité à semer à l'hectare : 6o kilos.

Brome de Schrader (*Bromus Schraderii*).

Ce brome (fig 11), signalé par Schrader en 183o, fut présenté, en 1864, par Alph. Lavallée, à la Société Centrale d'Agriculture.

C'était, disait-il, une plante très rustique, vivace, produisant beaucoup de graines, donnant cinq coupes d'une herbe excellente soit en vert, soit en foin. En quinze mois la plante devait produire environ 36.ooo kilos de fourrage vert.

Aussi le brôme de Schrader eut de suite une immense réputation. On en sema de tous côtés..., et quelques années après il n'en était plus question, personne ne voulait plus en semer, l'enthousiasme était changé en déception.

Fig. 11. — Brôme de Schrader.

En effet, les nombreuses expériences auxquelles cette plante fut soumise prouvèrent qu'elle supportait difficilement le froid, que les dégels lui faisaient beaucoup de tort, qu'elle ne produisait pas plus que les autres plantes de prairies, que sa valeur fourragère n'était pas supérieure à celle des autres graminées, que le fourrage qu'elle produisait était grossier, difficile à consommer en sec, et ne présentait pas sur ses congénères l'avantage, annoncé au début, de n'avoir pas de barbe sur ses épillets.

En terres très favorables et riches, des produits de 20.000 kilos de fourrage vert ont été obtenus, mais dans les mêmes conditions ils auraient été dépassés par des graminées meilleures et aussi vivaces.

En résumé, le brôme de Schrader n'a pas répondu à ce qu'on en attendait, il est presque délaissé maintenant.

Poids de l'hectolitre : 21 kilos.

Quantité à semer à l'hectare : 60 kilos.

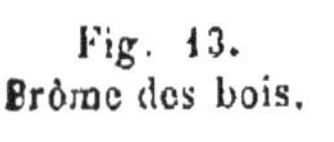

Fig. 12.
Brôme mou.

Brome mou. — Brôme doux *(Bromus mollis)*.

Cette graminée annuelle est ainsi appelée parce qu'elle est velue, que ses tiges, feuilles, glumes, glumelles sont pubescentes et douces au toucher et que, contrairement aux brômes précédents, son foin est mou.

Elle fournit rapidement dans les terres franches et substantielles un fourrage abondant, mais de médiocre qualité et peu goûté des animaux.

Le brôme mou sert quelquefois à regarnir les vides des prairies artificielles; comme il est précoce et annuel, on doit se défier de le voir se ressemer pour devenir ensuite envahissant.

Fig. 13.
Brôme des bois.

Poids de l'hectolitre : 20 kilos.

Quantité à semer à l'hectare : 65 kilos.

Brôme des bois (*Bromus sylvaticus* ou plutôt *Brachypodium sylvaticum*.)

Graminée vivace (fig. 13) dont la graine est rare, présentant l'avantage de végéter à l'ombre, mais n'ayant que peu de valeur comme plante fourragère.

Les autres brômes ne présentent aucun intérêt, voici les principaux :

NOMS DES PLANTES	HAUTEUR en DÉCIM.	FLORAISON	DURÉE	STATIONS	VALEUR AGRICOLE
Brôme rude rameux (*Bromus asper var. ramosus*)........	8 à 12	Juin. Août.	Vivace.	Bois en montagnes.	Litière.
Brôme de Beneke (*Bromus asper var. Beneki*)...	8 à 14	id.	id.	id.	id.
Brôme des toits (*Bromus tectorum*)........	3 à 5	Mai-Juin.	Annuel.	Toits, murs lieux siliceux incultes.	Plante nuisible
Brôme des champs (*Bromus arvensis*)...........	4 à 8	Juin-Juil.	id.	Champs de blé, luzerne.	id.
Brôme stérile (*Bromus sterilis*)...........	5 à 8	Mai-Sept.	id.	Lieux incultes, haies, décombres.	id.
Brôme seigle (*Bromus secalinus*)·	4 à 9	Mai-Juin.	id.	Champs de blé.	id.
Brôme élevé (*Bromus maximus*).	5 à 10	Mai-Juil.	id.	Lieux secs.	id.
Brôme divariqué *Bromus divaricatus*)........	4 à 6	Mai.	id.	Champs.	id.
Brôme raboteux et raboteux velu (*Bromus squarosus et var. villosus*)......	à 4	Juin-Juil.	Bisannuel.	Lieux incultes.	id.

NOMS DES PLANTES	HAUTEUR en DÉCIM.	FLORAISON	DURÉE	STATIONS	VALEUR AGRICOLE
Brôme à grappes (*Bromus racemosus*)........	5 à 7	Mai-Juin.	Bisannuel.	Prés.	Plante nuisible
Brôme à épillet court (*Bromus brachystachys*).	7 à 8	Juin. Juillet.	id.	Champs, prés secs.	id.

Calamagrostide (*Calamagrostis*).

Les calamagrostides sont des graminées vivaces, non cultivées, sans valeur fourragère par suite de leur dureté, susceptibles seulement d'être employées comme litière, hautes de 5 à 10 décimètres, ayant leur floraison en juin, juillet, août, végétant les unes sur la lisière ou dans les bois de montagnes, les autres dans les prairies humides et les marais.

Canche (*Aira*).

Les canches, graminées annuelles et graminées vivaces, n'offrent que peu d'intérêt au point de vue agricole ; les deux variétés suivantes sont cependant usitées :

Canche flexueuse ou Deschampsie flexueuse (*Aira flexuosa* ou *Deschampsia flexuosa*) (fig. 14.)

Fig. 14.
Canche flexueuse.

Canche élevée, cespiteuse ou gazonnante (*Aira cæspitosa* ou *Deschampsia cæspitosa*) (fig. 15).

La première végète bien à l'ombre, se trouve surtout dans les bois, a 3 à 5 décimètres de hauteur; la deuxième se rencontre surtout dans les pâturages de montagne, est plus tardive que la première, a 7 à 10 décimètres de hauteur.

Ces deux variétés n'ont que peu de mérite comme plantes fourragères; si nous les mentionnons, c'est uniquement parce qu'elles peuvent, étant de semis peu coûteux, être employées pour l'engazonnement des talus ou des mauvais terrains pour être utilisées comme litière.

Elles poussent en touffes serrées, produisent un fourrage dur, médiocre, sec, qui atteint le poids de 3.000 kilos à l'hectare.

Fig. 15.
Canche gazonnante.

Poids de l'hectolitre : 17 kilos.

Quantité à semer à l'hectare : 40 kilos.

Catabrosa ⎵ Graminées sans valeur
Catapode (*Catapodium*). ⎵ fourragère.

Chiendent (*Triticum repens, Agropyrum repens*).

Graminée envahissante, malheureusement trop connue, qui se propage par rhizomes avec une rapidité étonnante, d'autant plus difficile à détruire que les rhizomes exposés longtemps au soleil et aux intempé-

ries ne périssent pas toujours et que de très petits fragments peuvent donner naissance à de nouvelles plantes.

Etant jeune, le chiendent est très bien mangé par le
bétail.

Chiendent. — Chiendent commun. — Cynodon commun. — Cynodon Dactylon, — Dactylon.

Contrairement à ce que l'on croit généralement, le
cynodon commun ou *chiendent commun*, appelé aussi
vulgairement *chiendent pied de poule*, est le véritable chiendent; c'est à lui seul que ce nom devrait être
réservé.

Les tiges et les rhizomes de cette espèce sont bien
plus développés que ceux de la précédente; ces derniers
sont aussi écailleux et présentent à leur extrémité des
espèces d'écailles formant une pointe un peu recourbée
analogue aux canines du chien, d'où son nom de *chiendent*.

De même que le précédent, il préfère les lieux frais
et même un peu humides, ses tiges et ses feuilles fournissent un bon fourrage, il jouit de propriétés émollientes.

Chrysopogon. — Graminée sans valeur fourragère.

Coleanthe (*Coleanthus*). — Graminée sans valeur
agricole, poussant sur la vase desséchée.

Coracan (*Eleusine Coracana*). Graminées sans
Corynephore (*Corynephorus*). valeur fourragère.

Crételle des prés. — Cynosure (*Cynosurus cristatus*).

La cynosure crételle (fig. 16), appelée généralement
crételle, doit son nom à ce que dans l'épillet se trou-

vent des épillets stériles bractéiformes qui rappellent une crête de coq.

C'est une graminée vivace, demi-hâtive, à racines fibreuses; elle forme des touffes desquelles s'élèvent des chaumes de 3 à 6 décimètres de hauteur et coudés à la base. La crételle est très rustique, préfère les climats tempérés un peu brumeux, réussit cependant dans le midi de la France. Grâce à ses longues racines, sa résistance à la sécheresse est très grande, au contraire, elle ne supporte pas l'excès d'humidité. Son rapport sur les sols secs est très faible, elle acquiert son plus grand développement dans les terrains marneux, argilo-siliceux, et les sables alluvionnaires ayant quelque fraîcheur.

De même que la plupart des graminées elle est avide d'azote,

Fig. 16.
Crételle des prés.

aussi les fumures azotées, les irrigations au purin ou avec des eaux chargées de débris organiques lui sont très favorables.

La plante pousse peu la première année, se développe bien la deuxième année, atteint son complet développement la troisième année.

Il est préférable de faucher la crételle de bonne heure, car son fourrage est alors fin, nutritif, recherché des animaux aussi bien en vert que transformé en foin. La récolte de foin en sol moyen ne dépasse pas 3.000 kilos à l'hectare, on voit qu'elle n'est pas très élevée,

6.

l'herbe perd les deux tiers de son poids par la dessiccation.

Néanmoins la crételle des prés doit être considérée comme une de nos meilleures plantes des prairies, car si elle produit peu, par contre elle augmente par sa présence la valeur nutritive du foin et on peut même dire qu'elle est un indice de bonne prairie.

Poids de l'hectolitre : 40 kilos,

Quantité à semer à l'hectare : 25 kilos.

Crételle hérissée (*Cynosurus echinatus*).) Graminées
Crételle élégante (»   *elegans*).) sans mérite

Fig. 17.
Dactyle pelotonné.

Dactyle pelotonné
(*Dactylis glomerata*).

Le dactyle pelotonné (fig. 17) est une graminée vivace, à souche courte, cespiteuse, fibreuse ; les touffes qu'il forme sont très serrées, très vigoureuses avec des chaumes de 8 à 11 décimètres.

C'est une des graminées les plus employées dans les semis des prairies permanentes et temporaires et, contrairement à certains auteurs, nous donnons le conseil de la faire entrer aussi bien dans les pâturages que dans les prairies à faucher.

On peut dire aussi que c'est une des graminées les plus précieuses, les plus répandues et les plus rustiques : au nord on la rencontre jusqu'en Laponie, au sud elle végète jusqu'à la latitude du nord de l'Afrique et d'une façon générale elle pousse sur tous les sols qui ne sont ni trop légers ni trop secs.

Elle est extrêmement résistante au froid et à la chaleur, pousse à toutes les expositions, supporte l'ombre, est précoce, végète toute l'année, repousse rapidement après avoir été coupée ou broutée, donne un regain abondant.

Le dactyle pelotonné prospère le mieux dans les limons frais, les alluvions profondes, les sols argileux, mais ne réussit sur les terres siliceuses et calcaires que lorsque celles-ci renferment une dose de fraîcheur ou de matières organiques qui les rendent plus hygroscopiques. S'il vient sur les terre riches en débris organiques, il ne faut cependant pas croire qu'il s'accommode des terrains acides ou des terres de bruyère.

Son rendement est très élevé, surtout si on peut l'irriguer avec du purin dilué ou de bonnes eaux courantes. En milieu très favorable, il peut donner 20.000 à 28.000 kilos de fourrage à l'hectare ; en bon sol, son rendement atteint 18.000 kilos et en sol moyen environ 10.000 kilos ; il perd un peu plus de moitié de son poids par la dessiccation.

Tous les animaux mangent volontiers cette graminée en vert ou en sec, elle est d'ailleurs de bonne qualité et très nutritive. Il est préférable de la couper avant la floraison ; à ce moment elle est moins dure et ses tiges sont garnies d'une moelle sucrée.

Le foin de première coupe convient particulièrement pour les chevaux, celui de deuxième coupe, plus souple et plus fin, est très bon pour les bêtes bovines.

La graine d'origine française est excellente, mais souvent d'une pureté moindre que celle d'origine étrangère ; malgré cela, dans les compositions de semis on doit donner la préférence à la première, car elle produit des plantes plus vigoureuses et ses impuretés ne consistent le plus souvent qu'en graines utiles, telles que l'avoine jaunâtre, les brômes, les fétuques, etc.

Les autres variétés de dactyle sont des graminées fourragères vivaces de mérite moindre que le dactyle pelotonné.

Poids de l'hectolitre : 24 kilos.

Quantité à semer à l'hectare : 45 kilos.

Danthonie (*Danthonia*). — Graminées sans valeur fourragère.

Deschampsie. — Voir *Canche.*

Digitaire (*Digitaris*). — Graminée sans valeur fourragère.

Diplachnie tardive (*Diplachnia serotina*).

Graminée non cultivée, plante fourragère médiocre, vivace, à floraison en août-septembre, haute de 5 à 8 décimètres, végétant dans les lieux arides.

Echinaire (*Echinaria*). — Graminée annuelle sans valeur fourragère.

Égilope (*Ægilops*). — Non cultivée. Certains botanistes prétendent que le blé est issu d'égilopes modifiés et améliorés par la culture.

Elyme (*Elymus*).

Les élymes fournissent un fourrage étant jeunes, mais durcissent après et ne peuvent plus être consommés.

L'élyme des sables (*Elymus arenarius*) végète sur les bords de la mer ; ses racines traçantes permettent de l'utiliser pour fixer les sables mouvants.

Eragrostide (*Eragrostis*).

Les éragrostides ou eragrostis sont des graminées sans valeur fourragère.

Fenasse (1). — Florins. — Fleurins.
Fleurs de foin.

On désigne sous ces noms les résidus des fonds de grenier à foin. Ces résidus ou déchets ne sont composés en majeure partie que de graines de plantes médiocres ou nuisibles, ou de débris de glumes, glumelles, fleurons, tiges, etc. (2).

Autrefois on ne connaissait guère que l'usage des florins pour la création des prairies, cette méthode est abandonnée maintenant par les agriculteurs intelligents.

Il est facile à comprendre que les florins ne peuvent être ni bon ni bien composés, puisque les mauvaises plantes sont récoltées avec les bonnes et qu'à l'époque de la fauchaison les espèces hâtives sont en partie égrénées tandis que les espèces tardives étant incomplètement mûres ne peuvent donner des semences susceptibles de germer. En admettant même qu'ils soient de bonne qualité, — ce qui n'arrive jamais, — il serait exceptionnel que leur composition correspondît aux exigences d'un sol déterminé et concordât avec le genre d'exploitation de la prairie à créer ; de plus, il est impossible avec des florins d'établir une proportion entre les légumineuses et les graminées.

Enfin avec le semis des graines récoltées séparément et réunies en mélanges appropriés à chaque nature de

____

(1) Ce nom s'applique quelquefois au fromental de qualité défectueuse mélangé de brome, dactyle, etc., qui est ordinairement tiré des vannures de la semence de choix.

(2) Voir page 70.

sol, la prairie est bien constituée et donne un bon rendement l'année qui suit le semis ; tandis qu'avec les florins il faut attendre trois et quatre ans et même plus que la prairie qui sera toujours à flore défectueuse soit constituée.

On ne peut donc trop recommander aux agriculteurs soucieux de leurs intérêts de ne jamais employer les résidus des greniers à foin.

FÉTUQUE (*Festuca*).

Il existe un très grand nombre de fétuques dont plusieurs sont même difficiles à distinguer entre elles. Toutes sont vivaces et offrent un plus ou moins grand intérêt agricole. Nous citerons celles qui sont les plus utiles et dont les semences se trouvent dans le commerce.

Fétuque des prés
(*Festuca pratensis*).

Fig. 18.
Fétuque des prés.

La fétuque des prés (fig. 18) est une plante robuste s'élevant très haut en altitude aussi bien qu'en latitude, ne craignant en France ni les rigueurs de l'hiver ni les gelées tardives, mais supportant moins bien la chaleur.

Elle est beaucoup employée dans les semis de prairies; c'est d'ailleurs une excellente graminée s'accommodant en général de tous les sols ayant quelque fraîcheur et non dépourvus de calcaire.

C'est aussi une des espèces qui se réunissent le mieux en sols frais et riches et en prairies irriguées. Sa taille atteint 0^m75 à un mètre de hauteur dans les bons endroits, tels que les parties alluvionnaires, le bas des vallées riches en matières organiques, les lieux où les brouillards sont fréquents et les rosées abondantes. De même sa place est tout indiquée dans les prairies quelquefois submergées, en sols perméables et légers ayant un peu de fraîcheur et le long des cours d'eau, tandis qu'on doit éviter de l'employer sur les sols secs et chauds. D'après les analyses exécutées, ce sont les sols riches en humus et en potasse qui sont les plus aptes à fournir à la fétuque des prés les éléments les mieux appropriés à sa nature, c'est pourquoi ses rendements sont si élevés sur les limons argileux.

La fétuque des prés entre en plein rapport la deuxième année, donne plus à la première coupe qu'à la seconde, repousse rapidement après avoir été broutée ou coupée, est beaucoup plus feuillue dans les sols favorables que dans les autres ; son produit est de 6.000 à 10.700 kilos de foin à l'hectare, le poids le plus élevé que nous ayons obtenu en vert a été en première coupe de 31.000 kilos qui en foin bien sec ont donné 10.600 kilos. Le fourrage, surtout quand il a été coupé jeune, est recherché des animaux soit en vert soit en sec ; il est très nutritif.

C'est une des graminées les plus employées dans les semis des prairies permanentes ou temporaires à faucher ou à pâturer.

La semence peut être obtenue très pure, mais elle est quelquefois falsifiée par l'addition de ray-grass anglais par suite de sa grande ressemblance avec ce dernier. Il est possible de reconnaître à l'œil nu cette fraude, car la fétuque des prés a le pédicelle assez long, cylindrique sur les deux tiers de sa longueur et ensuite tronconique à sa partie supérieure, tandis que le ray-grass anglais a le pédicelle plus court et légèrement cubique.

Poids de l'hectolitre: 29 kilos.

Quantité à semer à l'hectare : 50 kilos.

Fétuque élevée (*Festuca arundinacea*).

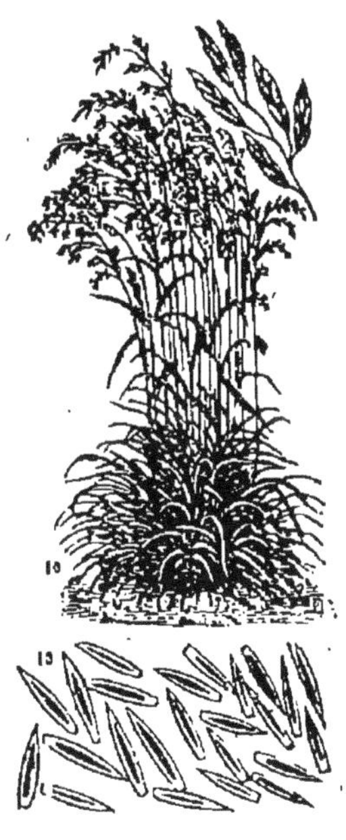

Fig. 19.
Fétuque élevée.

Cette variété (fig. 19), dont la traduction du nom latin est Fétuque roseau, est très peu différente de la fétuque des prés, et ce qui a été dit de cette dernière lui est applicable.

Fétuque rouge traçante.
(*Festuca rubra*, var. *genuina*).

Cette fétuque est fréquemment confondue dans le commerce avec d'autres variétés (fétuque durette, fétuque ovine, etc.) qui sont surtout des plantes de sols secs, tandis que la fétuque rouge gazonnante préfère les sols un peu frais, soit légers, soit assez compacts. Elle est souvent utilisée pour fixer les talus ainsi que pour tirer parti de sols peu profonds.

C'est une variété assez productive donnant un foin d'assez bonne qualité.

La fétuque rouge gazonnante ne se distingue d'elle que par son mode de végétation.

Poids de l'hectolitre : 21 kilos.

Quantité à semer à l'hectare : 40 kilos.

Fétuque ovine vraie. — Fétuque ovine durette

(*Festuca ovina*, var. *vulgaris*.) — (*Festuca ovina*, var. *duriuscula*.)

Fétuque durette (*Festuca duriuscula*.)

La fétuque ovine (fig. 20) et la fétuque durette, qu'il serait plus exact d'appeler dans le commerce fétuque ovine durette, ne se distinguant au point de vue agricole que par une croissance un peu plus vigoureuse chez cette dernière, nous parlerons des deux à la fois.

Toutes deux sont de véritables graminées de terrains secs, réussissant bien dans les sols calcaires, siliceux, même sur les sols pauvres et maigres ; l'essentiel est qu'ils ne soient pas humides.

Ces fétuques sont extrêmement rustiques, très résistantes aux grandes chaleurs comme aux froids rigoureux, préfèrent les climats assez chauds, ne réussissent pas dans les climats brumeux et humides.

Fig. 20.
Fétuque ovine.

Leurs souches sont fibreuses ; les chaumes sont fins, longs de 50 à 55 centimètres, forment des touffes serrées. La floraison a lieu en juin ; autant que possible elles doivent être fauchées avant ; la végétation se prolonge jusqu'à l'hiver, la récolte en vert varie de 12 à 15.000 kilos à l'hectare et nous avons même obtenu une fois 18.700 kilos. Il y a perte de plus des deux tiers du poids par la transformation en foin.

Fig. 21.
Fétuque hétérophylle.

Quoique ne donnant qu'un fourrage médiocre, ces fétuques sont très utiles en donnant de bons résultats dans des milieux ingrats dont d'autres graminées meilleures ne se contenteraient pas.

Elles sont mangées volontiers par les moutons et peu recherchées par les autres animaux.

L'herbe étant demi-tardive et un peu difficile à faucher, ces fétuques sont plus souvent employées pour les pâtures que pour les prairies à faucher.

Poids de l'hectolitre : 22 kilos.

Quantité à semer à l'hectare : 40 kilos.

Fétuque hétérophylle

(*Festuca heterophylla*).

Ce qui a été dit pour la fétuque des prés est presque entièrement applicable à cette variété (fig. 21); elle s'en distingue cependant par une qualité importante qui est souvent utilisée, c'est de bien végéter à l'ombre.

En sol fertile son rendement par hectare atteint en vert
21.000 kilos, soit environ 8.000 kil. en sec.

Fétuque roseau
(*Festuca arundinacea.*)

Cette variété (fig. 22) a une certaine ressemblance
avec la fétuque des prés, dont elle se
distingue surtout par sa taille atteignant jusqu'à deux mètres et par ses
feuilles plus amples.

La fétuque roseau aime les lieux
frais, c'est une plante semi-aquatique,
à feuilles longues, dures, coriaces,
rugueuses à la partie supérieure et
sur les bords.

Elle ne donne qu'un foin très dur
et peu goûté des animaux; pour en
tirer parti, il est nécessaire de le faucher de bonne heure. En résumé, son
mérite consiste surtout à utiliser des
sols trop humides pour produire des
graminées meilleures.

Fétuque flottante. — Voir *Glycérie flottante.*

Fétuque Diss. — Voir *Ampelo-
desmos.*

Fig. 22.
Fétuque roseau.

Fiorin. — Voir *Agrostis traçante.*

Fléole des prés. — Timothy (*Ph'e im pratense*).

Le nom français est la traduction du nom latin. A
l'étranger cette graminée est généralement appelée
Timothy, du nom de l'agronome Timothy Hanson,

qui a le plus contribué à la faire connaître et apprécier dans les deux Amériques.

La fléole porte aussi quelquefois les noms de « *Timothy-grass* » en Angleterre, « *Herd-grass* » en Allemagne, et les noms vulgaires de *manette* et *marsette*, en France.

La fléole (fig. 23) acquiert son développement maximum dans les terres humides, surtout si elles sont argileuses, compactes, froides, profondes, bien ameublies.

Elle végète également bien sur les sols d'alluvion, siliceux, argilo-siliceux, tourbeux ; donne un résultat médiocre sur les sols secs, calcaires, pierreux.

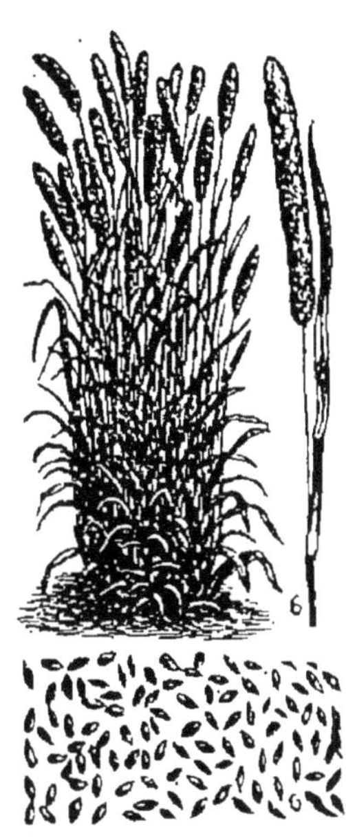

Fig. 23.
Fléole des prés.

C'est une graminée des climats humides et tempérés, mais résistant néanmoins très bien à la sécheresse. Extrêmement rustique, les froids rigoureux ne lui font aucun tort ; les grandes chaleurs n'ont d'autre effet que de ralentir sa végétation et de diminuer son rendement en fourrage.

La souche est cespiteuse, les chaumes ont cinquante centimètres à un mètre de hauteur et forment des touffes assez compactes.

La fléole des prés fleurit en juillet, est vivace, tardive, très remontante, très résistante au déchaussement, dure très longtemps dans les sols qui lui conviennent.

La fléole est certainement l'une des meilleures graminées, l'une de celles qui sont le plus cultivées, et qui rendent les plus grands services.

Elle réunit toutes les qualités qu'on peut exiger d'une bonne plante fourragère : rusticité, culture facile, semence bon marché et facile à trouver, abondance de produit, fourrage d'excellente qualité, se desséchant bien, se conservant longtemps, très nutritif aussi bien vert que sec.

En résumé, c'est une graminée vivace, précieuse pour les prairies permanentes ou temporaires à faucher ou à pâturer et pour semer avec des légumineuses telles que les trèfles.

Son importance ne peut que s'accroître surtout dans les pays où la culture de la luzerne et du trèfle n'est pas d'un rendement assuré.

Comme nous l'avons déjà dit, son foin est très bon, il convient aux chevaux, aux moutons, aux bœufs, mais il est un peu dur pour les vaches laitières et les brebis nourrices.

Il est préférable de la couper lorsque les panicules commencent à se former ; si l'on attendait plus tard, le foin durcirait, deviendrait un peu trop gros, serait trop riche en cellulose.

Comparativement aux autres graminées, ce foin a une teneur un peu faible en azote, mais il dose, par contre, une proportion plus forte de substances extractives non azotées.

En associant la fléole au trèfle, sa teneur en azote s'élève, son rapport nutritif se resserre et sa valeur alimentaire est de beaucoup augmentée.

La fléole semble avoir une prédilection marquée pour la potasse, puisque certaines analyses en signalent plus de 20 kilos par 1.000 kilos de foin. Les applica-

tions de chlorure de potassium ou les arrosages au purin (lequel est riche en potasse) doivent donc lui convenir tout particulièrement.

Le rendement moyen est de 4 à 6.000 kilos de foin,
mais en sol favorable on peut obtenir par hectare
24.000 kilos de fourrage vert ; ce qui fait environ
10.000 kilos de foin.

Il arrive, — assez rarement d'ailleurs, — que la fléole
est atteinte d'une maladie cryptogamique (*Epichæ ty-
phina*) qui forme un tissu serré dans sa partie moyenne,
de sorte que la plante se trouve comme étranglée ; dans
ce cas il est nécessaire de faucher le plus vite possible.

. La semence de fléole est facile à obtenir très pure et
de bonne germination, le prix en est généralement peu
élevé.

Poids de l'hectolitre : 55 kilos.
Quantité à semer à l'hectare : 10 kilos.

La graine de fléole des prés est la seule qui se vende,
mais il y aurait avantage à mettre au commerce, pour
utiliser en sols pauvres, plusieurs des variétés suivantes
qui se contentent de terrains très médiocres, où la fléole
des prés ne réussirait pas.

NOMS DES PLANTES	HAUTEUR en DÉCIM.	FLO-RAISON	DURÉE	STATIONS	VALEUR AGRICOLE
Fléole Micheli (*Phleum Michelii*)........	4 à 8	Juillet. Août.	Vivace	Pentes des montagnes	Plante fourragère.
Fléole des Alpes (*Phleum Alpinum*)........	2 à 4	Juin. Août.	id.	Pâturages des montagnes	id.
Fléole intermédiaire (*Phleum alpinum var. medium*)......	6 à 8	Juin. Juillet.	id.	Prairies des montagnes	id.
Fléole échangée (*Phleum alpinum var. commutatum*).....	1 à 2	Juin. Août.	id.	id.	id.
Fléole de Boehmer (*Phleum Boehmeri*).....	2 à 5	id.	id.	Pentes des montagnes et coteaux calcaires.	id.
Fléole des sables (*Phleum arenarium*)........	1 à 2	id.	id.	Dunes de sable.	id.

Flouve odorante (*Anthoxanthum odorantum*).

Cette graminée vivace (fig. 24), appelée dans le commerce « *flouve odorante vraie* », tire son nom de l'arome spécial qu'elle dégage (surtout à l'état sec) et qui lui est communiqué par un principe appelé *Coumarine*.

Les flouves ont des épillets à trois fleurs dont *seule la supérieure est fertile*, chaque fleur ne possède non plus que deux étamines. Il existe deux variétés offrant une grande ressemblance mais de valeurs agricoles différentes : 1° la flouve que nous venons de citer et 2° *la flouve de Puel (Anthoxanthum Puelii)*. La première pousse des touffes de o.35 à o.45 de hauteur, *est vivace* et les deux arêtes des deux fleurs hermaphrodites sont plus courtes que dans la flouve de Puel.

La seconde ne croît pas en touffes, *elle est annuelle*, a des arêtes plus longues et une taille plus développée, sa graine a une teinte différente de celle de la première variété. Son prix peu élevé excite certains marchands à s'en servir pour frauder la flouve vraie, c'est pourquoi nous avons cru utile de donner ces détails.

La flouve odorante pousse à l'état spontané dans toute l'Europe, elle résiste aussi bien au froid qu'à la sécheresse et à l'humidité, par suite elle vient dans les prairies sèches comme dans les prairies humides. Elle croît dans les landes, les terres de bruyère, les terrains siliceux un peu frais, dans les limons, sur les sols schisteux, résiste même à l'ombre. On pourrait presque dire que la flouve prédomine dans la plupart de ces terrains lorsque les plantes de bonne valeur font défaut; ajoutons que son rendement est très faible (1) et sa valeur nutritive peu élevée (2), de plus elle n'est pas recherchée des animaux.

Fig. 24.
Flouve odorante.

(1) Le rendement le plus élevé que nous ayons obtenu à l'hectare et qui doit être considéré comme exceptionnel est de 13.400 kilos de fourrage vert donnant 2.300 kilos de foin.

(2) La flouve renferme, d'après une analyse exécutée à l'école d'agriculture de Berthonval :

Eau	13.40
Matières minérales	4.90
— organiques	81.70

contenant

Matières azotées	7.80
Extratifs non azotés	38.10
Cellulose	34.10
Perte	1.70

Cette analyse a été opérée sur des plantes en pleine floraison et fanées.

En résumé, c'est une graminée très médiocre, trop vantée par beaucoup d'auteurs et dont la culture n'est pas à conseiller. A l'appui de cette appréciation, nous citerons celle de deux savants, MM. Boitel et Stebler, qui se sont spécialement occupés de la question fourragère.

« Comme graminée fourragère, dit le docteur Stebler, la flouve odorante ne vient qu'au second rang. Elle est d'un rapport médiocre, mais communique au foin un arome particulier. Aussi est-ce en cette qualité d'herbe aromatique que la culture en a été fort recommandée autrefois. Mais il n'est pas logique d'admettre que certaines de nos impressions ou sensations sont identiques chez l'animal, et il n'est pas prouvé que telle odeur qui est agréable à l'homme le soit aussi à nos animaux domestiques. D'ailleurs les animaux apprécient moins une herbe aromatique pour sa senteur que pour l'effet qu'elle leur produit sur la langue ou le palais. Or la flouve odorante étant de saveur amère, il est probable que, loin de plaire au bétail, elle lui est plutôt désagréable au goût. Et ce qui semble le prouver, c'est que cette plante, à l'état frais ou sec, n'est mangée des moutons et des bêtes à cornes que dans les cas de faim extrême. »

« Il est inutile de reproduire la flouve artificiellement, dit à son tour M. Boitel, les prairies en possédant toujours suffisamment sans qu'on ait à se préoccuper de son ensemencement. C'est sans doute à sa précocité relative que cette plante vivace doit sa reproduction dans les endroits herbeux où elle devient quelquefois très dominante. La graine, mûre au moment de la fenaison, ne reste pas dans le foin ; une partie tombe sur le sol, une autre s'égrène dans les magasins et s'ajoute aux graines de la fenasse. Aussi est-on sûr que la flouve ne manque jamais dans les nouvelles prairies, *ensemen-*

cées à tort avec des fonds de grenier à foin.
« La graine ne vaut pas ce qu'elle coûte. »
Flouve de Puel (*Anthoxanthum Puellii*). —
Voir ce qui concerne cette variété au début des renseignements sur la Flouve vraie.)

Fromental. — Avoine élevée. — Arrhénatère.
(*Avena elatior.*)

Le véritable nom de cette graminée est *Arrhénatère avoine* (*Arrhenaterum avenaceum*), mais les désignations d'*Avoine élevée* et surtout de *Fromental* sont tellement répandues que nous sommes obligé de les adopter : vulgairement le *Fromental* est aussi appelé *Fenasse, Ray-grass français, Faux seigle, Faux blé* (fig. 25).

Fig. 25.
Fromental.

Les terrains frais, riches et profonds sont ceux qui lui conviennent le mieux, il exige pour donner de grands produits des terres de bonne nature ayant un peu de fraîcheur, c'est pourquoi il réussit si bien dans les alluvions profondes. Cependant, si l'humidité lui convient, il redoute la stagnation de l'eau. Il végète aussi dans les terrains secs, grâce à sa souche qui s'enfonce profondément dans le sol ; d'ailleurs, on peut dire d'une façon générale qu'il réussit dans tous les sols ni trop humides ni trop compacts. Sa résistance au froid comme au chaud est très grande.

Le fromental a des chaumes de 9 à 14 décimètres, fleurit en juin, donne son plus grand produit à la première coupe, entre en rapport la première année, est vivace, demi-hâtif, végète toute l'année, convient pour toutes les sortes de prairies à faucher et à pâturer. C'est avec juste raison l'une des graminées les plus employées. Il ne faut pas hésiter à le couper de bonne heure, même avant sa floraison, afin de l'obtenir plus fin et plus savoureux.

Le bétail mange volontiers cette graminée productive, qui peut donner en bon sol plus de 40.000 kilos de fourrage vert, en un sol moyen 20.000 kilos (1). Elle perd environ les deux tiers de son poids par la dessiccation.

Il faut bien se garder de confondre le fromental avec *l'avoine à chapelets*, graminée très nuisible qui végète souvent près de lui.

La semence de fromental récoltée en France renferme toujours une assez grande proportion de graines étrangères telles que des dactyles, des fétuques, des pâturins, de l'avoine jaunâtre, qui sont loin de lui enlever de la valeur quand elle est destinée à être associée à d'autres graines pour les semis de prairies.

Poids de l'hectolitre : 17 kilos.

Quantité à semer à l'hectare : 50 kilos.

Gastridie (*Gastridium*)⟩ Graminées non cultivées,
Gaudinie (*Gaudinia*) ⟩ sans valeur fourragère.

Gazons. — Voir *Prairies*, p. 145.

---

(1) Cette année-ci, pendant laquelle la température a été favorable aux graminées, nous avons obtenu en première coupe sur très bon sol, 53.500 k. de fourrage vert qui, très sec, s'est réduit à 17.000 k. mais c'est une récolte exceptionnelle.

GLYCÉRIE (*Glyceria*).

Trois espèces de glycérie ont une certaine importance,
en ce qu'elles sont des graminées pouvant prospérer
dans des terrains humides et même inondés : la glycérie flottante, la glycérie aquatique et la glycérie maritime.

Toutes trois sont vivaces ; les deux premières croissent surtout sur le bord des étangs, dans
les prés humides ou inondés, tandis que
la troisième vient sur le bord des côtes
maritimes.

Glycérie flottante (*Glyceria fluitans*).

Plus connue sous le nom de *Manne
de Pologne*, c'est une plante de 5 à
11 décimètres de hauteur, couchée et ra-
dicante sur une partie de sa longueur,
à feuilles assez longues et planes, assez
précoce puisqu'elle commence à fleurir
en mai (fig. 26).

Fig. 26.
Glycérie flot-
tante.

Cette graminée porte aussi les noms
vulgaires de *Chiendent flottant*,
Brouille, herbe à la Manne.

Coupée avant de durcir, elle donne
un fourrage mangé volontiers par les animaux.

Elle permet d'utiliser des surfaces qui seraient per-
dues pour la culture, telles que les fossés, les mares *où
l'eau ne dort pas*, les rivières, les étangs.

Glycérie aquatique (*Glyceria aquatica*
ou *Poa aquatica*).

Présente un chaume épais élevé de un à deux mètres

et une souche toujours rampante; ses feuilles sont plus larges et plus fermes que celles de la glycérie flottante, sa panicule est aussi plus ample et sa floraison plus tardive (juin-juillet-août).

Elle pousse aux mêmes endroits que la précédente, mais présente cette particularité de prospérer dans les marais, ce que ne ferait pas la fétuque flottante pour laquelle l'eau doit être renouvelée.

Le fourrage de la glycérie aquatique est accepté par les animaux, mais il est moins nutritif que celui de la variété flottante.

Nous devons ajouter que dans plusieurs régions la glycérie aquatique est considérée comme vénéneuse pour les bestiaux. Surtout lorsqu'elle est atteinte de la *carie*. Jusqu'à présent cette vénénosité n'a pu être démontrée d'une façon absolue, mais il existe de sérieuses présomptions à ce sujet.

Glycérie maritime (*Glyceria maritima*).

Vivace comme les deux variétés précédentes, a sa place marquée dans les pâturages établis sur les bords de la mer où l'on rencontre encore de l'eau saumâtre, ou dans les prés créés avec les relais de mer.

Graines. — Voir à la page 74 et aux tableaux de la fin de ce livre.

Graines de foin. — Voir *Fenasse*. — *Florins*, p. 105.

Hétéropogon. — Graminée sans valeur fourragère.

Hiérochloa (*Hierochloa*).

Graminée vivace non cultivée.

L'hiérochloa boréale (*Hierochloa borealis*), haute de 2 à 6 décimètres, qui se rencontre sur les montagnes et au bord des eaux, pourrait être utilisée comme plante fourragère. Elle communique au foin une odeur agréable.

Houque laineuse (*Holcus lanatus*).

Il existe deux espèces de houque, la houque laineuse, dont l'emploi est très répandu, et la houque molle (*Holcus mollis*), qui est une plante peu intéressante; toutes deux sont vivaces.

La houque laineuse (fig. 27) n'émet pas de rejets; donne des tiges de 5 à 10 décimètres de hauteur; produit des feuilles abondantes, développées, molles et un peu velues de même que les graines; ses touffes sont assez compactes.

C'est une plante demi-hâtive des climats tempérés de l'Europe et plutôt des terrains frais; sur les sols secs et très calcaires, ses résultats sont mauvais. Elle acquiert son plus grand développe-

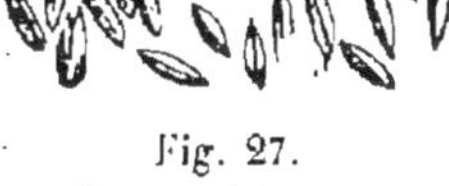

Fig. 27.
Houque laineuse.

ment dans les sols siliceux, argileux, argilo-siliceux, silico-argileux ayant suffisamment de fraîcheur, dans les terres des landes, dans celles nouvellement défrichées et riches en humus.

La houque est très rustique, remonte rapidement, végète longtemps, est mangée assez facilement par le bétail, surtout lorsqu'elle est saupoudrée de sel et qu'elle a été coupée de bonne heure.

Trop vantée par les uns, trop décriée par les autres,

ce n'est pas, il est vrai, une plante fourragère de premier ordre, mais elle n'en a pas moins des qualités précieuses. Son emploi se généralise de plus en plus dans les divers semis de prairies et même, par suite de son bon marché, pour les semis purs en sols médiocres.

Son produit en vert atteint 16.000 kilos à l'hectare, ce qui donne environ 8.000 kilos de foin.

Poids de l'hectolitre : 10 kilos.

Quantité à semer à l'hectare : 80 kilos.

Houque molle (*Holcus mollis*).

A ce que nous avons dit précédemment de cette variété nous ajouterons qu'elle se distingue de la houque laineuse en ce qu'elle est stolonifère, c'est-à-dire qu'elle émet des rejets rampants ; elle a les gaines des feuilles glabres et les nœuds velus, enfin, dernier caractère très visible, la fleur mâle possède une arête bien développée et bien visible.

La houque molle est une plante presque aussi nuisible et aussi difficile à détruire que le chiendent quand elle envahit les moissons.

La semence étant à vil prix, des marchands peu consciencieux ont utilisé sa ressemblance avec le vulpin des prés et la houque laineuse pour la mélanger avec ces deux graminées.

Ivraie roide (*Lolium rigidum*).
   » du lin (» *remolum* var. *muticum*).
Ivraie des champs (» *arvense*).
Ivraie enivrante (» *temulentum*).

Graminées *annuelles* envahissantes, nuisibles, sans valeur fourragère.

<table>
<tr><td>Ivraie anglaise ou vivace (Lolium perenne).
» d'Italie (» italicum).</td><td>Graminées vivaces très utiles. (Voir Ray-grass anglais et Ray-grass d'Italie.)</td></tr>
</table>

Kœlerie (*Kœleria*).

Les kœleries ne sont pas cultivées, leurs semences ne sont pas au commerce. Cependant plusieurs variétés vivaces, hautes de 3 à 7 décimètres, fleurissant de juin à août, telles que la kœlerie grêle (*Kœleria gracilis*), la kœlerie hérissée (*Kœleria hirsuta*), la kœlerie du Valais (*Kœleria valesiaca*), la kœlerie à crêtes (*Kœleria cristata*), seraient d'assez bonnes graminées fourragères, susceptibles de rendre service sur les sols arides trop ingrats pour des espèces meilleures.

Lagure (*Lagurus*). — Les lagures n'offrent aucun intérêt comme plantes agricoles, mais le lagure ovoïde (*lagurus ovatus*) mérite de prendre place parmi les graminées ornementales.

Lamarckia (*Lamarckia*). — Graminées annuelles (quelques botanistes regardent le Lamarckia comme vivace), sans valeur fourragère.

Lasiagrostide (*Lasiagrostis*). — Graminées vivaces non cultivées, de valeur fourragère médiocre, employées comme litière dans quelques régions.

Lawn-grass. — Mélange spécial de graines pour pelouses et gazons d'agrément (1).

----

(1) Voir *Pelouses et gazons d'agrément*, page 142.

Leersie (*Leersia*). — Graminée vivace, non cultivée, de valeur fourragère médiocre, employée comme litière dans quelques régions.

Lepture (*Lepturus*). — Graminée annuelle, sans valeur fourragère.

Maïs (*Zea*).

Le maïs est originaire du Levant, ce qui semble justifier son nom de *Blé de Turquie*. Il a été importé d'Asie Mineure, vers le xiii° siècle; c'est donc à tort qu'on le croit originaire du Mexique ou de l'Uruguay.

C'est une graminée annuelle à fortes racines fibreuses; à grosses tiges droites cylindriques, articulées, de hauteur très différentes suivant les variétés; à feuilles larges, engainantes, lancéolées, longues de o m. 5o à o m. 6o; à grains de forme et de coloration différentes suivant les variétés et insérés sur une partie centrale appelée *rafle*. Les entre-nœuds de la tige sont remplis d'une moelle sucrée, qui est très goûtée des animaux; le système souterrain ou radiculaire est très peu développé comparativement au système aérien.

Le maïs est la plante géante de notre agriculture, c'est aussi la plante type de l'ensilage; il comprend de nombreuses variétés, les variétés fourragères, en nombre très restreint d'ailleurs, peuvent être rangées en deux sections : 1° les maïs à grains jaunes; 2° les maïs à grains blancs.

Parmi les maïs à grains jaunes, nous citerons :

1° *Le maïs quarantain* (*Zea var. præcox*) à épi de 8 à 12 rangées de grains; il est très hâtif, en 90 à 100 jours il peut arriver à maturité, mais il n'atteint pas plus de 0^m90 de hauteur; il se prête à la culture dans le nord de la France.

2° *Le maïs jaune gros (Zea vulgaris)* à épi de 12 à 14 rangées de grains, variété remarquable atteignant souvent 2^m, donnant un très bon fourrage.

3° *Le maïs perle* à grains jaspés, résultant d'une hybridation de maïs jaune avec du maïs blanc; de même que le précédent, il atteint 2 mètres et donne beaucoup de fourrage, mais il est tardif.

Viennent ensuite les maïs à grains blancs :

1° *Le maïs caragua ou dent de cheval* (fig. 28),

Fig. 28. — Maïs Caragua ou dent de cheval.

ainsi nommé à cause de son grain aplati ayant la forme d'une dent de cheval, *variété extrêmement recommandable*, atteignant plus de 2 mètres de hauteur, *donnant le plus grand rendement parmi les maïs* et dont on est très satisfait au nord comme au midi de la France.

2° *Le maïs blanc des Landes* (*Zea*, var. *alba*), variété assez précoce, qui présente 12 à 14 rangées de grains et dont la tige atteint 1 m. 50.

Le maïs redoute les gelées printanières et les gelées automnales. Lorsqu'on veut le cultiver pour grain, il lui faut, pour arriver à maturité complète, la somme totale de 3.000°, tandis que pour fourrage il ne lui faut que 1.500°. Pour cette dernière destination, il prospère aussi bien dans le nord que dans le midi de la France.

Le maïs s'accommode des diverses natures de sols. On le cultivera de préférence dans le Nord sur les terres légères, silico-calcaires et meubles, tandis que dans le Midi il faut lui réserver les sols frais, les terres profondes d'alluvion, les terres argilo-calcaires, les bonnes terres à blé. Mais si le maïs est peu difficile sous le rapport de la constitution physique du sol, il est très exigeant pour la fertilité, il réclame impérieusement dans le sol, et sous une forme assimilable, les quatre éléments importants de fertilité : azote, acide phosphorique, potasse, chaux. Une application de vingt mille kilos de fumier, complétée par une addition de superphosphate de chaux et de nitrate de soude, constitue une bonne fumure. Le maïs ne redoutant pas la verse, on ne doit pas craindre pour lui les fortes fumures. Si l'on n'avait que du fumier de ferme à sa disposition, il faudrait pour obtenir un très fort rendement lui appliquer cinquante mille kilos à l'hectare et autant que possible l'incorporer avant l'hiver afin qu'il soit bien mélangé avec la couche arable et qu'il ait le temps de subir les réactions qui transforment l'azote organique en azote ammoniacal et nitrique.

La poudrette, les guanos, l'engrais humain, mais additionnés d'acide phosphorique, donneraient aussi, employés en couverture, des résultats magnifiques. L'habitude est trop fréquente de lui appliquer des engrais avec parcimonie, c'est pourquoi il ne donne pas toujours les résultats que l'on attend de lui.

Le maïs est semé à plat ou sur billons. Dans ce dernier cas, on concentre la fumure vers le milieu du billon, elle est mieux utilisée, mais pendant les chaleurs de l'été les racines peuvent parfois être exposées à se dessécher avec cette grande accumulation de fumier.

Le maïs veut une terre meuble. Pour que la terre soit très bien préparée, il faut opérer en septembre un déchaumage qu'on fait suivre peu après d'un hersage. En novembre ou décembre, on donne un labour de o m. 3o qu'on laisse brut, enfin on procède à de nouveaux labours et hersages, au printemps si possible et dans tous les cas à l'époque du semis. On ne saurait trop suivre cette marche, surtout lorsque le maïs est en tête d'assolement, puisque les cultures suivantes bénéficieront de ces soins.

Pour le semis on peut opérer de six façons différentes :

1º Semis à la volée pour les variétés précoces à petits rendements ;

2º Semis en lignes rapprochées (o m. 20 à o m. 3o) pour les variétés à petits rendements ;

3º Semis en lignes écartées (o m. 4o à o m. 5o) pour les variétés à grands rendements ;

4º Semis en bandes avec deux pieds de semoir rapprochés de o m. 10 ou o m. 15 et en espaçant les bandes de o m. 75 à o m. 80 ;

5º Les semis en poquets ;

6º Les semis sous raies.

On doit, à notre avis, préférer le mode en bandes et

en lignes espacées de o m. 4o, o m. 5o, o m. 6o, o m. 8o,
suivant la variété. Le maïs étant en réalité une plante
sarclée, chose que l'on oublie trop souvent, plusieurs
sarclages doivent être donnés quand il est jeune. Ces
binages exécutés à la houe à cheval sont toujours économiques et peuvent toujours être faits en temps op-
portun, ce qui est encore à considérer.

La meilleure façon de semer est d'employer le semoir;
si on sème à la volée, on le fait sur le labour brut, les
grains se réunissent dans les sillons et à la levée on
pourrait croire que les semis ont été faits en lignes.

A défaut de semoir pour semer en lignes, il n'y a
qu'à rayonner le terrain avec un rayonneur spécial et
à répandre à la main la graine dans ces lignes. Les
grains de maïs étant assez volumineux demandent à
être enterrés de o m. o5 à o m. o8 selon que le sol est
plus ou moins compact ou léger.

On sème fin avril ou mieux en mai quand le retour
des gelées tardives n'est plus à craindre; on fait les
semis à plusieurs époques différentes afin d'avoir des
récoltes successives. Les variétés précoces peuvent être
semées en culture dérobée après un trèfle incarnat ou
un seigle avec demi-fumure au fumier par exemple
complété par du nitrate de soude, du chlorure de potassium et du superphosphate de chaux.

La quantité de semence à l'hectare varie aussi avec
la grosseur des grains. Plus les grains sont gros, plus
il en faut. A la volée on va jusqu'à 18o kilos par hectare, mais en lignes ou en bandes on peut mettre un
quart de semence en moins.

On peut pour avancer la levée tremper les graines
dures dans une solution légèrement acide ou légèrement
alcaline, mais il faut prendre des précautions pour

qu'il n'y ait pas excès d'acide et avoir soin que le semis soit effectué de suite en terre pas trop sèche.

Cette graminée est susceptible d'être attaquée par le *charbon du Maïs* (*Ustilago Maydis*), qui se propage par les spores se trouvant dans les grains ou dans les fumures ; aussi, lorsque ce parasite est à craindre, est-il prudent de faire subir aux semences, pendant une demi-journée, un trempage dans une solution de sulfate de cuivre à 1/2 pour 100.

Le maïs doit être biné lorsqu'on aperçoit les lignes, puis quand il a atteint o m. 3o on lui donne un buttage.

On coupe le fourrage avec une serpe spéciale, la plupart du temps lorsque les panicules des fleurs mâles commencent à se montrer. Quelquefois on arrache le tout et les animaux mangent jusqu'aux racines si elles ne sont pas trop recouvertes de terre. Il est d'ailleurs assez difficile d'indiquer le moment précis de la coupe, car pour les grandes surfaces on est obligé de commencer de très bonne heure et de finir tard. Dans ce dernier cas on obtient un produit plus considérable, il est vrai, mais plus riche en cellulose et par conséquent moins digestible ; faucher trop tôt vaut mieux que faucher trop tard.

Le rendement dépend de la fertilité du sol et de la variété cultivée ; en milieu favorable, surtout avec le maïs dent de cheval, on atteint des rendements de 100.000 kilos, puis ils diminuent suivant les terrains pour descendre jusqu'au-dessous de 40.000.

Dans une culture de maïs, pour 100 kilos de grain, on récolte, d'après M. Berthault :

150 kil. de tiges sèches,
20 kil. de spathes,

3o kil. de rafles,
55 kil. de fourrage sec.

Le maïs est très bien mangé par les vaches laitières, les bœufs de travail et les moutons. Il augmente la quantité et même la qualité du lait. Quoi qu'en disent certains auteurs, on peut aussi le donner aux chevaux, mais en faible proportion, car il est trop aqueux, c'est pourquoi il est même nécessaire de lui adjoindre des éléments concentrés tels que des grains et des farineux. Mais où il retrouve sa supériorité, c'est lorsqu'il a passé trois mois dans le silo, il a alors perdu une certaine quantité d'eau, il est plus alibile et plus nutritif. M. Corvisart estime que 7.5oo kilos de fourrage vert équivalent à 5.5oo kilos de fourrage ensilé et que l'une et l'autre de ces quantités correspondent à 1.ooo kilos de foin. On peut donner sans inconvénient aux bœufs et aux vaches par jour : 4o à 5o kilos de maïs vert ou 15 à 3o kilos de maïs ensilé.

D'après Payen, il ne dose que o,178 d'azote et 8o o/o d'eau. On voit donc qu'il a une relation nutritive très lâche et qu'il ne peut constituer seul la ration. On est obligé de lui associer un fourrage moins aqueux et un aliment plus riche en azote. Les tourteaux et les farineux remplissent bien le but dans ce cas. Dans une autre analyse on a trouvé 9, 9 o/o de matières grasses et 1,97 o/o en azote. Cette haute teneur en azote et en matières grasses serait favorable pour l'engraissement. Le maïs est d'ailleurs très souvent employé pour terminer l'engraissement des bœufs. On le substitue souvent aussi dans une certaine mesure à l'avoine, qu'il remplace économiquement.

Le maïs gelé peut parfaitement fournir un ensilage,

et il ne diffère d'un ensilage normal que par un plus faible poids.

Il n'est guère possible d'utiliser les rafles, car elles constituent une nourriture de qualité inférieure nécessitant un broyage difficile et coûteux pour être utilisées.

Manne de Pologne. — Voir *Glycérie flottante*.

Mélique (*Mélica*).

Les méliques sont des graminées vivaces peu intéressantes au point de vue agricole, elles sont très répandues sur les sols secs, arides, calcaires, pierreux. Cependant la mélique ciliée (*Melica ciliata*) (fig. 29), dont il existe plusieurs sortes, malgré sa valeur médiocre, est parfois employée comme plante fourragère. La mélique élevée (*Melica altissima*) (fig. 29) est aussi quelquefois utilisée comme litière et gazonnement de talus secs ; la mélique des Nébrodes (*Melica nebrodensis*) (fig. 29) et la mélique penchée (*Melica nutans*) (fig. 29) sont utilisées dans le même but.

Fig. 29.

Mélique Mélique Mélique Mélique
ciliée des Nébrodes penchée élevée

Semées en lignes écartées de 0,20, les méliques ont donné en moyenne, par mètre carré, dans nos champs d'expériences : 33 touffes pesant en vert 3 kilos 345 et 0 kil. 960 bien séchées, mais il est certain que ces résultats seraient loin d'être atteints en pratique.

Mélique bleue. — Nom inexact donné à la *molinie bleue*.

Mibora printanière (*Mibora verna*). —Graminée annuelle hâtive, non cultivée et sans valeur, haute de 3 à 6 décimètres, végétant en sols siliceux.

Millet.
Moha de Hongrie. } Voir
  »   » **Californie.** } *Panic.*

Molinie bleue
(*Molinia cœrulea*).

La Molinie bleue (fig. 3o), appelée souvent aussi *mélique bleue*, est une graminée vivace peu cultivée, de très médiocre valeur fourragère et plutôt utilisable comme litière. On la trouve dans les prés humides et les bois, elle atteint de 5 à 10 dé-cimètres de hauteur, sa floraison a lieu en juin-juillet, elle est peu pro-ductive. Sa faculté de végéter sur les sols humides non calcaires et ses longues racines fibreuses permet-tent de l'utiliser aussi pour fixer les terres sur les talus frais.

Fig. 30.
Molinie bleue.

Nard roide (*Nardus stricta*).

La culture de cette graminée vivace, qui est assez commune dans les pâturages des montagnes où elle atteint 2 à 4 décimètres, a été recommandée par plu-sieurs auteurs. Les animaux la mangent en effet à l'é-tat vert, mais c'est une plante de faible rapport et dif-ficile à faucher, qui n'a réellement d'intérêt que pour engazonner, à défaut d'espèces meilleures, des sols secs et arides.

Nardure (*Nardurus*). — Graminée annuelle des sols siliceux, sans valeur fourragère.

Oréochloa (*Oreochloa*). — Graminée vivace, sans valeur fourragère.

Orge (*Hordeum*).

Plusieurs variétés d'orge tiennent une place importante dans la culture des céréales.

Au point de vue fourrager, elles ne sont au contraire que peu usitées. Comme fourrage vert, l'orge est plus précoce que l'avoine, mais elle est moins productive, car elle ne donne guère que 12 à 15.000 kilos à l'hectare, tandis que le rendement de l'avoine est de 20 à 25.000 kilos. De plus les épis d'orge portent des arêtes ou barbes qui, lorsqu'elles sont un peu mûres, deviennent un inconvénient assez sérieux pour la consommation.

On sème fin septembre à raison de deux hectolitres et demi par hectare; le fourrage vert est bon à faucher vers la fin de mai.

PANIC-MILLET (*Panicum*).

Nous ne parlerons que des variétés cultivées et simplement au point de vue de la production fourragère.

Moha de Hongrie (*Panicum Germanicum*).

Originaire, dit-on, de l'Asie, importée d'Allemagne par M. de Gourcy en 1815, cette variété (fig. 31) n'était que très peu cultivée en France; il a fallu pour la remettre en faveur les sécheresses désastreuses de 1892 à 1893 et la pénurie de fourrage qui en est résultée.

Le moha est une graminée à végétation rapide, à souche volumineuse, à tiges de 8 à 10 décimètres de hauteur. Il est sensible au froid, aussi ne doit-on le se-mer que lorsque les gelées printanières ne sont plus à craindre; de même, il doit être récolté avant les froids. Pour avoir du fourrage vert une partie de l'année, il suffit d'échelonner les semis du printemps jusqu'en juillet, puisqu'il accomplit toutes les phases de sa végétation, jusqu'à la floraison, en trois mois.

Fig. 31. — Moha de Hongrie.

Le moha résiste bien à la sécheresse, mais il lui faut, surtou au début, une certaine dose d'humidité; les vents froids, les grandes pluies, les brusques changements de température lui sont préjudiciables; lorsque les mauvais temps se prolongent par trop, le moha en souffre, perd sa chlorophylle et ses feuilles rougissent. C'est avant tout une plante d'été pour sols secs, siliceux ou calcaires, sans excès cependant; les sols silico-calcaires profonds lui conviennent particulièrement bien; sur les terres très argileuses, le produit est moindre et non mauvais, ainsi que le déclarent plusieurs auteurs; la fertilité du sol influe beaucoup sur le rendement. Comme toutes les graminées, le moha est avide d'azote, le nitrate de soude appliqué en couverture et recouvert par un léger hersage produit un excellent effet.

Il est indispensable de ne le semer que sur des terres propres parfaitement ameublies, car il se défend mal contre la végétation adventice; de plus, en sol perméable, il faut qu'il puisse enfoncer profondément ses racines pour trouver la quantité d'eau nécessaire à une végétation normale. Comme le moha n'est guère semé qu'à partir de la deuxième quinzaine de mai, on a le temps nécessaire pour opérer une préparation complète.

De même que pour la plupart des plantes fourragères, le semis commence un peu plus tôt ou un peu plus tard suivant la température moyenne du lieu. Quoi qu'il en soit, on ne doit jamais procéder à la semaille tant que la température moyenne du jour n'a pas atteint 10°.

L'habitude subsiste encore de ne semer que 10 kilos de semence à l'hectare pour la récolte en graines et 15 à 18 kilos pour la production du fourrage.

Cette dernière quantité de semence surtout est trop faible, les plants trop espacés se défendent mal contre les mauvaises herbes; il ne faut pas hésiter à répandre 20 à 30 kilos de graine à l'hectare et veiller à ce que les oiseaux n'en mangent une partie.

Un hersage léger suffit à recouvrir le semis, il faut en général éviter de rouler, car les feuilles cotylédonaires qui sont très délicates risqueraient de ne pouvoir sortir de terre. En deux mois et demi à trois mois, le moha est en pleine fleur, il est alors bon à récolter.

Les animaux le mangent avec avidité, c'est une bonne nourriture pour les vaches laitières.

Le moha peut être fané, il perd moitié de son poids par la dessiccation. Ses rendements s'apprécient comme suit :

Très bonne récolte........	25.000 kil.
Bonne récolte............	20.000 kil.
Récolte passable.........	15.000 kil.
Récolte médiocre........	10.000 kil.

Poids de l'hectolitre : 65 kilos.

Quantité à semer à l'hectare : 25 à 30 kilos.

Moha vert de Californie (*Panicum Californicum*).

Se distingue du précédent par ses feuilles et ses graines plus jaunâtres et ses épis d'un jaune verdâtre.

Le moha de Californie a les tiges plus feuillues et produit plus que le moha de Hongrie, mais il lui est rarement préféré parce qu'il est moins rustique. A part ces différences, ce que nous venons de dire du moha de Hongrie lui est applicable.

Millet blanc. Millet commun (*Panicum miliaceum. Panicum miliaceum*, var. *album*).

Graminée annuelle (fig. 32) à végétation rapide, cultivée surtout comme céréale, mais s'employant en culture fourragère de la même façon que les mohas et susceptible même d'être semée un peu plus tard que ces derniers.

Les tiges ont 6 à 10 décimètres de hauteur, on les coupe au moment où l'épi commence à se développer.

Le millet blanc est rarement semé seul, il est préférable de l'associer à plusieurs plantes, ainsi que nous l'indiquons plus loin.

Dans certains pays méridionaux, on lui préfère le millet noir (*Panicum miliaceum var. nigrum*).

Poids de l'hectolitre : 72 kilos.

Quantité à semer à l'hectare : 3o kilos.

Fig. 32. — Millet blanc.

PATURIN (*Poa*).

Ce genre renferme plusieurs des meilleures graminées fourragères. Nous parlerons d'abord de celles qui

sont les plus usitées et finirons par quelques-unes peu
connues quoique ayant une certaine valeur.

Pâturin des prés (*Poa pratensis*).

Graminée vivace (fig. 33) se rencontrant très communément; à souche émettant
des rejets souterrains écailleux;
à chaumes s'élevant de 6 à 9 décimètres, cylindriques, doux au
toucher sous la panicule; à feuilles
planes, un peu rudes, à ligule
courte, tronquée, à panicule rameuse étalée et à épillets violacés comprenant de 3 à 5 fleurs,
c'est pourquoi on l'appelle quelquefois pâturin à cinq fleurs,
pour le distinguer du pâturin
commun.

Fig. 33.
Pâturin des prés.

C'est une plante qui pousse
spontanément dans toutes les
contrées de l'Europe, ce qui
prouve son aptitude à supporter
le froid de même que la chaleur.

Le pâturin des prés réussit sur
la plupart des terrains ayant un peu de fraîcheur; il
acquiert son plus grand développement dans les alluvions de consistance moyenne et les sols humifères; il
entre dans la majeure partie des semis de prairies permanentes à faucher ou à pâturer.

Son analyse prouve qu'il est assez exigeant sous le
rapport de l'azote, de l'acide phosphorique et de la potasse. C'est ce qui explique qu'il ne peut prospérer que

sur les terres complètes, de bonne nature, et que sa présence dans une prairie est jusqu'à un certain point un indice de fertilité.

Ce n'est que la seconde année que le pâturin des prés atteint son plein rendement; l'année du semis on ne remarque que quelques pousses délicates, mais, dès la deuxième année, il talle beaucoup et, si le sol est favorable, il ne tarde pas à développer des touffes vigoureuses.

Comme il est très drageonnant et assez difficile à extirper des terres où il a végété, il est rarement employé pour les semis de prairies temporaires.

Il repousse assez vite après avoir été fauché, mais ne donne pour ainsi dire que des feuilles en seconde coupe.

Nous avons obtenu en 1re coupe en sol très favorable 17.500 kilos de fourrage vert qui a pesé 6.500 kilos une fois bien sec, mais en année normale et en milieu de fertilité moyenne il ne faudrait guère compter que sur 3.500 kilos de foin. Pour que le foin soit fin, succulent, très nutritif, recherché par tous les animaux, il est préférable de le couper en pleine fleur.

Poids de l'hectolitre : 30 kilos.

Quantité à semer à l'hectare : 25 kilos.

Pâturin commun (*Poa trivialis*).

Cette espèce ressemblant beaucoup à la précédente, nous allons simplement rappeler les quelques caractères qui la différencient du pâturin des prés, le reste de ce qui a été dit de ce dernier étant applicable au pâturin commun.

Tout d'abord le pâturin commun émet non des rejets souterrains, mais des stolons aériens qui s'enracinent aisément; les chaumes sont rudes au toucher sous la

panicule; la ligule est *longue* et les épillets sont toujours *triflores ;* d'où le nom synonymique de *Pâturin
rude (Poa scabra)*; il résiste mieux à l'humidité et
moins bien à la sécheresse, enfin, en sols légers, il se
tient mieux que le pâturin des prés.

Il en existe une variété *pâle (Poa trivialis var.
flavescens)*, qui a 4 à 7 décimètres et se rencontre le
plus souvent dans les champs de blés, et une plus petite *rougeâtre (Poa trivialis var. rubescens)*, qui
préfère la lisière des bois.

Pâturin des bois (*Poa nemoralis*).

Variété vivace (fig. 34), à chaumes grêles, qui se reconnaît aux caractères sui-
vants : feuilles étroites li-
néaires, rudes par-dessus et
sur les bords, ligule très
courte. On la rencontre à
l'état spontané dans les
lieux secs et les bois, c'est
même cette dernière qua-
lité de végéter à l'ombre
qui la rend précieuse, car
elle a une valeur agricole
bien moindre que les deux
précédentes.

Le pâturin glauque (*Poa
glauca*), qui se rencontre
dans les montagnes, lui
ressemble beaucoup.

Fig. 34.
Pâturin des bois.

Poids de l'hectolitre : 25 kilos.

Quantité à semer à l'hectare : 30 kilos.

Voici enfin un tableau résumé des autres variétés peu connues présentant de l'intérêt comme plantes fourragères :

NOMS DES PLANTES	ÉPOQUE de floraison	Hauteur en décimèt.	DURÉE	STATIONS	VALEUR AGRICOLE
Pâturin des Alpes (*Poa Alpina*)...	Juin-Août	3 à 5	Vivace	Pâturages des montagnes	Très bonne plante fourragère
Pâturin bulbeux (*Poa Bulbosa*).	Avril-Juin	2 à 3	id.	Prés secs	Plante fourragère
Pâturin à feuilles distiques (*Poa distichophylla*)	Juillet-Août	2 à 4	id.	Montagnes	id.
Pâturin bleuâtre (*Poa cœsia*)...	Juillet	2 à 4	id.	id.	id.
Pâturin poilu (*Poa violacea*)......	Juillet-Août	3 à 4	id.	Pâturages des montagnes	id.
Pâturin aplati (*Poa sudetica*).....	Juin-Juillet	3 à 4	id.	Montagnes et prés boisés	Plante fourragère médiocre
Pâturin comprimé (*Poa compressa*)............	Juin-Août	4 à 6	id.	Prés secs et sables	id.
Pâturin des marais (*Poa palustris*)	Juin-Juillet	6 à 10	id.	Bord des eaux	Litière

Pâturin aquatique. — Voir *Glycérie aquatique*, p. 12.

Pelouses ou gazons d'agrément.

Quoique du domaine de l'horticulture, nous pensons devoir signaler brièvement ces sortes d'engazonnement.

Les pelouses s'obtiennent généralement au moyen d'un semis très serré de ray-grass anglais, mais pour conserver toute leur beauté, outre un bon sol, elles exigent d'être coupées et arrosées fréquemment, de plus leur durée est limitée. Aussi a-t-on souvent recours à des mélanges de graines moins exigeantes, plus rustiques, de plus longue durée, désignées sous le nom général de *Lawn-grass*. Des compositions spéciales pour remplacer le ray-grass anglais sont aussi nécessaires dans des cas spéciaux, tels que en sol trop humide ou trop sec, terrain ombragé, etc.

PHALARIS (*Phalaris*).

Plusieurs Phalaris sont cultivés pour grains et pour fourrage dans les pays chauds, pour fourrage seulement en climats tempérés.

Phalaris roseau

(*Phalaris arundinacea*).

Devrait plutôt être classé comme *Baldingère* (*Baldingera arundinacea*). (Voir ce mot, p. 89.) C'est une plante grossière qui pousse le long des cours d'eau et des étangs. Les animaux l'acceptent tout de même, mais ils ne mangent guère que les nodosités et les jeunes pousses; lorsque la plante a pris un trop grand développement, elle devient dure et ligneuse.

Mais si ce n'est pas ce qu'on peut appeler une plante fourragère, ce phalaris n'en est pas moins utile pour tirer parti des sols trop humides et fournir une litière abondante; dans certains pays du Midi il rend de réels services. La graine est rare.

Poids de l'hectolitre : 30 kilos.

Quantité à semer à l'hectare : 30 kilos.

Phalaris des Canaries
(*Phalaris canariensis*).

Fig. 35.
Phalaris roseau.

Graminée annuelle cultivée surtout pour l'obtention de la graine qui sert à la nourriture des oiseaux, mais constituant aussi un assez bon fourrage. Tiges de 4 à 5 décimètres.

Le semis pour fourrage vert se fait à partir de mai pour récolter 4 mois après.

Poids de l'hectolitre : 70 kilos.

Quantité à semer à l'hectare : 3o kilos.

Phalaris noueux (*Phalaris nodosus*).

Graminée vivace de 5 à 10 décimètres de hauteur, non cultivée en France, mais commune en Algérie dans les sols humides. C'est même là une des plantes les plus utiles aux troupeaux qui quittent le désert au printemps pour remonter vers le nord. Sa graine est rare.

Phléole. — Voir *Fléole*, page 111.

Pill de Bretagne *(Lolium Rieffellanum. — Lolium*
multiflorum).

Plante susceptible de donner de bons produits sur les
sols peu fertiles, recommandée autrefois par M. Rieffel
et qui occupait de grandes étendues sur le territoire de
l'Ecole d'agriculture de grand Jouan.

Polypogon *(Polypogon).* — Graminée annuelle sans
valeur agricole.

Prairies.

Nous avons indiqué ce qu'on entend par prairies,
comment on les classe, quelles aptitudes à l'engazonnement présentent les divers sols, comment s'opère la
création des prairies et enfin quels soins d'entretien elles
exigent. A deux reprises différentes, nous avons aussi
dissuadé de l'emploi des fleurs de foins. (Voy. *Fenasse,*
Florins, pages 70 et 105.)

Pour composer un semis de prairies, c'est-à-dire
pour combiner l'association en proportions diverses des
graines de premier semis et des graines de deuxième
semis (voir pages 53 et 56) qui sont susceptibles de
donner le meilleur résultat comme rendement, qualité
et durée, il est indispensable de tenir compte principalement :

1° De la nature du sol,
2° De la teneur en éléments fertilisants,
3° Du climat de la contrée,
4° De l'exposition du terrain,
5° De son état général de sécheresse ou d'humidité,
6° De la durée de la prairie (temporaire ou permanente),
7° De la façon dont elle sera exploitée (fauchage, pâturage ou les deux alternativement).

Nous sommes à la disposition des personnes qui
voudront bien nous faire l'honneur de nous consulter

sur les formules particulières de semis à adopter dans chaque cas qui se présentera. A défaut de pouvoir joindre aux demandes les analyses préalables des sols à ensemencer, nous prions d'envoyer autant que possible des échantillons de terre bien moyens, afin que nous puissions les étudier à notre laboratoire avant de répondre.

Prairies Gœtz.

Ces prairies, composées seulement de graminées et créées d'après les principes de M. Gœtz, comportent environ quatorze plantes. M. Boitel (1) les a divisées en deux groupes :

1º Les plantes principales;

2º Les plantes secondaires.

Les premières consistent en dactyle, fromental, houque, ray-grass, ce sont les plus productives ; les secondes comportent des plantes de produit moindre, telles que l'avoine jaunâtre, la flouve odorante, le paturin commun.

Le semis de ces graminées mélangées s'opère à raison de 75 kilos à l'hectare, le kilo revenant en moyenne à 2 fr., c'est donc un semis très coûteux. En appliquant sur ces prairies 400 kilos de nitrate de soude tous les deux ans, on devrait obtenir 10 à 15.000 kilos de foin par hectare.

Les prairies Gœtz ont leurs partisans convaincus, nous avouons que nous ne sommes pas de ce nombre, malgré certains avantages qu'elles présentent; de plus, nous ne les considérons pas comme des prairies réellement permanentes.

____

(1) Boitel, *Rapport sur l'avantage des prairies Goetz.*

Psamma (*Psamma*). — Graminée vivace, non cultivée, haute de 3 à 5 décimètres, végétant bien même sur les sables maritimes et susceptible de les fixer par ses racines.

Psilure (*Psilurus*). — Graminée annuelle sans valeur agricole.

Ray-grass anglais.—Ivraie anglaise vivace (*Lolium perenne*).

Cette plante (fig. 36), qui porte une foule de noms vulgaires, a surtout été vantée au xviie siècle par l'agronome anglais Rye, d'où par corruption on a fait Ray. Elle est plutôt trisannuelle que vivace, mais, se ressemant naturellement, elle ne disparaît jamais des prairies où elle a été semée.

Le ray-grass anglais, qui est peut-être la graminée fourragère la plus employée en Europe, forme une touffe dense, large, avec des racines fibreuses et des tiges lisses de o m. 60 à o m. 75. La souche émet des stolons ou rejets rampants; les feuilles sont étroites, glabres, planes, luisantes et d'un vert foncé; les fleurs sont en épi simple comprenant 10 à

Fig. 36.
Ray-grass anglais.

20 épillets et quelquefois plus. C'est une des graminées qui supportent le mieux le piétinage et l'une des plus productives.

Elle est très rustique, résiste bien au froid et à la

chaleur, à l'humidité et même à la sécheresse malgré ses racines traçantes; réussit dans tous les sols qui ne sont pas secs, siliceux ou calcaires à l'excès, donne de bons rendements en sols argilo-calcaires, argilo-siliceux et silico-argileux, acquiert son plus grand développement dans les terres un peu fraîches, compactes, bien fumées. Quoique supportant bien la chaleur, c'est plutôt une plante des climats doux, tempérés et humides, mais, malgré sa résistance au froid, elle ne réussit pas au delà de la limite de la culture des céréales.

Sous l'influence des froids persistants et des brouillards fréquents, le ray-grass anglais prend souvent une teinte caractéristique, le même fait arrive quelquefois à la suite de vents froids et persistants du nord et de l'est. Aussitôt que la température se relève, la végétation reprend son cours et la teinte anormale disparaît.

C'est une des graminées qui profite le mieux des fumures et il n'est pas rare, avec des engrais azotés dont cette variété de ray-grass est très avide, de voir doubler et même tripler le rendement.

Les arrosages au purin et au lizier, tous deux riches en potasse si profitable aussi au ray-grass, produisent à leur tour un effet remarquable.

Les rendements s'apprécient de la façon suivante :

Récolte médiocre 10.000 kilos de fourrage vert, soit environ 3.000 kilos de fourrage sec.

Récolte assez bonne 15.000 kilos de fourrage vert, soit environ 4.500 kilos de fourrage sec.

Récolte bonne 20.000 kilos de fourrage vert, soit environ 6.000 kilos de fourrage sec.

Récolte très bonne 30.000 kilos de fourrage vert, soit environ 9.000 kilos de fourrage sec.

Mais, nous le répétons, les rendements sont très variables suivant les circonstances atmosphériques et les apports de fumure convenables.

La récolte la plus forte dans nos cultures a été en 1re coupe de 32.500 kilos en vert, qui après avoir été bien fanés se sont réduits à 11.250 kilos.

« Le ray grass constitue, dit M. Naudin, à l'état de fourrage vert comme à l'état sec une bonne nourriture pour le bétail. A l'état de fourrage vert donné à l'étable, il fournit un aliment à la fois rafraîchissant et nutritif qui convient parfaitement aux vaches laitières et aux bœufs à l'engrais; en Angleterre, où il est fréquemment employé pour l'alimentation des animaux de boucherie, il est regardé comme un des plus propres à l'engraissement. A l'état sec, lorsqu'il a été bien récolté, il forme un fourrage un peu dur, mais d'une saveur douce et sucrée qui plaît à tous les animaux, et d'une valeur nutritive presque égale à celle du bon foin de prairie. »

On le donne surtout aux chevaux et aux bêtes à cornes, soit de travail, soit à l'engrais. Comme il développe plutôt la viande que la graisse, on l'emploie de préférence au début dans l'engraissement. Mélangé au trèfle, ses qualités alimentaires se développent au maximum.

Poids de l'hectolitre : 33 kilos.

Quantité à semer à l'hectare : 60 kilos.

Ray-grass de Pacey.

Ce ray-grass, presque toujours choisi pour les semis de pelouses, n'est pas une variété distincte, c'est une qualité de surchoix du ray-grass anglais.

Ray-grass d'Italie. — Ivraie d'Italie.
(*Lolium Italicum*).

Le ray-grass d'Italie (fig. 37) forme une touffe plus haute, plus vigoureuse, quoique cependant moins fournie et moins régulière que celle de la variété précédente. Les tiges s'élèvent de 0 m. 60 à 1 mètre et même à 1 m. 10 dans les bonnes prairies irriguées. Il se distingue aussi du ray-grass anglais par ses feuilles un peu plus molles, plus larges, d'un vert jaune verdâtre et à préfoliaison convolutée au lieu de condupliquée, les fleurs sont aussi plus nombreuses par épillet et la graine est munie de barbes n'existant pas chez sa congénère.

Fig. 37.
Ray-grass d'Italie.

Si le ray-grass anglais entre dans presque tous les semis de prairies permanentes, le ray-grass d'Italie est de son côté la plante préférée pour les prairies temporaires et peut être associé au trèfle violet ou à d'autres plantes de prairies artificielles. Par suite de son grand rendement et de la rapidité de sa végétation, on l'utilise même en semis pur, surtout lorsqu'il y a pénurie de fourrage.

« Comme fourrage fauchable, dit le Dʳ Stebler, c'est « la graminée qui occupe le premier rang, puisque c'est « elle qui repousse le plus promptement et dont la cultu- « re intensive obtient les produits les plus abondants. »

Le ray-grass d'Italie réussit sur tous les sols qui ne sont pas légers, compacts, secs ou humides à l'excès. Il donne de très bons résultats en terres franches, terres à blé, terres argilo-calcaires et argilo-siliceuses un peu fraîches. Dans les sols riches en humus, arrosés au purin ou au lizier, et en général fumés avec des engrais potassiques et azotés, les résultats sont étonnants.

Ses rendements s'apprécient comme suit :

Récolte passable..... 20.000 kil. en vert, soit environ 6.000 kil. en sec
Bonne récolte.... 5o.000 kil.   —   16.000 kil. —
Très bonne récolte 75.000 kil.   —   25.000 kil. —

Il pousse du commencement du printemps à la fin de l'automne, entre en plein rapport la première année, donne son plus fort rendement à la première coupe, repousse rapidement, donne encore un grand produit la deuxième année, puis périclite et disparaît un ou deux ans après, c'est pourquoi on ne l'utilise que dans les prairies temporaires.

De même que le ray-grass anglais, le ray-grass d'Italie est très rustique, ils ont tous deux une valeur nutritive très voisine.

Ainsi que nous l'avons dit, cette graminée est souvent associée au trèfle violet (dans la proportion de 10 à 15 o/o), le fourrage récolté est supérieur à celui du trèfle pur et le rendement très augmenté par suite de sa croissance rapide; on l'utilise aussi pour regarnir les vides dans les autres prairies artificielles.

La France produit une grande quantité de semence de ray-grass d'Italie.

Poids de l'hectolitre : 28 kilos.

Quantité à semer à l'hectare : 5o à 6o kilos.

Ray-grass Français. (Voir *Fromental.*)

Roseau (*Phragmites*).

Les deux variétés les plus connues sont le roseau commun (*Phragmites communis*) et le Roseau commun à panicule jaune (*Phragmites communis, var. flavescens*), toutes deux graminées vivaces, hautes de 8 à 12 décimètres, fleurissant en août-septembre et se rencontrant dans les lieux humides et au bord des eaux limoneuses.

Le roseau étant jeune est consommé par les animaux, mais on ne peut le considérer comme plante fourragère; ce n'est même qu'une plante litière médiocre. Il est plutôt utilisable pour fixer les berges et confectionner des abris.

Schismus (*Schismus*) } Graminées annuelles
Sclérochloa (*Sclerochloa*) } sans valeur agricole.

Seigle (*Secale*).

Le seigle a une grande importance pour les services qu'il rend dans l'alimentation, la distillerie, la confection des paillassons et même des toitures et enfin comme fourrage vert, le seul point de vue auquel nous ayons à en parler.

Parmi les trois céréales les plus employées comme fourrage vert, le seigle est de beaucoup le plus usité, il est d'ailleurs le plus précoce et généralement le plus productif.

Il vient bien sur les terres légères, siliceuses, granitiques, est peu exigeant comme terrain et engrais.

Semé de bonne heure en septembre, on peut le couper à la fin de mai, c'est donc le premier fourrage vert. Il doit être consommé rapidement, car il mûrit vite, durcit et, lorsqu'il a épié, est difficilement accepté par le bétail.

Poids de l'hectolitre : 76 kilos.

Quantité à semer par hectare pour fourrage : 190 kilos.

Sesleries (*Sesleria*).

Graminées vivaces fleurissant en juillet-août, hautes de 2 à 5 décimètres et non cultivées quoique susceptibles d'être utilisées pour l'engazonnement de sols secs et arides où peu d'espèces résisteraient. Voici les principales variétés :

La Seslerie à tête ronde (*Sesleria sphærocephala*).
La Seslerie bleuâtre (*Sesleria cœrulea*).
La Seslerie distique (*Sesleria disticha*).
La Seslerie argentée (*Sesleria argentea*).

Sétaire (*Setaria*).

Un certain nombre de botanistes classent les mohas décrits précédemment dans cette espèce.

Les sétaires (fig. 38 et 39) sont des graminées annuelles de 3 à 6 décimètres de hauteur, fleurissant en juin-juillet, très peu cultivées quoique étant d'assez bonnes plantes fourragères. Cette année-ci encore, trois variétés (*var. persica* (fig. 39), *macrochacta* et *alopecuroïdes*) ont donné dans nos champs d'expériences des résultats satisfaisants, qui prouvent que ces plantes mériteraient d'être plus connues.

SORGHO (*Sorghum* et quelquefois vulgairement *Holcus*).

Nous ne citerons que les deux variétés utilisées comme fourrage et sans nous arrêter à leurs nombreux mérites comme plantes industrielles.

9.

Sorgho sucré (*Sorghum saccharatum*)

Est aussi appelé *grand millet, sagine, carambosse ;* c'est
une graminée (fig. 40) qui ne
peut arriver à maturité que
dans le midi, mais peut être uti-

Fig. 38.
Sétaire.

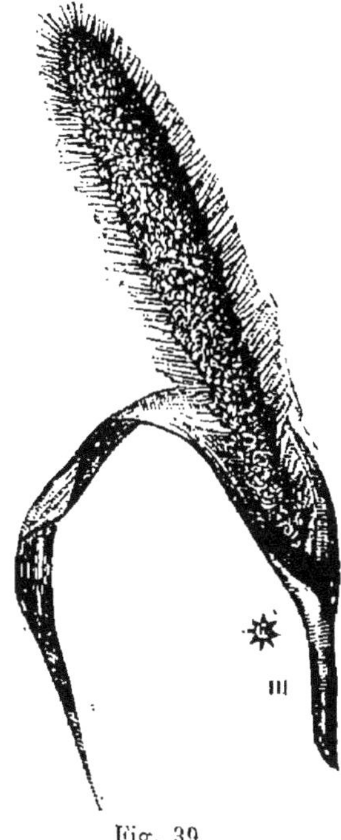

Fig. 39.
Sétaire de Perse.

lisée partout ailleurs en France comme plante fourragère.

Les sols légers, riches, frais et profonds, propres,
lui conviennent le mieux. Coupée jeune, elle est mangée
facilement par le bétail, mais plus tard il ne peut la
consommer qu'après avoir été hachée.

Le semis a lieu en avril-mai à la volée ou mieux en
lignes de façon à donner facilement un binage dans la
suite ; la récolte a lieu d'août en octobre à l'apparition
des panicules. En milieu favorable, le rendement peut
atteindre 80.000 kilos.

Des cas extrêmement rares, il est vrai et restés inex-
pliqués, d'empoisonnement du bétail ont été causés
par le sorgho.

Les racines sont susceptibles d'être employées pour
la nourriture des porcs.

Sorgho d'Alep
(*Sorghum halepense*).

Graminée vivace recom-
mandée par plusieurs au-
teurs, ne donne que des fanes
grossières de 5 à 12 décimètres de haut et ne constitue
qu'un fourrage médiocre.

Poids de l'hectolitre : 65
kilos.

Quantité) 10 kilos à la volée.
à semer à (
l'hectare) 5 kilos en lignes.

Trisetum (*Trisetum*).

Graminées non cultivées;
plusieurs variétés parmi
celles vivaces seraient cependant susceptibles d'être
utilisées pour la culture fourragère, en voici les noms :

Fig. 40.
Sorgho sucré.

NOMS DES PLANTES	HAUTEUR EN MILLIM.	FLORAISON	STATIONS
Trisetum rigide (*Trisetum rigidum*)..............	3 à 4	Juillet-Août	Prairies
Trisetum jaunâtre (*Trisetum flavescens*)........	4 à 8	Juin-Juillet	id.
Trisetum à feuilles distiques (*Trisetum distichophyllum*).................	2 à 3	Août	Prairies des montagnes
Trisetum en épi (*Trisetum subspicatum*).........	2 à 3	Juillet-Août	id.
Trisetum argenté (*Trisetum argenteum*).............	3 à 4	Juin	id,

Ventenate (*Ventenata*). — Graminée annuelle sans mérite.

Vulpies (*Vulpia*). — Graminées le plus souvent annuelles et sans mérite.

VULPIN (*Alopecurus*).

Parmi les vulpins, une seule variété est utile, e Vulpin des prés; les autres sont sans valeur ou même nuisibles, sauf le Vulpin roseau (*Alopecurus arundinacea*), qui a la faculté, rare parmi les graminées fourragères, de végéter sur les prairies recevant des eaux salées.

Vulpin des prés (*Alopecurus pratensis*).

Le vulpin des prés (fig. 41) est une graminée vivace, cespiteuse, à racines fibreuses peu tracantes; les chaumes s'élèvent de 0 m. 70 à 1 m. 10 de hauteur et forment des touffes peu serrées. C'est une des meilleures graminées et une des plus hâtives. On pourrait presque dire que c'est la plante type des terrains frais, même humides. Les alluvions lourdes, les sables limoneux frais, les terres argilo-humifères sont celles sur lesquelles le vulpin donne des produits supérieurs surtout en quantité. Il supporte très bien l'irrigation à la condition qu'il n'y ait pas stagnation de l'eau. Sur les terrains secs (siliceux ou calcaires), il dégénère et donne un produit insignifiant.

Le Vulpin résiste très bien au froid et à la chaleur, il supporte assez bien l'ombre. Sans le prix élevé de sa semence et sa faible levée si elle a été trop enterrée ou si le sol n'est pas parfaitement meuble, ce serait l'une

des graminées les plus employées pour les prairies
permanentes en sols ayant une fraîcheur suffisante.

La première année la croissance est lente, le développement
complet n'arrive que la deuxième
ou la troisième année; mais cette
graminée est des plus précoces :
à la fin d'avril elle est quelquefois en fleur, c'est grâce à cette
hâtivité qu'elle ne souffre pas de
l'ombre dans les vergers.

Outre sa précocité, le vulpin des
prés en sols favorables fournit un
bon rendement; il donne toujours une première coupe satisfai-
sante et repousse très bien ensuite
en donnant de nouvelles tiges et
de nouveaux épis qui fournissent
un regain assez abondant.

Fig. 41.
Vulpin des prés.

Le rendement atteint 8 à 10.000 kilos de foin à
l'hectare, mais peut être dépassé en milieu très favorable. — Cette année-ci (1895), nous avons récolté par
hectare, sur une très bonne terre, 33.700 kil. de fourrage vert qui s'est réduit à 9.500 kilos une fois bien sec.

La composition moyenne est la suivante :

Eau.. 14 %
Cendres.................................... 7 %
Albumine .... 9 %
Fibre ligneuse............................. 32 %
Substances extractives non azotées..... 35 %
Graisse.................................... 5 %

Cette analyse nous montre que la proportion des éléments nutritifs est élevée et bien répartie. Elle est supérieure à celle du pâturin des prés, mais comme ce dernier a un foin plus fin, on peut les placer sur le pied d'égalité.

La semence doit toujours être prise sur la première coupe et il faut récolter lorsque les panicules brunissent, mais malgré toutes les précautions on ne peut éviter de l'enlever alors qu'une partie de la graine, complètement à maturité, est tombée et qu'une autre partie n'est pas mûre. Ces graines stériles étant très difficiles à éliminer, la germination n'est jamais bien élevée.

Poids de l'hectolitre : r4 kilos.

Quantité à semer à l'hectare : 25 kilos,

Fig. 42.
Vulpin
des champs.

Vulpin des champs (*Alopecurus agrestis*).

Ce vulpin (fig. 42), recommandé par plusieurs auteurs, n'est, à notre avis, qu'une graminée fourragère médiocre qui doit même être considérée comme plante nuisible.

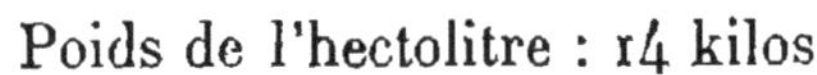

TROISIÈME PARTIE

LÉGUMINEUSES
OU PAPILIONACÉES

Adenocarpe *(Adenocarpus)*. — Légumineuse sans valeur fourragère.

Ajonc marin. — Ajonc d'Europe *(Ulex Europœus)*.

L'ajonc marin (fig. 43), porte les noms vulgaires de *genêt épineux, landier, jonc marin, jaunet, ajonc majeur, sainfoin d'hiver, vignon, vignot, jonc épineux*, etc.

On appelle *ajonnière* l'endroit où il pousse.

Plante très utile pour les terrains granitiques où la luzerne ne prospère pas, elle donne une nourriture verte de bonne qualité et substantielle ainsi qu'une litière riche en azote.

C'est un arbrisseau vivace à souche pivotante très ramifiée; il atteint facilement deux mètres, mais ses pousses annuelles ne sont guère que de 0^m50 à 0^m70; les rameaux sont munis de nombreuses épines et portent des feuilles très étroites et velues; les fleurs sont jaunes, en casque, avec calice pubescent, s'épanouissent de février à fin avril, tandis que *l'ajonc nain* fleurit plus tard. Ce dernier ne se distingue de l'autre que par ses dimensions moindres (0^m60 à 0^m70) et ses épines moins développées.

Par hybridation on a obtenu un ajonc intermédiaire entre ces deux espèces, c'est l'*Ulex Gallii*, qui a donné deux variétés qui sont plus recommandables que les précédentes, en ce sens qu'elles sont déjà améliorées et moins épineuses; elles constituent en quelque sorte à elles deux les ajoncs cultivés. Ces deux variétés sont :

1º *L'Ajonc de Dinan*, qui est moins épineux que le grand ajonc;

2º *L'Ajonc queue de renard*, obtenu aux environs de Lamballe, qui est un peu moins épineux que le précédent.

Les essais tentés pour obtenir des ajoncs sans épines ont déjà donné des résultats appréciables, mais actuellement ils ne sont pas encore suffisants pour dispenser de l'emploi des broyeurs d'ajonc.

Fig. 43. — Ajonc marin.

Légumineuse très rustique, puisqu'elle végète en Irlande comme en Castille, l'ajonc a cependant une prédilection pour les climats brumeux; c'est là qu'il atteint son plus grand développement.

Il est avant tout calcifuge, il ne peut réussir ni même vivre sur les terres contenant une assez forte proportion de calcaire, mais par contre il réussit très bien sur les terres silico-argileuses ou schisteuses. Il ne s'accommode pas non plus des terres très argileuses, humides, marécageuses ou trop abritées.

L'ajonc, étant une plante à racine très pivotante, veut un sol profondément ameubli et passablement propre, car il se défend mal contre la végétation adventice. C'est pourquoi on doit préférer le semis de printemps à celui d'automne afin de pouvoir donner à l'arrière-saison un bon labour qu'on laisse brut pour obtenir, par l'action alternative des gelées et des dégels, un sol bien meuble au printemps.

On le sème donc de préférence en avril dans une céréale de printemps; en fin de saison il aura acquis un assez grand développement pour résister aux rigueurs de l'hiver. Le semis a lieu à la volée ou en lignes, il ne faut pas craindre de semer dru afin que, les jeunes tiges se pressant les unes contre les autres dans la suite, les piquants soient moins acérés.

La jeune plante est délicate; semée à l'automne, elle est souvent détruite par les gelées d'hiver; d'un autre côté, si on la semait au printemps sur sol nu, elle ne résisterait pas aux chaleurs de l'été, aussi est-il nécessaire de l'abriter par une céréale (avoine ou orge). Après l'enlèvement de cette dernière, elle pousse vigoureusement et peut résister aux intempéries.

La récolte s'opère avec une faux très courte et très solide ou avec un volant analogue à celui usité en Bretagne; elle se fait tout l'hiver (décembre à mars) alors que les autres fourrages verts font défaut.

Outre les ajoncs cultivés, on récolte dans les landes, sur les talus et dans les fossés, des ajoncs sauvages qui sont plus épineux, plus difficiles à couper et qui exigent une préparation plus soignée pour être consommés.

Les ajoncs coupés sont mis en bottes et ramenés à la

ferme. En sol favorable, après trois ans d'existence, une bonne ajonnière donne de 3o à 35.000 kilos de pousses vertes par hectare et par an ; en Basse-Bretagne, on ne coupe les ajoncs que tous les deux ans et le rendement n'atteint guère que 25.000 kilos par hectare et par an.

Pour la consommation à la ferme, l'ajonc doit être broyé et le broyage doit être plus énergique pour les bêtes à cornes que pour les chevaux. L'opération peut se faire dans une auge longue de plusieurs mètres, dans laquelle l'ajonc additionné d'un peu d'eau est placé pour être battu d'abord avec un pilon tranchant et ensuite avec un pilon armé de grosses têtes de clous. Le fourrage est assez pilonné lorsqu'on peut le presser entre les doigts sans se piquer. Quelquefois cette opération se fait simplement avec une meule verticale. Enfin, pendant ces derniers temps, des broyeurs d'ajoncs assez perfectionnés ont été inventés.

Cette légumineuse étant très riche en azote et contenant une proportion d'eau relativement peu considérable constitue une ration alimentaire de premier ordre. La plupart des auteurs sont d'accord pour admettre que 2 kilos d'ajonc frais équivalent à 1 kilo de foin. Une récolte de 25.000 kilos d'ajonc, qui ne représente qu'une récolte ordinaire, équivaudrait donc à 12.500 kilos de foin, c'est-à-dire à presque au double d'une récolte moyenne de foin.

L'ajonc donné exclusivement pendant un temps assez long constitue une nourriture assez échauffante, il faut donc lui associer d'autres éléments en se contentant de le prendre comme base de la ration. Pour les brebis on ne donne pas plus de 5oo grammes de fourrage broyé par jour.

Il est assez difficile de récolter la semence, car aus=
sitôt la maturité, au moindre coup de soleil, les gousses éclatent et laissent tomber la graine.

Une ajonnière établie sur bon sol peut durer 10 à
15 ans.

Lorsqu'on récolte les ajoncs tous les trois ou quatre
ans seulement, comme cela arrive parfois, les tiges
principales sont utilisées pour le chauffage.

En résumé, l'ajonc est une plante précieuse qui a
surtout sa place marquée dans les pays peu riches,
c'est avec raison que M. Brodin l'appelle « la luzerne
des terres pauvres ».

Poids de l'hectolitre : 70 kilos.

Quantité à semer à l'hectare $\left\{\begin{array}{l} 20 \text{ kil. à la volée.} \\ 13 \text{ kil. en lignes.} \end{array}\right.$

Anagyre (*Anagyrus*). — Légumineuse sans valeur
fourragère.

Anthyllis vulnéraire. — Trèfle jaune des sables.
Anthyllis vulneraria.

L'Anthyllis ou Anthyllide vulnéraire (fig. 44), presque toujours désignée sous le nom de *Trèfle jaune
des sables*, est à tiges presque simples, ascendantes et
couchées, légèrement pubescentes, hautes de 3 à 4 décimètres. Les fleurs sont jaunes et en capitules terminaux.

La valeur fourragère du trèfle jaune des sables n'est
guère connue que depuis vingt-cinq ans. Cultivé d'a-
bord en Allemagne où il a été rapidement considéré
comme une des plantes fourragères les plus utiles, il
ne s'est néanmoins répandu en France que depuis une
quinzaine d'années. Il est à souhaiter qu'il soit plus
connu et plus répandu dans les régions montagneuses

et à sols calcaires ou sablonneux, car sa culture est
appelée à y rendre de grands services. La plante préfère les sols légers, secs, chauds, acquiert son plus

Fig. 44.
Anthyllis vulnéraire. — Trèfle jaune des sables.

grand développement dans les terres calcaires ou d'alluvion qui ne sont pas humides; donne un résultat médiocre dans les sols très compacts, ne réussit pas dans
un milieu froid et humide.

C'est une des légumineuses qui supportent le mieux
les grands froids ainsi que les sécheresses prolongées.
Elle se plait surtout dans les climats tempérés, mais résiste néanmoins dans l'Europe méridionale et même
dans le nord de l'Afrique. Placé dans un milieu qui lui
convient, le trèfle jaune des sables dure trois à cinq ans,

sur certains sols il est même vivace; semé seul, pour être fauché, on le retourne habituellement la seconde année. Il a le grand avantage de réussir où les autres trèfles ne résistent pas, de pouvoir être ramené fréquemment à la même place, d'améliorer le sol sur lequel il a végété. On peut obtenir à l'hectare en sol de fertilité moyenne 14 à 16.000 kilos de fourrage vert donnant de 2.000 à 3.200 kilos de foin, mais nous avons vu dans des sols fertiles récolter jusqu'à 30.000 kilos de fourrage vert par hectare. Les animaux le mangent très volontiers ; il faut toutefois quelque temps aux chevaux pour bien s'y habituer.

Il existe un certain nombre d'autres variétés d'Anthyllis susceptibles d'être employées comme plantes fourragères, telles que : l'Anthyllis Barbe de Jupiter (*Anthyllis Barba Jovis*), l'Anthyllis vulnéraire à fleurs rouges (*Anthyllis vulneraria rubriflora*), l'Anthyllis à quatre folioles (*Anthyllis tetraphylla*), etc. Leurs semences ne sont pas dans le commerce.

Le trèfle jaune des sables est employé pour les prairies temporaires aussi bien que pour les prairies permanentes, soit à faucher, soit à pâturer.

On le sème habituellement au printemps dans une céréale, mais ce semis peut aussi sans inconvénient être fait à l'automne. La graine doit être enterrée à la même profondeur que celle du trèfle violet.

Quantité à semer à l'hectare : 15 à 20 kilos.

Poids de l'hectolitre : 79 kilos.

Argyrolobe (*Argyrolobium*). — Légumineuse sans valeur fourragère.

Astragale (*Astragalus*).

Les astragales sont des herbes, des sous-arbrisseaux

ou arbrisseaux inermes ou hérissés de piquants, qui n'ont qu'un très médiocre intérêt au point de vue fourrager. Les animaux s'habituent, paraît-il, assez vite à consommer l'astragale à feuille de réglisse(*Astragalus Glyciphyllus*), appelée aussi *réglisse bâtarde* et *fausse réglisse*, mais néanmoins ce n'est qu'un fourrage très ordinaire.

Biserule (*Biserula*). — Légumineuse, sans valeur fourragère.

Bourgogne. — Voir *Sainfoin*.

Bugrane (*Ononis*). — Légumineuse, sans valeur fourragère.

Coronille (*Coronilla*). — Les coronilles sont de jolies légumineuses, tantôt ligneuses, tantôt herbacées, préférant les sols calcaires ou riches en calcaire et un peu secs. — A en juger par l'aspect, les coronilles devraient donner un fourrage abondant dans les terres qui leur plaisent, mais elles sont délaissées par le bétail et ne présentent par suite que peu d'intérêt au point de vue agricole. D'après plusieurs auteurs, elles donnent des convulsions et tremblements au bétail qui les consomme.

Dorycnie (*Dorycnium*). — Légumineuse sans valeur fourragère.

Dravières. — **Gravières.** — Noms vulgaires de la Vesce.

Engrais verts. — Voir *Sidération*, p. 314.

Ers (*Ervum*). — Voir *Lentille*.

Esparcette. — Voir *Sainfoin*.

Farouch. — **Farouche.** — Voir *Trèfle incarnat*.

Fenugrec. — Trigonelle. — Sennegrain.
(*Trigonella. — Fœnum grœcum*).

Le véritable nom de cette variété de trigonelle devrait être *Trigonelle fenu-grec*, mais le nom de *Fenugrec* est presque général et provient de l'altération de la désignation foin-grec donnée parce que c'était une plante beaucoup culti-vée en Grèce autrefois.

Le fenugrec (fig. 45) est une légumineuse annuelle à racine fibreuse, à tige droite fistuleuse haute de o m. 5o à o m. 6o, à fleurs d'un blanc jaunâtre, à gousses très longues et étroites, à grains jaunâtres irréguliers, quelquefois utilisés en Orient comme nourriture et servant surtout en France à donner un embonpoint factice aux animaux. De même que toute la plante, le grain exhale une odeur caractéristique très forte.

Fig. 45.
Fenugrec.

Dans le Centre et dans le Nord, on sème le fenugrec lorsque les gelées printanières ne sont plus à craindre, tandis que dans le Midi il est très souvent semé à l'automne. On le sème en lignes ou à la volée et on recou-vre par un coup de herse ; autant que possible il faut éviter de le mettre dans les sols à propriétés extrêmes.

On peut indistinctement le faire consommer en vert ou en sec; dans les deux cas on fauche à la pleine floraison.

C'est un fourrage très médiocre, assez difficilement

accepté par les animaux, surtout au début, à cause de sa forte odeur balsamique, il ne peut même être consommé seul ; de plus, comme il est échauffant, il ne faut pas le distribuer en grande proportion.

Par contre, le fenugrec est recommandable pour l'enfouissement en vert.

Ainsi que nous l'avons dit, sa graine favorise le dépôt de la graisse dans les tissus sous-cutanés et produit ainsi un engraissement factice dont certains marchands savent tirer parti pour faire valoir les animaux, les chevaux en particulier.

Il produit 24.000 à 28.000 kilos de fourrage vert à l'hectare.

Poids de l'hectolitre : 78 kilos.

Quantité à semer à l'hectare : 20 kilos.

FÈVE *(Faba).*

Les fèves occupent une place importante dans l'alimentation.

Plusieurs variétés, entre autres la féverolle, sont cultivées pour la nourriture des animaux.

Féverolle ou Fèverolle *(Faba vulgaris equina).*

La féverolle n'est qu'une variété de fève ordinaire dont elle ne se distingue que par une tige plus ramifiée de la base, plus élancée, par son feuillage plus sombre et ses siliques plus petites.

Il y a deux variétés (1) de féverolles :

1° La féverolle d'hiver qui est peu employée ;

2° La féverolle de printemps qui est très cultivée et dont les deux sous-variétés les plus appréciées sont : la

---

(1) Voir aussi ce qui les concerne à la fin des renseignements généraux sur les féverolles.

féverolle de Lorraine, qui est très employée, et la *féverolle de Picardie.*

La féverolle (fig. 46) a une prédilection marquée pour les terrains frais et profonds, elle veut toujours

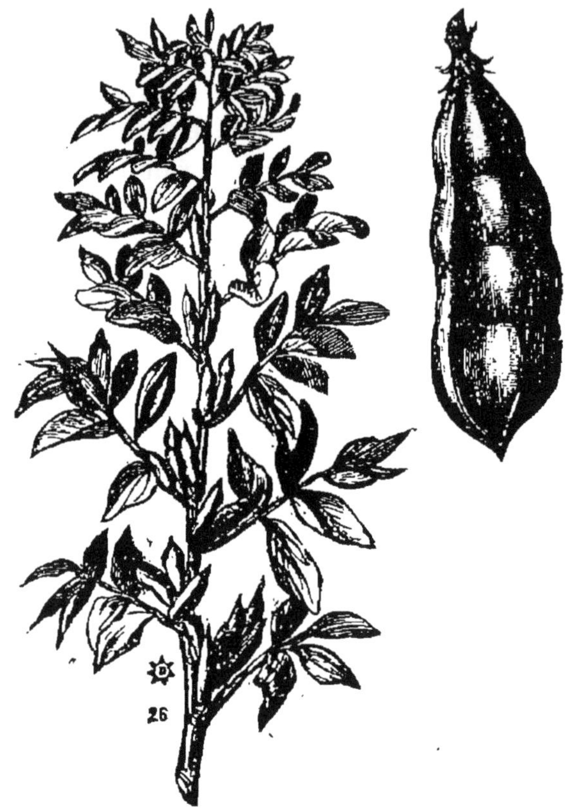

Fig. 46.
Féverolle.

une certaine proportion d'argile. C'est sur les terres argileuses sans excès, les alluvions profondes et les terres argilo-calcaires qu'elle donne ses plus beau rendements. Les terrains secs très calcaires ou trop siliceux ne lui conviennent pas.

C'est une légumineuse très exigeante en acide phosphorique et en potasse. Comme on la sème dans des terrains argileux qui sont ordinairement riches en potasse, il n'y a pas trop à se préoccuper de cet élément; quant à l'acide phosphorique, si le sol n'en contient pas suffisamment, il faut en apporter une dose assez élevée.

La variété d'automne se sème le plus souvent dans le courant d'octobre, tandis que la variété de printemps peut être semée après les fortes gelées, en mars par exemple; ces derniers semis peuvent s'échelonner jusqu'à la fin d'avril si l'on veut obtenir du fourrage vert pendant un temps plus long.

Comme les graines de féverolles sont volumineuses, il est nécessaire de les enterrer assez profondément, à o m. o8 ou o m. 10. On recouvre avec une herse assez lourde par deux passages croisés; on peut de même enterrer au scarificateur ou à la charrue. Il est aussi nécessaire de prendre la précaution de recouvrir rapidement afin d'éviter les ravages des pigeons, des geais, des tourterelles qui sont très friands de la graine.

Lorsqu'on désire laisser mûrir la graine, les semis en lignes sont surtout à recommander. Si la terre est sèche et que le temps ne présage pas la pluie, il est indispensable de faire suivre les hersages d'un roulage assez énergique.

Il est bon à la levée de donner un hersage léger qui non seulement détruit les plantes adventices, mais ameublit la couche superficielle du sol et favorise le développement de la jeune plante.

On doit commencer la récolte au début de la floraison et on peut la faucher en dernier alors que les premières gousses sont bien formées, car la vitalité est assez grande et la floraison étagée comme chez beaucoup de légumineuses. On peut la faner, pour cela on la met en javelles quelques jours, on la dresse, puis on la rentre quand elle est sèche. Le foin obtenu est noir, grossier et ne convient guère qu'aux chevaux et aux bœufs de travail. Mais il est un moyen plus pratique de conserver le fourrage vert qui est en supplément, c'est l'ensilage, qui, lorsqu'il est bien pratiqué, ne donne jamais de mécompte.

La féverolle gagne beaucoup à être associée à l'avoine, à la vesce, au pois gris et même au sarrasin ; on obtient ainsi une ration plus complète, plus substantielle et plus variée qui stimule l'appétit des animaux.

Il arrive souvent que les sommités des tiges sont attaquées par un puceron noir (l'aphis fabæ) qui se multiplie avec rapidité et cause de sérieux dégâts. Dans ce cas il n'y a qu'un moyen de mettre un terme à ses déprédations, c'est de faucher un peu plus tôt, c'est-à-dire avant la floraison.

Voici comment s'apprécient les rendements :

Très bon rendement....	35 à 40.000 kil. de fourrage vert.
Bon rendement........	30.000 — — —
Assez bon rendement...	25.000 — — —
Rendement médiocre...	20.000 — — —

La féverolle est très bien mangée par les vaches laitières, les chevaux et les moutons pour peu qu'ils y soient habitués. On la considère comme étant plus alimentaire que le pois gris ; en effet elle a une teneur en protéine plus élevée que toute autre légumineuse et de plus le coefficient de digestibilité est très élevé.

La récolte de la graine s'effectue lorsque la tige est noire et que les feuilles sont en grande partie disparues.

On fauche, on met en bottes, puis on rentre après séchage. Le battage s'opère très bien au fléau, une bonne récolte peut donner 3o à 4o hectolitres à l'hectare. Les graines moulues sont employées par la meunerie pour des mélanges en faible proportion avec la farine, elles sont également employées avec plein succès pour l'engraissement du bétail. Elles conviennent surtout pour l'alimentation des chevaux et, en raison de leur forte teneur azotée, elles forment une nourriture de premier ordre qui peut *suppléer* l'avoine avantageusement et surtout très économiquement.

Comme les graines de féverolles sont très nutritives, il ne faut pas les donner en excès, car il pourrait en résulter des indigestions.

La paille provenant du battage est totalement noire et presque dépourvue de feuilles, elle est cependant encore bien mangée par les chevaux et les moutons. Découpée à l'aide d'un hache-paille, elle entre avantageusement dans les mélanges de pulpes ou de racines destinées aux bêtes bovines.

La féverolle étant très productive et pas très épuisante peut être utilisée comme engrais vert ; dans ce dernier cas on lui associe quelquefois d'autres plantes (colza, etc.).

Féverolle de Lorraine. — Elle a la réputation d'être la plus rustique, elle est très répandue et très appréciée; dans de bonnes conditions de fertilité, elle atteint 1 m. 3o à 1 m. 5o. C'est une variété un peu tardive. Les grains sont petits, réguliers, presque ronds.

Féverolle de Picardie. — C'est aussi une variété très recommandable et très rustique; elle est un peu moins haute, a la tige plus grosse que la précédente, les grains sont réguliers, arrondis, ont la forme d'une petite fève.

Féverolle d'hiver. — Semée à l'automne elle résiste parfaitement aux froids, a aussi les tiges un peu moins hautes et les feuilles plus petites que la variété de Lorraine; les cosses sont nombreuses, remplies de petits grains ronds. Il y a environ 2.600 grains au kilogramme.

Poids de l'hectolitre : 70 kilos.

Quantité à semer à l'hectare : 190 kilos.

Galéga officinal (*Galega officinalis*).

Appelé vulgairement *lavanèse, herbe aux chèvres,* le galéga (fig. 47) est une jolie papilionacée, employée aussi comme plante d'orne-ment; la variété orientale (*Galéga orientalis*) ne sert même que pour ce dernier usage.

Fig. 47.
Galéga officinal.

C'est une plante vivace à souche épaisse, renflée, s'en-fonçant très profondément en terre; à tiges cylindriques très ramifiées, atteignant 1 mètre à 1 m. 50, à feuilles oblongues, duveteuses; à fleurs d'un bleu pâle et dis-posées en grappes terminales le plus souvent. Le fruit est une gousse allongée; la graine est petite, assez longue et d'un jaune pâle.

Le galéga est rustique, résiste assez bien au froid et

supporte parfaitement la sécheresse. Il est peu exigeant, s'accommode des terrains de médiocre fertilité, mais il prospère surtout sur les sols profonds contenant une assez forte proportion d'argile dans laquelle il peut trouver la potasse qui lui est nécessaire. De préférence il faut lui réserver les expositions chaudes, car si par les grands froids il se déchausse et a les bourgeons gelés, il ne tarde pas à périr.

Il n'exige pas une préparation du sol aussi complète que la luzerne et le sainfoin, ses racines pénètrent plus facilement dans les interstices des roches et dans les couches dures du sol.

Le semis s'opère au printemps dans une céréale, en semant un peu dru afin de produire dans la suite un léger étiolement des tiges et d'obtenir ainsi un fourrage moins ligneux.

Pour le faucher il ne faut pas attendre sa pleine croissance, car il serait trop dur pour être consommé facilement par les animaux, qui ne l'acceptent déjà pas toujours volontiers quand il est coupé au bon moment. La première coupe est enlevée lorsqu'il a 0^m50 à 0^m60, c'est-à-dire vers la fin d'avril, quand les premières fleurs commencent à s'épanouir ; en milieu favorable on peut obtenir trois coupes qu'on ne dessèche généralement pas, parce qu'il devient trop dur et perd beaucoup de folioles par le fanage : le rendement en vert à l'hectare est de 28.000 à 40.000 kilos.

C'est un fourrage très azoté, plus riche même sous ce rapport que le trèfle et la luzerne, mais, ainsi que nous venons de le dire, il n'est pas toujours bien accepté par le bétail.

La semence n'a jamais que 30 à 35 o/o de germination.

Poids de l'hectolitre : 78 kilos.

Quantité à semer à l'hectare : 35 kilos.

Galium. — Voir *Caille-lait*.

Genêt à balais.

Au lieu de Genêt à balais (*Genista scoparia*), son nom devrait être *Sarothamne à balais* (*Sarothamnus scoparius*).

La souche est vivace, très forte ; la tige s'élève jusqu'à deux mètres, est garnie de rameaux très longs et effilés munis de fleurs jaunes (fig. 48); les graines ressemblent à celles de l'ajonc, mais sont plus jaunes et plus grosses.

Fig. 48.
Genêt à balais.

C'est une plante très rustique des régions tempérées, préférant les sols légers, siliceux, les friches, les terrains granitiques et schisteux ; redoutant l'humidité stagnante et l'excès de calcaire ; améliorant les pâturages en empêchant par son ombrage la trop grande dessiccation du sol.

On doit, lorsqu'on sème le genêt dans un pâturage, effectuer un semis très clair, 6 kilos par hectare suffisent afin de n'obtenir des souches que tous les un à deux mètres. Une fois le premier semis effectué, il se ressème naturellement et si l'on n'y prenait garde il aurait bientôt envahi tout le champ.

Ce n'est pas en réalité une plante fourragère, c'est plutôt un abri pour la végétation herbacée et une plante pour litières et composts en pays pauvres.

Le bétail mange cependant les jeunes pousses et comme elles sont riches en tanin, il en résulte souvent, quand il en prend une certaine quantité, une inflammation de la vessie qui se traduit par des pissements de sang, c'est ce qu'on nomme vulgairement la genestade.

Un des avantages du genêt est de puiser la plus grande partie de son azote dans l'air et de n'utiliser, en somme, que les éléments minéraux des couches profondes.

Lorsqu'on estime que le pâturage a duré assez longtemps on le défriche et avec les branches on confectionne des bourrées très propres au chauffage des fours.

Ensuite le terrain défriché peut être mis deux à trois ans en culture. Ordinairement la première année on sème du seigle, la seconde de l'avoine, après quoi on revient à l'engazonnement.

Poids de l'hectolitre : 78 kilos.

Quantité à semer à l'hectare : 18 kilos.

Genêt épineux. — Voir *Ajonc*.

Genêt d'Espagne (*Spartium Junceum*).

Le nom véritable de cette plante méridionale, considérée comme genêt, est *Spartium à branche de jonc*. Elle atteint de plus grandes dimensions que le précédent (3 à 4 mètres de haut), possède des ramilles très longues, vertes, fistuleuses, qui sont très bien mangées par les animaux et ne présentent pas les inconvénients de celles du précédent. C'est en quelque sorte une plante demi-fourragère.

Le genêt d'Espagne, appelé aussi vulgairement *Spartier*, a de belles fleurs jaunes odorantes et ornementales. A l'inverse du précédent il est plutôt calcicole que calcifuge; dans les terrains arides et calcaires, il constitue des pâturages passables. C'est surtout dans les garrigues du Midi qu'il rend le plus de services.

GESSES (*Lathyrus*).

Parmi plus de vingt variétés, trois seulement sont cultivées :

1° La *gesse cultivée* (*Lathyrus sativus*) appelée vulgairement *lentille d'Espagne, garoutte, garousse, gesse blanche, pois de brebis*, elle a les fleurs et les graines d'un blanc bleuté;

2° La *jarosse* ou *gesse chiche* (*Lathyrus cicera*) appelée aussi *jarras, pois jarras, pois carré, gésette, garousse, garoute, petite gesse*, elle se distingue par ses grains irréguliers, anguleux, à faces aplaties et à teinte grisâtre ;

3° La *gesse des bois* ou *gesse sauvage* (*Lathyrus sylvestris*), qui a été souvent prônée pendant ces derniers temps et dont une vue photographique prise dans notre champ d'expérience est reproduite à la page 192 (fig. 50.)

Certaines variétés n'ont qu'une valeur agricole insignifiante, d'autres sont des plantes salissantes dans les cultures, enfin plusieurs insuffisamment étudiées mériteront probablement de prendre place parmi les plantes fourragères.

Une chose extrêmement importante, dont l'oubli cause chaque année des empoisonnements, c'est que les gesses sont bonnes jusqu'à la floraison, mais qu'après, en vert comme en foin, elles déterminent des accidents. Il est vrai que ces derniers proviennent aussi quelquefois d'une confusion entre la vesce qui ne présente aucun danger et la gesse; par le nombre de folioles et la teinte des fleurs, la distinction entre les deux plantes est cependant assez facile avec un peu d'attention.

M. Mathis a signalé la **Gesse clymene**, ou **Gesse pourpre** (*Lathyrus clymenum*) (1) comme particulièrement dangereuse pour les bovidés, étant donné soit en fleur, soit en fruits.

De son côté, M. Genin, signale de nombreux cas d'empoisonnement du bétail par la **Gesse des Marais** (*Lathyrus palustris*)(2) consommée au moment de la formation des graines.

L'hectolitre de gesse pèse de 70 à 75 kilos.

Fig. 49. — Gesse cultivée.

Gesse cultivée.

Cette variété (fig. 49) est un peu moins rustique et

(1) Voici, d'après M. Schribaux, ses principaux caractères : Tiges ailées. Feuilles supérieures rappelant celle de la vesce, feuilles inférieures réduites au pétiole élargi. Fleurs à étendard pourpre; ailes de la corolle bleues. Gousse comprimée, non prolongée en aile membraneuse. Graines anguleuses.

(2) Fleurs bleuâtres; pédoncule grêle plus long que la feuille; folioles elliptiques oblongues, obtuses; gousse réticulée, veinée; graines globuleuses, tachées de noir; tige de 3 à 5 décimètres (Flore Française.)

plus exigeante comme fertilité de sol que les deux dernières variétés qui viennent d'être citées.

Vert ou sec, son fourrage est mangé volontiers par les bêtes bovines et ovines, les graines cuites leur conviennent aussi parfaitement. Comme elles n'offrent pas les dangers de la jarosse, on la cultive aussi pour la nourriture des personnes. Les semis s'effectuent en lignes espacées d'au moins 0^{m}25. Son rendement à l'hectare est d'environ 10.000 kilos de fourrage vert soit, environ 2.500 de foin plus le poids du seigle employé comme tuteur.

La gesse cultivée préfère les terres un peu légères suffisamment pourvues de calcaire. Son semis a lieu au printemps à raison de 150 à 180 litres, soit environ 120 kilos à l'hectare, en lui associant dans la proportion d'un quart une céréale pour la soutenir.

Gesse chiche ou Jarosse.

Variété très rustique, résistant bien au froid de même qu'à la chaleur et la sécheresse, mais craignant l'excès d'humidité, remplaçant avantageusement la vesce dans les sols calcaires, s'accommodant de sols de fertilité médiocre, profitant beaucoup cependant de fumures potassiques et phosphatées.

Son fourrage, quoique assez échauffant, est mangé volontiers en vert comme en sec par les bêtes bovines et les moutons, il peut aussi être donné en faibles rations aux chevaux.

Ses grains, au contraire, constituent une nourriture dangereuse, qui provoque en peu de temps chez l'homme de même que chez les animaux une sorte de paralysie appelée *lathyrisme*. Les pigeons, qui, eux, sont très avides de cette graine, peuvent en manger sans inconvénient.

La jarosse se sème à l'automne ou au printemps, à raison de 2 hectolitres 1/2, soit environ 175 kilos par hectare; il y a toujours avantage à lui associer une céréale pour la ramer et souvent on choisit de préférence le blé parce qu'il n'a pas le temps de durcir avant le fauchage du fourrage.

On récolte environ 10.000 kilos de fourrage vert qui perd environ les trois quarts de son poids par la dessiccation.

Les graines sont mûres quand elles ont une teinte brune, le battage s'opère facilement au fléau.

Dans plusieurs régions on désigne sous le nom de Jarosse d'Auvergne ou de *lentille à une fleur*, une plante fourragère, de bonne qualité d'ailleurs, qui n'est autre chose que *la vesce à une fleur* (Vicia monanthos).

Gesse des bois (*Lathyrus sylvestris*).

Cette variété, qui a tant fait parler d'elle depuis peu, a été remarquée à l'état sauvage dans les monts Karpathes, il y a une vingtaine d'années, par M. Vagner qui l'étudia, l'améliora et signala la longue durée dont elle est susceptible (au moins 40 ans).

Il est certain dès maintenant que, parmi les qualités beaucoup trop nombreuses à notre avis qui lui sont attribuées, elle a le mérite de se contenter de sols médiocres, secs, pierreux, ayant de la profondeur. En sol argileux où nous l'avons expérimentée, avec peu de confiance d'ailleurs, le résultat a été assez satisfaisant. Elle résiste bien au froid, à la chaleur et à la sécheresse; les animaux l'acceptent assez vite.

Le Lathyrus sylvestris existe à l'état sauvage en

France, mais la plante cultivée présente déjà de sérieux avantages sur celle à l'état spontané.

La 1re année, la plante forme surtout son système radiculaire, les tiges courent sur le sol, puis, dès qu'elles ont environ 0^m40, forment en s'entre-croisant un massif touffu et montent légèrement ; la 2e année la gesse commence à donner un bon rapport et la 3e année elle est en plein rendement.

Selon M. Vagney, qui a été sur place étudier les essais de M. Vagner, le *Lathyrus sylvestris* est réellement vivace et, en trois ou quatre coupes hautes de 0^m50, produit à l'hectare 12.000 kilos de fourrage vert (1). Selon M. de Bringhoffer, le rendement moyen serait de 4.000 kilos de fourrage sec par hectare à partir de la 3e année.

On peut récolter 1.000 kilos de graines à l'hectare.

Les semis de printemps se font en lignes distantes de 0^m30, en espaçant les grains de 0^m15 et les enterrant de quatre à cinq centimètres ; on roule ensuite, puis des binages sont donnés pour tenir la terre propre. Le se-

---

(1) Voici la composition de la gesse des bois (*Lathyrus sylvestris*) indiqué par M. Grandeau d'après une analyse faite à la station agronomique de Vienne.

Les compositions du trèfle et de la luzerne, placées en regard, permettront de comparer.

	LATHYRUS	TRÈFLE	LUZERNE
Eau	13.05	16.00	16.00
Matières protéïque brutes	21.44	12.30	14.40
Correspondant à azote	3.43	1.96	2.30
Matières grasses brutes	2.44	2.20	2.50
Cellulose	31.65	26.00	33.00
Matières hydrocarbonées	27.44	38.20	27.90
Alcaloïde	0.06	»	»
Cendres	3.98	5.30	6.20
100 de cendres renferment :			
Acide phosphorique	14.67 o/o	10.30 o/o	8.50 o/o
Chaux	25.11	20.10	40.00
Potasse	34.66	23.50	32.00

mis peut aussi s'effectuer en pépinière pour repiquer les plants à 0^m3o de distance en sol bien défoncé. Deux binages pour assurer la propreté du champ sont donnés la première année.

Il est regrettable que jusqu'alors la semence soit à un prix exorbitant, encourageant peu à essayer la culture de cette plante, sur laquelle on ne possède pas encore d'expériences assez concluantes pour se prononcer, mais qui, d'après les résultats de bon augure obtenus, mérite d'être étudiée sérieusement.

La gesse des bois convient très bien, *surtout à l'état de foin,* pour les animaux destinés à l'engraissement ; on peut donner des rations d'au moins 5 kilos par tête et par jour aux bêtes bovines, mais il ne faut pas dépasser la dose de o kilo 5oo pour les moutons.

Elle est sujette à être attaquée par le Peronospora viciæ et dans ce cas il faut avoir recours à la bouillie bordelaise.

Poids de l'hectolitre : 8o kilos.

Nombre de grains par kilo : 25.ooo.

Quantité à semer à l'hectare : 8o à 9o kilos.

Gesse tubéreuse (*Lathyrus tuberosus*).

Variété très secondaire appelée aussi annette, gland de terre, macuson. Elle est à fleurs rouges odorantes en grappes, produit peu de fourrage mais a une souche noire tuberculeuse qui est recherchée par les porcs. Il est difficile de l'extirper des sols où elle a végété.

Gesse à larges feuilles (*Lathyrus latifolius*).

Gesse odorante (*Lathyrus odoratus*).

Ces deux variétés ne sont cultivées que comme

plantes d'ornement : la 1re est fréquemment appelée
pois à bouquets, et la seconde *pois de senteur*. C'est
à tort qu'elles sont recommandées comme plantes fourragères.

Giraumon. — Voyez *Courges.*

Gravières-Dravières. — Voir *Vesces.*

Hippocrepis (*Hippocrepide*). — Légumineuses non cultivées, de valeur fourragère médiocre.

Jaras.—Voir *Gesse
chiche.*

Jarosse. — Voir
Gesse chiche.

Lathyrus sylvestris. — Voy. *Gesse
des bois.*

Lentille cultivée
(*Lens esculenta*).

Fig. 51.
Lentille cultivée.

Plante annuelle (fig. 51), à tiges très minces, très
ramifiées, formant des touffes qui dépassent rarement
4 décimètres de hauteur ; à petites feuilles terminées par
une vrille et à fleurs blanches.

La lentille se sème ordinairement au printemps en
terres légères, propres et bien préparées ; la récolte se
fait en août-septembre. C'est un bon fourrage, mais
qui doit être donné par petites quantités, car il est
échauffant.

Sur les sols calcaires, légers et secs, la lentille est

quelquefois cultivée comme une plante à enfouir en vert.

Lentille large blonde. — Lentille de Lorraine.

Cette lentille est la variété préférée pour la grande culture. Elle donne aussi un bon fourrage sur les sols semblables à ceux indiqués pour la lentille cultivée et doit être ramée par une céréale.

La *Lentille verte du Puy* est une variété analogue à la précédente, mais de hauteur moindre et à grains plus petits.

Lentillon de printemps. — Lentillon de mars.

Variété (fig. 52) analogue à la précédente, mais un peu plus petite, se cultivant comme les lentilles. Se sème en mars-avril, fleurit en juillet. Produit 5 à 6.000 kilos de foin, mais, quoique facile à dessécher, est le plus souvent consommé en vert sur place. On lui associe comme tuteur du seigle de mars ou de l'avoine.

Figure 52.
Lentillon
de printemps.

Lentillon d'hiver.

Appelé aussi *Lentillon rouge* et *Lentillon à la Reine*, diffère des précédents par la teinte de ses grains. Se sème à l'automne avec une céréale d'hiver destinée à le ramer, fleurit en juin.

Nombre moyen de grains de lentille par kilo : 34 à 35.000.

Poids de l'hectolitre de lentille : 80 kilos.

Quantité à semer à l'hectare : 100 kilos.

Lotier corniculé (*Lotus corniculatus*).

Le lotier corniculé (fig. 53) est une jolie légumineuse qui porte un grand nombre de noms vulgaires : *trèfle cornu, cornette, petit sabot de la mariée, pois joli, pied de pigeon*, etc.

C'est, avec le lotier velu, l'une des meilleures espèces

Fig. 53. — Lotier corniculé.

des prairies; il s'accommode de tous les climats et on le rencontre aussi bien en Europe que dans le nord de l'Afrique, cependant il préfère les climats un peu humides et brumeux.

Peu difficile sur la nature du terrain, on peut dire qu'il vient sur toutes les sortes de sol dont les propriétés ne sont pas extrêmes. Il se plaît dans les terres assez légères des montagnes comme dans les sols argileux ou alluvionnaires des plaines; les fumures phosphatées et potassiques lui sont extrêmement favorables.

C'est, parmi les légumineuses, une des plantes qui

ont au plus haut degré la merveilleuse faculté d'extraire
l'azote de l'air à leur profit, ses racines étant couvertes
de nombreux nodules contenant le microbe qui joue le
rôle d'intermédiaire pour cette assimilation.

Le lotier est très employé dans les semis de prairies
permanentes. Comme il a une très grande valeur nutritive, grâce à sa haute teneur azotée, il améliore
beaucoup le fourrage auquel il se trouve mélangé ; sa
valeur alimentaire dépasse celle du trèfle violet, mais
ajoutons que par contre il produit moins. Son rendement est très faible la première année, il développe surtout son système radiculaire, mais la deuxième année il
entre en plein rapport.

Arrivé à une certaine hauteur, le lotier s'incline, et
il n'est pas rare de voir des tiges de o ^{m} 75 à o ^{m} 80
donner un fourrage s'élevant en moyenne de o ^{m} 40
à o ^{m} 45 au-dessus de terre. C'est en pleine fleur qu'il
atteint sa plus haute valeur nutritive.

Tous les animaux mangent volontiers le lotier à l'état
vert comme à l'état sec. Cependant à l'état vert, comme
les fleurs bien épanouies prennent un peu d'amertume,
il faut le couper avant que cet inconvénient se produise.

Le fourrage vert ne rend guère en moyenne que le
quart de son poids en foin, c'est-à-dire que ce dernier
est de 5 à 6.000 kilos à l'hectare.

Poids de l'hectolitre : 78 kilos.

Quantité à semer à l'hectare : 12 kilos.

Lotier velu ou Lotier des marais.
(Lotus villosus. — Lotus uliginosus, Lotus major.)

Cette variété (fig. 54), appelée aussi *lotier majeur*
et *grand lotier*, se distingue de la précédente par sa

taille plus élevée, car elle atteint 8 décimètres; de plus,
ses tiges et ses feuil-
les sont légèrement
velues, enfin, à l'in-
verse de l'autre, elle
se plaît dans les sols
frais, marécageux,
tourbeux et même
acides. Elle possède
aussi un plus grand
nombre de fleurs (6
à 12), sa racine est
rampante au lieu
d'être franchement
pivotante, enfin ses

Fig. 54. — Lotier velu.

graines sont aussi un peu plus petites et plus verdâtres
que celles du lotier corniculé.

Sa valeur nutritive n'est pas sensiblement moindre
que celle de ce dernier et, nous le répétons, elle a le
mérite, rare parmi les légumineuses, de végéter dans
un excès d'eau.

Poids de l'hectolitre : 77 kilos.

Quantité à semer à l'hectare : 10 kilos.

LUPIN (*Lupinus*).

Par leur emploi pour la sidération (enfouissement en
vert), les lupins ont actuellement un rôle très important qui est appelé à s'accroître encore beaucoup ; c'est
grâce à eux que des régions entières de sables arides
ont pu être transformées en terres fertiles et productives.
Ce sont les meilleures plantes à enfouir en vert en *sols
non calcaires* et l'une de celles qui fournissent l'azote
à meilleur compte. C'est ce que fait remarquer M. Vers-

tappe, un intelligent agriculteur qui pratique la sidé-
ration dans la Campine belge. Il estime à 48 francs les 400 à 500 kilos de chlorure de potassium répandus par hectare, somme à laquelle il ajoute 17 fr. pour frais culturaux et 25 fr. pour la semence, soit en tout 90 fr. par hectare pour obtenir un rendement d'au moins 25.000 kilos de fourrage vert, ce qui fait ressortir l'azote à moins de 1 franc le kilo, alors que son prix commercial oscille autour de 1 fr. 50.

Fig. 55. — Lupin bleu.

Les tiges sont fistuleuses et poilues, hautes de 0^m 60 à 1 mètre suivant les variétés et la fertilité du sol ; les feuilles sont alternes, digitées, composées de six à douze folioles oblongues pubescentes ; les fleurs, b'anches, jaunes ou bleues, sont à épi lâche.

La variété bleue (fig. 55) est plutôt une plante horticole ;

La blanche (fig. 56) est la plus usitée pour l'enfouissement, c'est elle qui donne le plus de fourrage ;

La jaune (fig. 57) est aussi très employée dans le même but et convient mieux pour l'alimentation ;

Quant aux autres variétés, elles ne sont pas usitées.

Voici, d'après une analyse de M. Muntz, la composition chimique d'un lupin (lupin blanc, *Lupinus albus*) :

Hauteur moyenne des pieds : 0ᵐ 50 à 0ᵐ 55.

Poids moyen d'une plante complète, 145 grammes 8.

Composition pour 100 à l'état frais :

Azote...........................	0.435
Acide phosphorique............ ...	0.095
Potasse........................	0.170
Chaux........................	0.121
Eau........................	87.040
Cendres........	1.180

Il y a en moyenne dans chaque pied de lupin :

Azote...........................	0	gr.	64
Acide phosphorique............	0	»	15
Potasse	0	»	25

Au début, pendant la formation de son système radiculaire, le lupin jaune (*Lupinus luteus*) pousse lentement, mais lorsqu'il a bien pris possession du terrain, ce qui arrive quand il a 0ᵐ 16 à 0ᵐ 20 de hauteur, il croît très rapidement.

Ayant 27 o/o de protéine, c'est un fourrage très azoté et, comme il a de plus un coefficient de digestibilité très élevé, sans son amertume qui rebute les animaux, ce serait l'une des premières plantes fourragères. Aussi comme nourriture verte n'est-il guère que pâturé jeune par les moutons et encore en prenant

Fig. 56.
Lupin blanc.

11.

certaines précautions. Cette amertume diminue cependant par la dessiccation et on arrive en hachant le
lupin jaune et en le mélangeant à d'autres aliments à
le faire consommer par les animaux ; mais, nous le
répétons, son rôle capital de même que celui du lupin
blanc est comme engrais vert.

Les graines renferment un principe nuisible, mais
qui est détruit par la cuisson, ce qui permet de les
utiliser pour l'engraissement
des porcs et des animaux de
l'espèce bovine : leur valeur
nutritive est très élevée, puisqu'elles renferment environ
35 o/o de matières pro-
téiques et 5 o/o de matières
grasses. Il est préférable de
commencer par des rations
assez faibles, puis d'augmenter graduellement sui-
vant l'effet produit, et même
au besoin d'additionner d'un
peu de sel ou même de le mê-
ler à d'autres aliments. Les
graines ébouillantées sont
aussi utilisées comme en-
grais.

Fig. 57.
Lupin jaune.

Les lupins se contentent de
terres pauvres, *non calcai-*
res, sans excès prolongé d'humidité ni trop forte
proportion d'argile; ils préfèrent les sols profonds,
légers, schisteux, granitiques.

Dans le Midi et les régions de l'Ouest peu éloignées
du littoral, le lupin blanc se sème à l'automne pour

l'enfouir au printemps ; dans les pays du Nord le semis a lieu au printemps et l'enfouissage au moins trois mois après. Le lupin jaune ne convient pas pour les semis d'hiver. Ainsi que nous venons de le dire, la production en fourrage, qui est très variable (20.000 à 60.000 kilos), peut être augmentée par l'apport de superphosphate de chaux et de chlorure de potassium.

La graine pèse en moyenne 75 kilos l'hectolitre.

Pour récolter la graine, 70 kilos suffisent par hectare, mais pour enfouir la récolte en vert, il est nécessaire de semer au moins 150 kilos par hectare.

Lupin blanc (*Lupinus albus*) (fig. 56) ⎫ Comme
Lupin jaune (*Lupinus luteus*) (fig. 57) ⎬ nous l'a-
Lupin bleu (*Lupinus varius*) (fig. 55) ⎭ vons expliqué plus haut, le lupin blanc est de beaucoup le plus employé; puis vient le lupin jaune, qui cependant n'est pas très productif; enfin le lupin bleu est plutôt employé en horticulture, quoique susceptible de donner un produit égal à celui du lupin blanc et de rendre autant de services que lui.

Lupuline. Voir *Minette*.

LUZERNE CULTIVÉE (*Medicago Sativa*).

Cette légumineuse (fig. 58), qu'Olivier de Serres appelait la *merveille du ménage*, est la plante fourragère par excellence.

Quoique originaire des pays chauds et se plaisant surtout dans la région de la vigne et du maïs, la luzerne réussit parfaitement dans le nord de la France et en Belgique, mais au delà elle ne prospère plus. A l'inverse du trèfle, un climat généralement humide lui est favorable. M. de Gasparin estime qu'il faut $+ 8°$ de température moyenne pour la faire entrer en végétation et que pour atteindre sa floraison 852° de chaleur totale sont nécessaires.

un aliment riche en albumine ; elle plaît beaucoup sous cet état aux vaches laitières et favorise la lactation. Le foin est très stimulant, il convient bien aux chevaux et aux moutons, tandis que le regain doit être

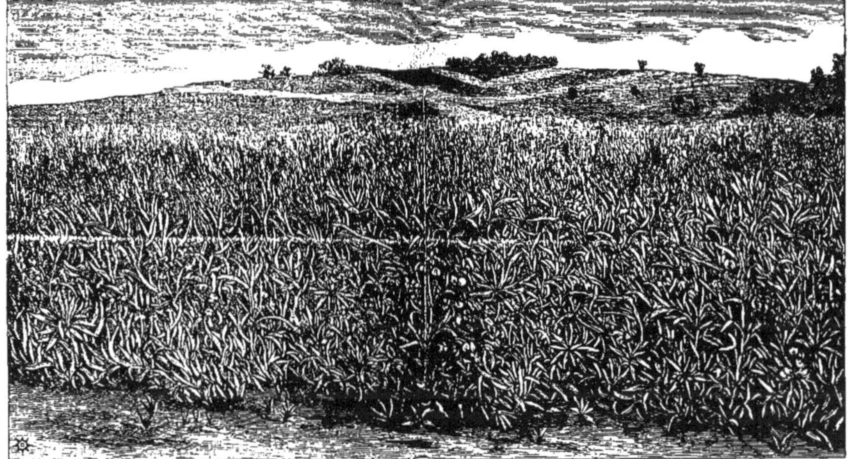

Fig. 50. — Vue d'un champ de *Lathyrus sylvestris* (Gesse des bois), d'après photographie prise dans nos champs d'essais. (*Voy. p. 180.*)

Si nous nous en rapportons aux analyses de Wolff, donnant la composition du fourrage jeune, du fourrage avant la floraison et du foin, nous constatons que c'est surtout étant jeune et à l'état vert que la luzerne est

réservé plutôt pour les vaches à lait et les brebis nourrices.

La luzerne n'est pas très exigeante comme fertilité de sol ; pour être vigoureuse, productive et de longue durée, ce qu'il lui faut avant tout, c'est une couche arable profonde et saine sur sous-sol sain, dans lequel ses longues racines pivotantes puissent pénétrer très

Fig. 58. — Luzerne.

loin. Les alluvions profondes et les terrains bien pourvus de calcaire reposant sur un sous-sol tendre lui sont particulièrement favorables. Il est nécessaire de ne pas ramener une luzerne, même sur ces sols favorables, sans laisser s'écouler deux fois le temps qu'a duré la dernière luzernière. C'est faute de ne pas tenir compte de cet intervalle et de mettre cette plante dans des milieux qui ne lui conviennent pas, tels que les sols frais, pauvres en calcaire ou à sous-sol imperméable, que tant de luzernières périclitent pour disparaître quelquefois la troisième année.

Le semis s'effectue en avril, en terre aussi propre que possible et parfaitement ameublie, dans une céréale assez claire pour ne pas étioler dans la suite les jeunes plantes de luzerne. C'est une mauvaise méthode d'associer à la luzerne d'autres plantes fourragères; sauf dans quelques cas spéciaux, elle ne doit pas non plus figurer dans les compositions de semis des prairies permanentes et même des prairies temporaires.

Il est préférable de ne pas lui donner de fumure directe; lorsque c'est possible, le mieux est de la semer avec sa céréale de printemps en sol bien fumé pour la récolte précédente et sortant de porter une culture sarclée.

Après l'enlèvement de la céréale, c'est-à-dire vers l'automne, si on le juge à propos, on applique une fumure phosphatée et potassique, tandis qu'au printemps on ne doit jamais manquer de répandre 3oo kilos de plâtre par hectare. Au bout de quelques années d'exploitation, les cendres, de même que les composts bien pourvus de chaux, lui sont très favorables.

On comprendra facilement que l'époque de la première coupe, tout en ne s'éloignant pas du commencement de juin, est variable suivant les climats. Dans le Midi on coupe tous les quarante jours, dans le Nord tous les soixante jours. Comme nous l'avons vu précédemment c'est la somme de chaleur reçue qui détermine l'époque de la récolte en temps normal, et il faut au moins un total de 852° pour atteindre la floraison, c'est-à-dire le moment de la première coupe. Cette première coupe doit être fauchée le plus près possible de la terre, car le bas des tiges continue à végéter, se lignifie, devient très dur et s'il avait été coupé un peu haut, il serait un obstacle sérieux pour la coupe suivante. La plupart des cultivateurs ont aussi le tort d'attendre trop tard pour procéder à cette première coupe. On fauche alors que bon nombre de fleurs sont déjà transformées en graines ; en opérant ainsi, non seulement on obtient un foin dur et grossier dont les éléments sont beaucoup moins digestibles que ceux du foin obtenu avec la luzerne fauchée au début de la floraison, mais encore la récolte qui suit en est amoindrie d'autant et la repousse est très lente.

Pour le fanage, plusieurs systèmes sont en présence, et voici l'un des meilleurs :

Laisser le fourrage s'amortir sur le terrain par le beau temps et le retourner le troisième jour. Puis le soir du troisième jour ou le quatrième jour, le mettre en veillotes avec précaution, c'est-à-dire placer trois à quatre fourchées les unes sur les autres, après quoi laisser ainsi deux à trois jours, enfin mettre en meulons.

Non seulement le foin desséché avec précaution est beaucoup plus riche, mais il présente une digestibilité plus élevée.

D'après un auteur allemand, dans 100 kilos de luzerne il y a 52 % de tiges et 48 % de feuilles. La luzerne contenant 14 % d'eau dosait dans les feuilles 29,2 % de matières azotées et 16,2 % seulement dans les tiges. On voit donc qu'un fanage mal exécuté faisant perdre au foin la moitié ou les deux tiers de ses feuilles le prive de ses matières alibiles dans une proportion considérable.

Un excellent système lorsque le temps est incertain est de réunir le fourrage en moyettes de 0ᵐ 3o de diamètre dans le milieu, évasées à la base et liées vers la partie supérieure ; avec ce procédé toutes les feuilles sont conservées.

On n'oubliera pas non plus, pour la luzerne comme pour le trèfle, que chaque fois que la consommation en vert sera possible, il y aura toujours avantage, d'autant plus que sur dix récoltes on n'en réussit ordinairement que quatre.

Mais il est un autre moyen qui permet à son tour d'utiliser ce précieux fourrage, c'est l'ensilage, si utile chaque fois que le temps est contraire et que l'on n'a pas en vue la vente du foin.

Les rendements de la luzerne sont considérables, ils sont toujours en rapport avec la profondeur et la fertilité du terrain. Voici comment on les apprécie :

Très bonne récolte, 45.000 kilos en vert, 11.25o kilos de foin à l'hectare.

Bonne récolte, 32.000 kilos en vert, 8.000 kilos de foin à l'hectare.

Récolte passable, 22.000 kilos en vert, 5.5oo kilos de foin à l'hectare.

Récolte médiocre, 14.000 kilos en vert, 3.5oo kilos de foin à l'hectare.

D'autre part, les rendements suivants en foin et par coupe ont été obtenus à l'hectare :

			Par M. de Gasparin.		Par M. Dailly.
1re coupe.	. . .	3.400 kil.		5.300 kil.
2e —	. . .	4.200 kil.		3.000 kil.
3e —	. . .	3.100 kil.		700 kil.
4e —	. . .	2.400 kil.	Total.	9.000 kil.
5e —	. . .	2.200 kil.		
Total.	. .	15.300 kil.		

Les regains, quoique de valeur moindre sur les marchés, sont, d'après les analyses de M. Joulie, plus riches que les premières coupes.

Le mètre cube de foin de luzerne lorsqu'il s'est tassé naturellement pèse 60 à 65 kilos.

Pour compléter ce que nous avons dit, nous ajouterons que dans le Nord les luzernières ne durent guère que six à sept ans, tandis que dans le Midi elles durent plus de dix à douze ans, mais ne donnent pas de bons produits au delà de huit à dix ans.

Une luzernière de six à dix ans laisse dans le sol des débris évalués à 20.000 kilos dans le Nord et à 30.000 kilos dans le Midi. D'après M. de Gasparin, les racines et autres débris dosent 1,11 à 0,80 % d'azote, ce qui représente une moyenne de 0,95 %, Dans le Midi l'enrichissement équivaut donc à 30.000 $\times$ 0,95 % = 285 kilos d'azote, tandis que dans le Nord cette proportion n'est guère que de 190 kilos.

Comme la production de la graine est très épuisante pour le terrain, il est préférable de la réserver aux vieilles luzernières dont la vitalité est diminuée et qui approchent de l'époque d'être retournées. Lorsque les gousses sont noires la graine est mûre : on en opère le battage au fléau, à la meule ou à une égreneuse spéciale.

La *Luzerne de pays*, la *Luzerne de Provence*, la *Luzerne Flamande*, la *Luzerne de Poitou*, etc., sont absolument les mêmes plantes ; elles ne diffèrent que par les noms tirés de ceux des pays dans lesquels leurs graines ont été récoltées, par la rusticité et par le rendement.

On réussit quelquefois à améliorer une luzerne dégarnie en opérant, à l'époque du réveil de la végétation, un semis partiel après un hersage qu'on fait suivre d'un roulage. Une autre méthode existe dans le Midi, c'est de donner au sol un défrichement incomplet au moyen du scarificateur, ce qui détruit les pieds les plus faibles, puis de semer du blé et d'enterrer par un coup de herse. On obtient une luzerne vigoureuse, susceptible de donner de la belle semence après l'enlèvement de la céréale. La même opération est quelquefois répétée l'année suivante.

La luzerne ne doit être semée qu'en terre extrêmement propre, car elle craint beaucoup les plantes adventices, telles que les bromes, les houques, les agrostis, les plantains, les vulpins, etc. Mais la plante parasite qu'elle craint par-dessus tout est la *Cuscute*, aussi ne doit-on jamais acheter de luzerne sans s'être assuré de la façon la plus rigoureuse qu'elle est exempte de ce parasite redoutable. Nous engageons à voir ce qui est dit plus loin au mot *Cuscute* et à lire les moyens indiqués pour combattre ce fléau.

Des maladies sans remèdes bien efficaces surviennent aussi à la luzerne : l'anguillula devastatrix et le rhizoctonia medicaginis.

Un autre insecte très nuisible à la luzerne est le *négril*, appelé aussi *Colapse noir* et *Babotte*. On le combat en passant dans la récolte sur pied un sac dont l'orifice est attaché à un petit bâti en forme de V ou à un cerceau emmanché au bout d'un long bâton : un mouvement de va et vient secoue les plantes et fait tomber les négrils dans le sac, puis lorsque celui-ci est plein on le vide dans de l'eau bouillante qui détruit les insectes.

Quelquefois on se borne, en fauchant, à laisser des bandes de luzerne larges de 45 centimètres et espacées de 15 mètres ; les négrils se rendent tous dans ces bandes et c'est là qu'on les ramasse.

Les animaux de basse-cour sont susceptibles d'en détruire de grandes quantités.

Il ne manque pas non plus d'autres insectes pour faire du tort à la luzerne, tels sont : le charançon piriforme, la cantharide marginée, le colapse noir, qui obligent à faucher prématurément afin d'arrêter les dégâts.

Poids de l'hectolitre : 80 kilos.

Quantité à semer à l'hectare : 35 kilos.

Luzerne faucille *(Medicago falcata)*. — Variété non cultivée, quoique susceptible de rendre de grands services sur les sols légers et peu fertiles.

Luzerne lupuline *(Medicago lupulina)*. — Voir *Minette*.

Luzerne maculée ou tachetée *(Medicago maculata)*.

Légumineuse précoce recherchée par les animaux, poussant en larges touffes sur les sols sablonneux un peu humides. Elle est difficile à faucher et faner, c'est ce qui a empêché la diffusion de sa culture.

Luzerne rustique *(Medicago media. Medicago falcata sativa)*. — Variété intermédiaire entre la luzerne cultivée et la luzerne faucille. Est aussi une plante précieuse pour les sols siliceux de fertilité médiocre.

MÉLILOT *(Melilotus)*.

Les mélilots ont été fréquemment recommandés comme plantes fourragères. Ce ne sont cependant que

des légumineuses de valeur nutritive très médiocre et
d'une odeur désagréable qui empêche les animaux de
les consommer. Le mélilot blanc étant en réalité le seul
cultivé en agriculture, nous ne parlerons que de lui.

Mélilot blanc. — Mélilot de Sibérie (*Melilotus alba*).

Cette légumineuse bisannuelle (fig. 59), appelée aussi
très souvent *Trèfle de Bokhara*, a des tiges rameuses,
dressées, hautes de 5 à 10 décimètres, c'est surtout
une plante de terrains secs. Les fleurs, d'un jaune blanchâtre, ne paraissent qu'en juillet.

C'est plutôt une plante à enfouir
en vert qu'une espèce fourragère,
car sa valeur nutritive est peu élevée et elle météorise facilement les
animaux qui, d'ailleurs, ne l'acceptent que difficilement à cause
de son odeur désagréable.

Le semis a lieu à la même époque que celui du trèfle et s'opère
de la même façon.

Poids de l'hectolitre : 78 kilos.

Quantité à semer à l'hectare :
25 kilos.

Minette. — Luzerne lupuline
(*Medicago lupulina.*)

Noms vulgaires : *Lupuline,
minette dorée, bujoline trèfle
jaune, coucou jaune.*

Fig. 59.
Mélilot de Sibérie.
Trèfle de Bokhara.

Cette luzerne, appelée *minette* dans le commerce
(fig. 60), est à racine pivotante et grêle comparative-

ment à celle des autres légumineuses; à tiges rameuses un peu anguleuses, pubescentes, couchées auprès de la souche et s'élevant ensuite de trente-cinq à soixante centimètres ; à feuilles trifoliées ovales ; à inflorescence en capitule serré; à nombreuses fleurs d'un jaune soufre, à gousses noires renfermant un grain ovoïde plus petit que celui de la luzerne et d'un jaune clair légèrement teinté de vert.

Si elle ne produit pas autant que le trèfle, elle a sur lui l'avantage de mieux résister au froid et de végéter dans des sols et avec des fumures dont celui-ci ne se contenterait pas. On peut d'ailleurs dire que sous les climats tempérés la minette réussit dans tous les sols

Fig. 60. — Minette.

même médiocres qui ne sont pas trop humides, elle acquiert son plus grand développement dans les sols argilo-calcaires ainsi que dans les marnes argileuses ;

c'est une plante précieuse pour les sols calcaires; par suite, outre son usage en semis pur, elle entre dans presque toutes les compositions de semis des prairies permanentes ou temporaires.

La minette est tout aussi nourrissante que le trèfle violet; malgré une légère amertume le bétail la mange volontiers. Sa dominante est la potasse, c'est ce qui explique sa réussite dans les terres bien pourvues d'argile; les engrais calcaires et phosphatés lui sont aussi très profitables.

Seule ou en mélange avec d'autres graines on la sème au printemps le plus souvent en terre nue ou dans une céréale, puis on herse et on roule. Dans les prairies permanentes, elle se reproduit très bien par ensemencement spontané. Plus hâtive que le trèfle, la minette produit en vert de 6.000 à 11.000 kilos à l'hectare; son rendement en graine est d'environ 600 kilos.

La graine en cosses pèse 40 kilos l'hectolitre et 80 kilos une fois décortiquée, c'est-à-dire de qualité marchande ; il y a 500.000 grains décortiqués par kilo.

En achetant la semence, on doit bien contrôler s'il n'y a pas de falsification avec de la minette sauvage ou fausse minette provenant le plus souvent du criblage des céréales.

Quantité à semer à l'hectare : 25 kilos.

Ornithope (*Ornithopus*). — Voir *Serradelle*.

Orobe (*Orobus*).

Les orobes ne sont pas cultivés; ce sont cependant des plantes vivaces extrêmement rustiques, de valeur fourragère médiocre, il est vrai, mais ayant le mérite, rare chez les légumineuses, de végéter à l'ombre.

C'est surtout à ce point de vue que l'on pourrait en

tirer parti, en donnant par exemple la préférence à l'une des variétés suivantes : l'orobe noir (*Orobus niger*), l'orobe jaune (*Orobus luteus*), l'orobe printanier (*Orobus vernus*), ou l'orobe tubéreux (*Orobus tuberosus*).

Oxytrope (*Oxytropis*)
Phaque (*Phaça*) } Légumineuses vivaces, non cultivées, de valeur fourragère médiocre.

Pois Jarras. — Voir *Jarosse*.

Pois des champs. Pois gris des champs.
(*Pisum arvense.*)

Ces pois sont appelés vulgairement : *bisaille, pisaille, pois brebis* et *pois agneaux* (parce qu'ils sont surtout cultivés pour l'espèce ovine).

Il en existe une variété de printemps et une variété d'hiver, cette dernière est plus rustique et a les grains plus verdâtres.

La racine est pivotante; les tiges, flexueuses et grêles, ont plus d'un mètre de longueur; les fleurs sont d'un bleu violacé; les gousses sont nombreuses, renferment des graines globuleuses marbrées, noirâtres ou bronzées dans la variété de printemps, verdâtres dans la variété d'hiver.

C'est une légumineuse des climats tempérés, préférant les bonnes terres à blé, les sols argilo-calcaires ou argilo-siliceux marnés et chaulés.

Quoique de fanage plus facile que la vesce et mieux mangé par les animaux, le pois est souvent consommé sur place, principalement par les moutons; il ne convient pas aux chevaux. Les graines sont bonnes pour l'engraissement des bestiaux et pour la basse-cour :

elles sont facilement attaquées par la bruche des pois (*Bruchus pisi*).

Suivant qu'il s'agit de la variété d'hiver ou de celle de printemps, on sème en automne ou en mars ; dans ce dernier cas, les semis sont de même espacés pour récolter à différentes époques. La semence est mêlée à une céréale comme tuteur dans les proportions d'un quart à un dixième de cette dernière ; elle doit être bien enterrée pour éviter les dégâts des oiseaux : la germination est très rapide, la levée a lieu au bout d'une vingtaine de jours.

On récolte à l'hectare 20 à 3o.ooo kilos de fourrage vert qui perd presque les 4/5 de son poids par la dessiccation, plus environ vingt hectolitres de grains qui doivent être battus avec précaution pour éviter de séparer les cotylédons.

Poids de l'hectolitre : 78 kilos.

Quantité à semer à l'hectare : 190 kilos.

Le pois gris des champs est de beaucoup le plus employé en culture fourragère; néanmoins, les deux variétés que nous allons signaler brièvement sont aussi très recommandables.

Pois cultivé. Pois vert des champs. Pois des champs.
Pisum sativum.

On désigne sous ces noms plusieurs variétés potagères qui sont employées en grande culture, tantôt comme fourrage vert pour la nourriture du bétail, tantôt pour la récolte du grain en vue des usages culinaires et de la fabrication des conserves qui chaque année prend de l'extension.

Les variétés cultivées sont annuelles, à grain vert,

blanc ou jaunâtre ; elles réclament la même culture que les pois gris de printemps.

L'hectolitre pèse 78 kilos ; il y a environ 7.500 grains par kilo ; on sème 200 à 230 kilos par hectare.

Pois Perdrix.

Cette variété productive, moins rustique que les précédentes, n'est guère cultivée que dans l'ouest de la France et en Angleterre. On la sème au printemps. Les tiges sont très grosses, mais moins ramifiées que dans le pois gris de printemps ; elles atteignent 1^{m} 50 à 2 mètres de hauteur ; les cosses sont larges et longues, elles renferment des grains d'un jaune brun, aplatis, tachés de petits points rouges.

L'hectolitre pèse 78 kilos, il y a environ 5.000 grain s au kilo, on sème 190 kilos à l'hectare.

Réglisse. — Fausse réglisse. — Voir *Astragale.*

Sainfoin. — Esparcette (*Onobrychis sativa. Hedysarum sativum*).

Noms vulgaires : *foin de Bourgogne, bourgogne, fenasse.*

L'une des meilleures et des plus importantes plantes fourragères, le sainfoin (fig. 61), a le double mérite de donner un excellent fourrage et de réussir dans des milieux ingrats où d'autres légumineuses péricliteraient : c'est la plante des coteaux et des sols maigres, plutôt que des vallées plantureuses et des sols riches.

Ses racines pivotantes s'enfoncent profondément en terre, ses tiges vigoureuses sont couvertes de feuilles oblongues, vertes en-dessus, pubescentes en-dessous, qui se réunissent en fortes touffes de 50 à 80 centimètres de hauteur ; ses fleurs, en forme de grappe, sont d'une jolie teinte rouge.

La durée du sainfoin dépend de la nature du sol et

Fig. 61. — Sainfoin.

du sous-sol qui importe même plus que la terre végétale ; il produit peu la première année, donne un bon rendement la seconde, atteint son entier développement la troisième année, se maintient la quatrième et la cinquième année, puis s'il n'est pas en sol propice est envahi par les plantes nuisibles et doit être retourné ; en sol favorable, il peut durer le double. Comme il effrite le sol, on ne devrait le ramener à une même place qu'après une période de temps double de celle pendant laquelle il a végété, mais c'est ce qu'on ne fait pas la plupart du temps et par suite la cause du peu de durée des sainfonières. S'il a l'inconvénient d'effriter, il a par contre l'avantage en disparaissant d'améliorer le sol par ses débris (racines principalement), qui, suivant Isidore Pierre, représentent :

$$\text{Par hectare :} \begin{cases} 164 \text{ kilos d'azote.} \\ 43 \quad — \quad \text{d'acide phosphorique.} \\ 153 \quad — \quad \text{de potasse.} \end{cases}$$

« L'esparcette, dit Olivier de Serres, vient gentiment en terre maigre et y laisse une certaine vertu engraissante à l'utilité des bleds qui y sont semés » et, comme le fait remarquer Duhamel, c'est même l'un des principaux avantages retirés du sainfoin que celui de mettre ensuite la terre en état de produire une céréale.

Ainsi que son nom l'indique, c'est un très bon fourrage, l'équivalent de son foin varie entre 89 et 90 et tous les agronomes lui accordent une valeur supérieure au foin de trèfle et de luzerne ; de plus, même en vert, il ne détermine jamais d'accidents. Son foin croquant convient surtout aux chevaux. Comme à la longue le tassement en se produisant empêche la circulation de l'air et forme des débris poussiéreux qui lui font perdre de la qualité, il est préférable de ne pas le garder plus d'un an.

Quoique supportant parfaitement la chaleur, le sainfoin ordinaire (le seul dont il est question en ce moment) est plutôt une plante des climats tempérés ; sa rusticité lui permet de végéter à de grandes altitudes.

Il se plaît mieux sur les terres saines, perméables, plutôt légères et surtout à sous-sol perméable ayant suffisamment de calcaire; il ne réussit pas dans les terres par trop compactes, dépourvues de calcaire, humides, tourbeuses ou marécageuses. Son peu d'exigence lui permet de rendre d'immenses services sur les sols crayeux de la Champagne, sur les coteaux maigres de la Bourgogne, de même que dans les causses de l'Aveyron et les sols calcaires en général.

L'examen de sa teneur en éléments minéraux prouve que le sainfoin a surtout besoin de chaux et de potasse et qu'il faut forcer sur ces éléments dans les fumures en vue des semailles de même que dans celles destinées plus tard à prolonger sa durée.

Autant que possible, en culture principale, la graine doit être semée seule, tout au plus peut-on lui associer du fromental, dans tous les cas, c'est une erreur de lui adjoindre des légumineuses et surtout du trèfle.

Les semis purs s'effectuent presque toujours au printemps, ils ont rarement lieu dans une céréale : ils sont suivis d'un hersage énergique et d'un bon roulage; la graine est semée dans sa gousse.

Contenant moins d'eau que les autres légumineuses, le sainfoin est rarement utilisé en vert, il est aussi préférable de ne pas le faire pâturer, parce que les animaux en coupant les bourgeons trop courts nuisent à la repousse. Le fauchage doit être effectué aussitôt la floraison, c'est-à-dire fin mai ou commencement de juin ; les rendements s'apprécient de la façon suivante :

Récolte très bonne 10.000 kil. ⎫
     —   bonne 6.500   ⎬ de foin à l'hectare.
     — assez bonne 5.500   ⎭

Pour obtenir la semence, au lieu de battre, on secoue simplement le foin sur une fourche, on obtient ainsi les grains les plus lourds et les mieux développés sans déprécier le fourrage.

De même que dans la luzerne, le rhizoctone cause parfois des dégâts sans qu'il soit possible de les arrêter. Parmi les plantes envahissantes, la pimprenelle et le brome doux sont les plus nuisibles; aussi doit-on dans la mesure du possible les éliminer des semences par des criblages rigoureux.

En sol propice il est préférable d'employer le **sainfoin double ou à deux coupes**, mais dans les autres sols il vaut mieux adopter le **sainfoin simple ou à une coupe**. D'ailleurs, en sol médiocre, le sainfoin double ne produit qu'une coupe de rendement inférieur à celle du sainfoin simple. On comprendra facilement que pour avoir toute sécurité la graine de sainfoin double ne doit être récoltée que sur la deuxième coupe.

La semence du sainfoin ordinaire se récolte dès que les gousses ont une teinte jaunâtre et non noirâtre ou verdâtre, comme cela a lieu fréquemment.

L'hectolitre de semence en gousse pèse trente à trente deux kilos; il y a 47.000 à 50.000 grains par litre.

Quantité à semer à l'hectare : 180 k°ˢ.

Sainfoin d'Espagne (*Sulla*) *Hedysarum coronarium* (fig. 62).— Le sulla est une plante précieuse pour les contrées chaudes, elle est susceptible de rendre de grands services dans les pays baignés par la Méditerranée et en particulier en Algérie, mais à part dans la région de l'olivier elle ne résisterait pas sous notre climat.

Il en existe 3 variétés : 1° le Sulla à fleurs rouges, qui est le plus répandu; 2° le Sulla d'Algérie, qui est très voisin du précédent, donne un meilleur résultat que lui et commence à être l'objet d'une culture importante; 3° le Sulla vivace à fleurs blanches qui ne peut guère être utilisé que pour les prairies permanentes.

Le Sulla se sème avec une céréale à raison de 120 k^{os},
soit environ
550 litres à
l'hectare. Il
atteint 0,25
la 1re année,
0,85 à 0,95
la 2e année,
peut être fau-
ché à la fin de
mai, est à ma-
turité com-
plète à la fin
de juin, don-
ne par hec-
tare envi-
ron 8.000 à

Fig. 62. — Sainfoin d'Espagne.

10.000 k^{os} de foin et 450 k^{os} de graines.

D'après une analyse exécutée récemment à la station
agronomique de l'Est, la composition centésimale de sa
partie aérienne est la suivante :

	à l'état frais	substance sèche.
Eaux	85.	»
Matières azotées	2.38	15.87
— amylacées	5.75	38.32
— grasses	0.27	1.80
Celluloses	4.63	30.85
Matières minérales	1.97	13.16
	100. »	100. »

On voit donc que la relation nutritive de cette plante
est voisine de celle de la luzerne.

Un autre mérite du Sulla, et qui a une grande importance en Algérie, est d'étouffer les mauvaises herbes.

Contrairement aux sainfoins précédents, la graine se sème sans la gousse après un ébouillantage de cinq minutes pour favoriser la sortie du germe, qui sans cela se produirait en trop faible proportion, ce qui obligerait à employer trop de semence sans éviter l'inconvénient de levées successives pendant plus de deux ans.

Des essais de décortication des graines afin de faciliter la germination sont tentés en ce moment et paraissent devoir réussir.

Sarothamne (*Sarothamnus*). — Voir *Genêt à balais*.

Scorpiure (*Scorpiurus*) }
Sécurigère (*Securigera*) } Sans valeur agricole.

Sennegrain. — Voir *Fenugrec*.

Serradelle. — .Ornithope cultivée (*Ornithopus sativus, Ornithopus roseus.*)

Fig. 63.
Serradelle.

Plante annuelle, désignée aussi sous le nom de *pied d'oiseau*, en raison de ses gousses grêles, longues, arquées, cylindriques, articulées, réunies de 2 à 5 sur un long pédoncule, le tout ressemblant à un pied d'oiseau (fig. 63).

Les tiges sont ascendantes quand elles sont pressées, hautes d'environ quatre décimètres; les graines sont aplaties, chagrinées, grisâtres, à germination toujours lente, elles doivent être plus enterrées que celles du trèfle.

La serradelle craint les fortes gelées, supporte très

bien la sécheresse, préfère les sols légers ayant un peu de fraîcheur, ne réussit pas sur les sols argileux, calcaires, humides à l'excès.

Elle donne une coupe de fourrage sec et même deux coupes sur un bon terrain.

La graine se sème sur terre nue ou dans une céréale, au printemps dans le Nord, à l'automne dans le Midi et même dans le courant de l'été en culture dérobée. Il est bon d'associer à la serradelle une plante qui la force à s'élever verticalement, tout en augmentant son rendement qui est assez faible.

Comme elle s'étale sur le sol, on préfère quelquefois la faire pâturer par les moutons par exemple, au lieu de la faucher en pleine floraison, c'est-à-dire au moins trois mois après le semis.

Sa floraison dure très longtemps, le rendement en semence est toujours assez faible; il suffit de secouer énergiquement le fourrage pour recueillir la graine.

Le rendement en foin est d'environ trois mille kilos à l'hectare en sol moyen. Ce foin a une relation nutritive très étroite; il peut dispenser dans un certaine mesure de l'emploi des aliments concentrés (tourteaux, sons, etc.), qui coûtent toujours très cher.

On peut juger de sa grande richesse en la mettant en parallèle avec le trèfle. Voici les analyses comparées des deux plantes :

NOM DES PLANTES	MATIÈRE SÈCHE	PROTÉINE	MATIÈRES GRASSES	EXTRACTIFS non azoté
Foin de Serradelle...	84.0	14.9	1.7	31.6
Foin de Trèfle rouge.	84.0	13.4	3.2	28.5

Poids de l'hectolitre : 5o kilos.

Quantité à semer à l'hectare : 3o kilos.

Soja (*Soja*).

Plante annuelle originaire du Japon, à racines ramifiées, à tige haute de 1 mètre et plus, à feuilles similaires de celles du haricot mais plus velues en dessous,
à fleurs d'un jaune violacé, à grains de forme ovoïde
rappelant celle des pois. C'est une légumineuse des
climats tempérés s'accommodant de terrains médiocrement fertiles, mais aimant un peu de fraîcheur et une
certaine proportion d'argile.

De même que le haricot, le soja est toujours semé
en lignes distantes d'environ o^m 45. Sa végétation
est rapide, en quatre mois, il arrive à maturité complète. On attend pour le faucher que la plupart des
fleurs soient défleuries et que les premières gousses
soient formées.

Le fourrage du soja peut être consommé vert ou
ensilé, il est bien accepté par les bêtes à cornes.

La variété de beaucoup la plus cultivée est le *Soja
de Chine ou pois oléagineux de Chine,* qui non seulement est une plante fourragère, mais dont les grains,
outre leur usage pour l'extraction de l'huile, sont utilisés pour la fabrication d'une farine très recommandée
pour la confection de pain destiné aux diabétiques.

Poids de l'hectolitre : 8o kilos.

Quantité à semer à l'hectare : 14o kilos.

Spartier. ⎱ Voir *Genêt d'Espagne.*
Spartium. ⎰

TRÈFLE VIOLET. — TRÈFLE ROUGE
(*Trifolium pratense.*)

« Ce qu'est le froment parmi les céréales, dit Schwerz, le trèfle rouge l'est encore mieux parmi les plantes fourragères. »

Fig. 64. — Trèfle violet.

Les noms de *Trèfle de Flandre, des Ardennes, de Bretagne, du Midi, d'Amérique, etc.,* s'appliquent à une même espèce, dont la graine a pris le nom du pays dans lequel elle a été récoltée ; mais chacun sait que pour le trèfle, de même que pour la luzerne, les semences provenant d'Italie et surtout d'Amérique doivent être complètement proscrites des cultures de notre pays, car elles ne donnent naissance qu'à des plantes chétives et peu productives.

La culture du trèfle violet (fig. 64) est si connue que des renseignements la concernant semblent superflus, aussi n'en parlerons-nous que très brièvement.

A l'inverse de la luzerne, le trèfle violet préfère les climats doux et humides. Les alternatives de gelées et de dégel le déchaussent quand il n'est pas abrité par la neige et lui font beaucoup de tort ; les froids tardifs et les petites gelées du printemps suivies de soleil lui sont surtout préjudiciables et détruisent souvent une tréflière qui a résisté aux intempéries de l'hiver. Ajoutons en passant que c'est dans ce cas qu'un semis de vesce de printemps est tout indiqué pour succéder à la récolte perdue.

Depuis plusieurs années, l'habitude se généralise avec juste raison d'associer au trèfle du ray-grass d'Italie et même de la fléole ; c'est une excellente méthode à tous les point de vues, on ne peut trop la recommander.

Ce sont les limons frais, argileux, les marnes riches en matières organiques, les sols argilo-calcaires qui conviennent le mieux au trèfle violet. Il préfère donc les terres fortes aux terres légères, les terres fraîches sans stagnation d'eau aux terres sèches. Avec lui la question du sous-sol est presque secondaire, ses racines s'enfonçant moins profondément que celles de la luzerne ou autres plantes de premier ordre.

Les fumures phosphatées, potassiques et calcaires lui sont très profitables, tandis que l'apport d'azote produit peu d'effet. On se trouvera bien des proportions suivantes d'engrais en les modifiant selon la richesse du sol.

Superphosphate de chaux. . . 3oo kil. ⎫
Chlorure de potassium. . . . 15o kil. ⎬ à l'hectare.
Plâtre. . . . . 4oo kil. ⎭

A l'exception de quelques pays méridionaux et de cas particuliers, le trèfle se sème toujours au printemps dans une céréale ; il ne faut pas hésiter, quand la terre est prête, à semer de très bonne heure ; la tréflière est ensuite exploitée l'année suivante, puis retournée à l'automne. Il arrive cependant qu'après la deuxième coupe de la seconde année, le trèfle étant encore vigoureux et suffisamment dru, l'on réussit à le conserver encore un an en donnant une bonne fumure à l'automne. D'autres fois, quand une céréale doit succéder la deuxième coupe est retournée en vert; dans ce cas, il est nécessaire de procéder à l'enfouissement au moins quinze jours avant la semaille.

Le fauchage s'effectue au plus tard lorsque la majeure partie du trèfle est en fleur, il y a avantage à faucher de bonne heure; le fanage doit être exécuté avec beaucoup de précaution, car les fleurons et les feuilles se détachent très facilement.

Comme le prouvent les proportions suivantes, le coefficient de digestibilité varie suivant la maturité:

En fauchant avant la floraison.... 6o % de digéré.
    —   au moment de la floraison. 5o %   —
    —   après la floraison........ 4o %   —

A mesure que le trèfle vieillit, on remarque donc que son coefficient de digestibilité diminue, sa valeur en éléments nutritifs devient aussi plus faible; d'un autre côté, il est reconnu que la proportion en sels minéraux augmente. Au double point de vue de l'alimentation comme de l'épuisement du sol, il y a donc intérêt à

couper de bonne heure. La consommation en vert du
trèfle est recommandable, c'est peut-être même le meilleur fourrage sous cet état, mais comme il est susceptible, étant pris en trop grande quantité, de provoquer
la météorisation, la distribution à l'étable est préférable
lorsque c'est possible, car elle permet de régler les rations.

Selon Dietrich, les différentes parties de la plante
sont représentées de la façon suivante à la floraison :

Tiges...	59 o/o	Feuilles..	19 o/o
Pétioles.	11 o/o	Capitules.	11 o/o

Les rendements à l'hectare s'apprécient de la façon
suivante.

Récolte très bonne.	34.000 kil. en vert	8.500 kil. de foin		
— bonne....	28.000	—	7.000	—
— passable..	18.000	—	4.500	—
— ordinaire..	12.000	—	3.000	—

D'après Isidore Pierre, le trèfle violet laisse au sol par
ses débris :

Azote...	94 kil.
Acide phosphorique...	18 kil.
Soude et potasse...	279 kil.

Mais il ne faut pas perdre de vue que cet enrichissement du sol en sels minéraux est en partie illusoire
puisqu'une assez forte proportion de ces fertilisants
vient du sol même ; il n'y a en réalité à considérer que ce
qui a été pris à l'air et aux couches profondes. L'amélioration est donc moindre qu'on ne le croit généralement, mais fût-elle même plus importante qu'elle ne
justifierait pas la tendance, malheureusement très générale, à ramener trop fréquemment les trèfles violets à la
même place ; puis il se produit ce qu'on appelle vulgai-

rement la répugnance au trèfle, qui se traduit par des récoltes chétives ou nulles et il ne reste comme consolation qu'à attribuer l'insuccès à la qualité des graines ou à la température défavorable.

La graine se récolte quand les capitules sont tous défleuris et ont une teinte brune caractéristique; le battage s'opère au fléau ou à l'égreneuse par un temps bien sec.

De même que la luzerne, le trèfle est exposé aux redoutables ravages de la cuscute; ainsi que nous avons eu l'occasion de le dire précédemment, aucune semence ne doit être achetée sans être garantie complètement exempte de ce parasite (voir plus loin sa description et les moyens de le détruire).

Des maladies et des insectes nuisibles, dans le détail desquels nous ne pouvons entrer ici, ne manquent pas non plus au trèfle violet et malheureusement n'ont guère comme remède qu'une coupe prématurée.

Poids de l'hectolitre : 80 kilos.

Quantité à semer à l'hectare : 15 kilos.

Trèfle blanc. — Trèfle rampant.
(*Trifolium repens.*)

Le trèfle blanc (fig. 65), appelé aussi *Trèfle de Hollande*, porte les noms vulgaires de *Triolet, Trifolet, Traînette, Trionelle, Trèfle traçant, Coucou blanc.*

Il est vivace dans les bons terrains, mais ne dure que quatre ou cinq ans dans ceux de qualité médiocre. Son fourrage est excellent, recherché par tous les animaux. Le trèfle blanc est très rustique, résiste bien à la chaleur et au froid, à la sécheresse et à l'humidité. Il croît

en tous terrains, à l'exception de ceux qui sont arides
ou marécageux, acquiert son plus grand développement dans les terres franches légèrement fraîches,

Fig. 65. — Trèfle blanc.

réussit bien dans les sols calcaires ainsi que dans ceux
argilo-siliceux, silico-argileux renfermant une proportion suffisante de calcaire, donne un assez bon produit
sur les terres siliceuses, végète moins bien sur les sols
très argileux. La racine centrale de la plante s'enfonce
à une assez grande profondeur, émet des tiges latérales
qui rampent sur le sol et donnent naissance à un grand
nombre de petites racines. Le trèfle blanc peut être
répandu seul dans une céréale au printemps. Il est
surtout employé en mélange avec d'autres légumineuses
et des graminées, aussi bien pour les prairies temporaires que pour les prairies permanentes. Un roulage
suffit après le semis.

L'épuisement du sol par le trèfle blanc peut se déduire d'après la teneur suivante de 1.000 kilos de foin :

Acide phosphorique. 8.0
Potasse. 13.5
Soude 4.6
Chaux 19.0
Magnésie. 5.9

C'est ce qui explique pourquoi les marnes argileuses et les plantureux pâturages de la Normandie lui sont si favorables, car ils contiennent une forte proportion de potasse et de chaux. C'est ce qui explique aussi l'effet des engrais phosphatés, calciques et potassiques et notamment des cendres de bois ou des charrées sur la bonne venue de cette légumineuse.

En Hollande, selon Lobbes, un hectare de trèfle blanc en pâture pourvoit à l'approvisionnement de 3 vaches 1/2.

Pour introduire le trèfle blanc dans une prairie naturelle, M. Lecouteux recommande de herser vigoureusement à la fin d'août ou dans la première quinzaine de septembre, de semer la graine, de l'enterrer par un hersage et de rouler. Ce semis de fin d'été est préférable, dit-il, à celui de la sortie de l'hiver ; de la sorte, au printemps le trèfle a pris possession du sol et peut pousser vigoureusement si ce dernier lui est favorable.

Sous le nom de **Trèfle blanc géant à larges feuilles** a été recommandée il y a quelques années une variété issue du trèfle blanc ordinaire, réputée comme beaucoup plus vigoureuse, plus ample et plus productive que ce dernier. Confiants dans les résultats qui nous étaient soumis, nous avons cru devoir aussi signaler cette variété, mais ensuite nos expériences n'ayant

pu, en rien, démontrer la supériorité de ce trèfle blanc
à larges feuilles, nous l'avons abandonné.

Poids de l'hectolitre : 8o kilos.

Quantité à semer à l'hectare : 1o kilos.

Trèfle hybride (*Trifolium hybridum*).

Appelé aussi *Trèfle d'Alsike*, *Trèfle bâtard*, *Trèfle
des marais*, le trèfle hybride (fig. 66) est une légumi-

Fig. 66. — Trèfle hybride.

neuse, ressemblant beaucoup au trèfle blanc, s'en distinguant surtout par les tiges qui ne tracent pas et les
fleurs rosées. C'est une des légumineuses qui supportent le mieux le froid. Elle ne souffre pas de l'humidité,
est moins résistante à la sécheresse que le trèfle blanc,

donne comme lui deux coupes par an, est vivace lorsqu'elle se trouve dans un milieu favorable.

Le trèfle hybride préfère les sols humides et compacts,
végète très bien dans les terres franches, argileuses,
argilo-siliceuses, argilo-calcaires ayant une fraîcheur
suffisante, réussit assez bien dans les terres légères qui
sont irriguées, donne un produit médiocre sur les sols
peu compacts et secs. Il réussit dans les sols fatigués
de trèfle et peut être semé avec un trèfle violet. Son
fourrage est de bonne qualité, mais peut météoriser les
bêtes lorsque, vert et humide, il est absorbé en assez
grande quantité.

La graine est rarement semée seule. On lui associe
généralement une proportion de 45 o/o d'un mélange
composé de fléole des prés, trèfle violet et trèfle blanc.
Souvent on la sème aussi avec du ray-grass, du fromental et du dactyle. Le trèfle hybride entre dans presque toutes les compositions pour prairies temporaires.
Sa graine est de teinte foncée, son volume est le même
que celui du trèfle blanc.

Cent kilos de fourrage vert contiennent en éléments
minéraux :

Acide phosphorique	4.1
Potasse....................	11.3
Soude.....................	1.2
Magnésie..................	5.1

On a reconnu que la première coupe de trèfle hybride
donnait un rendement considérable, tandis que la seconde coupe ne fournissait qu'un produit moitié
moindre.

Poids de l'hectolitre : 80 kilos,

Quantité à semer à l'hectare : 10 kilos.

Trèfle incarnat *(Trifolium incarnatum)*.

De toutes les plantes à couper en vert au printemps, le trèfle incarnat (fig. 67) est celle qui est appelée à donner les meilleurs résultats.

Comme fourrage vert, *il convient à tous les bestiaux*, même aux chevaux. En Normandie, on le fait

Fig. 67. — Trèfle incarnat.

pâturer au piquet par les chevaux et les bêtes à cornes. Il expose moins que le trèfle à la météorisation ou gonflement.

Il est *très productif;* placé dans des conditions favorables, il fournit presque autant de fourrage que les *deux coupes de trèfle* réunies; de plus il n'exige presque *aucun soin de culture*. Un de ses plus grands avantages est surtout sa *grande précocité;* semé en automne il laisse le *terrain libre dès le mois de juin,* ce qui permet d'obtenir après lui dans certaines régions une récolte de pommes de terre, betteraves, raves, maïs, lin ou chanvre. *Il devance la luzerne de 20 jours* et le *trèfle de près de 25 à 30 jours.* Il peut toujours *remplacer une jachère* dans l'assolement triennal où on le fait succéder à un blé bien fumé. Son emploi permet de *regarnir les trèfles manqués.* Semé de bonne heure il a *peu à craindre de la rigueur des saisons;* car il est dès lors bien enraciné et a acquis assez de force pour résister aux froids. *Il est assez rustique,* peut être cultivé sur toute terre à seigle ou à froment et réussit surtout dans les terrains qui conviennent au trèfle violet. On peut l'employer même sur les sols assez secs et médiocrement fertiles. Les *terrains* très *calcaires* lui sont *défavorables;* il *n'épuise pas le sol* qu'il occupe du reste peu de temps. Plus que les autres légumineuses il demande à l'atmosphère les éléments nécessaires à sa végétation. Il *améliore* par les débris de ses feuilles, de ses tiges, de ses racines, qui se décomposent rapidement, le sol où il vient d'être cultivé. Le blé de printemps et surtout le seigle peuvent lui succéder.

Le trèfle incarnat n'est pas exigeant pour la préparation du sol : semé au mois d'août ou au commencement de septembre, immédiatement après une récolte de céréales, il peut au besoin venir sur les chaumes sans labour préalable. Cependant un labour ou un bon déchaumage lui font donner des produits plus abondants. Avant de semer la graine, il est bon de donner un coup de herse. Il ne faut cependant pas que la terre soit trop ameublie : une preuve, c'est qu'on a remarqué maintes fois que le trèfle incarnat est de plus belle venue sur les sentiers foulés par les passants.

Il *est bien préférable* de semer la graine nette plutôt que la graine en bourre; le semis est plus facile, plus régulier, la levée plus certaine. La dépense est aussi beaucoup moindre et le rendement bien supérieur. En outre, les cultivateurs qui achètent la graine nette en connaissent la *faculté germinative* et *la valeur culturale*, ce qui ne peut être avec la graine en bourre. Le trèfle incarnat est ordinairement semé seul. On peut cependant, quand on le sème au printemps, l'associer à d'autres plantes à faucher avant l'hiver, telles que : avoine, vesce, maïs, millet. Ces mélanges donnent une grande quantité de fourrages pour la fin de l'automne.

Les engrais phosphatés et potassiques conviennent très bien à cette légumineuse.

Le *plâtrage* opéré au printemps, à la première feuille, à raison de 200 kilogrammes à l'hectare, en accroît considérablement le rendement. Effectué à l'automne, le plâtrage fortifie le trèfle et lui permet de mieux résister aux froids de l'hiver.

Le *trèfle incarnat* semé en automne peut être *récolté au commencement du mois de mai*, aussitôt l'apparition des premières fleurs. Semé au printemps, on le fauche en septembre. Quand on désire le récolter sec, on procède comme pour le trèfle ordinaire, il se dessèche plus rapidement que ce dernier.

Un autre emploi du trèfle incarnat est l'*enfouissage en vert*. C'est par ce moyen que les terrains les plus pauvres de la *Campine belge*, de la *Silésie*, de la *Sologne*, des *Landes*, de la *Bretagne*, ont pu être fertilisés. Cette méthode est appelée à porter tous ses fruits en France, et, dans certaines régions, elle peut être le point de départ de la culture améliorante et intensive. Il est possible par ce moyen de suppléer au manque de fumier et d'éviter les transports de celui-ci sur les terrains d'accès difficile.

Le trèfle incarnat hâtif devance d'environ quinze jours le trèfle incarnat tardif.

Dans certains pays le trèfle incarnat est semé en août avec du millet, on coupe le millet en vert à l'automne ; le trèfle incarnat reste pour le printemps.

Il existe quatre variétés :

1° Le trèfle incarnat extra hâtif qui devance de quelques jours le hâtif ;

2° Le trèfle incarnat hâtif qui devance de dix à quinze jours le tardif ;

3° Le trèfle incarnat tardif ;

4° Le trèfle incarnat extra-tardif, qui se récolte huit jours après le précédent.

Quelquefois le trèfle incarnat est attaqué par un champignon, le Sclerotinia ciborioides de la section des Discomycètes. Dans ce cas, il ne faut pas hésiter à arracher immédiatement et à brûler les plantes atteintes.

Poids de l'hectolitre : 80 kilos.

Quantité à semer à l'hectare : 25 kilos.

Trèfle de Pannonie, perpétuel.
(*Trifolium pannonicum.*)

Depuis longtemps, le docteur Stebler, le savant Directeur de la Station fédérale suisse d'essais des semences, poursuit avec beaucoup d'intelligence et de persévérance ses études ainsi que ses nombreuses expériences sur les papilionacées sauvages.

Mais de toutes les papilionacées connues en culture, observées par le docteur Stebler, c'est assurément le trèfle de Pannonie ou Pannonien (1), qui a donné les

Fig. 68. — Trèfle de Pannonie.

meilleurs résultats (fig. 68). Après dix années d'expériences dans les conditions les plus diverses, on peut

(1) Les personnes qui possèdent nos herbiers trouveront le trèfle de Pannonie dans le tome II, page 47.

assurer que cette nouvelle et précieuse plante fourragère rendra de très grands services.

Dans une intéressante visite aux champs de la Station d'essais des semences de Zurich (Suisse), nous avions été surpris de la vigueur de cette belle plante, dont la végétation luxuriante contrastait au milieu de celle d'autres trèfles plus ou moins éprouvés par la mauvaise température. Aussi exprimions-nous le désir de posséder des renseignements précis afin de signaler le trèfle pannonien aux agriculteurs que la question des plantes fourragères intéresse toujours de plus en plus. Avec sa complaisance habituelle, le docteur Stebler voulut bien accéder à notre désir. Nous nous sommes efforcés de résumer aussi exactement que possible ces renseignements dont la publication a dû être retardée jusqu'à ce qu'il y ait une quantité suffisante de semence de récoltée pour permettre de tenter des essais dans les champs d'expériences français, c'est-à-dire jusqu'en 1894.

Ainsi que nous l'avons dit, le trèfle pannonien ne se trouve jusqu'alors nulle part en culture; c'est bien un trèfle vivace; une fois établi sur un sol convenable, il ne disparaît plus jamais.

Le docteur Stebler a des cultures de six ans où il est encore aussi vigoureux qu'au commencement, et au jardin botanique de Zurich, il y a des plantes de trèfle pannonien ayant environ vingt ans.

Sur un bon sol ce trèfle atteint la hauteur d'un mètre et donne deux coupes par an. La qualité du fourrage est à peu près celle du trèfle violet.

Le nom de *Trifolium Pannonicum* a été donné à la plante par M. Jacquin, parce qu'elle se trouve de préférence en Pannonie, nom sous lequel les Anciens comprenaient la partie de la Hongrie actuelle située au sud du Danube, la Slavonie, une partie de la Bosnie, la Croatie, et à l'est la Styrie et l'Autriche.

Les feuilles sont tripétales comme celles du trèfle violet, mais elles sont plus grandes et plus velues, les tiges sont plus hautes ; à leur extrémité, les fleurs beaucoup plus grosses ont une forme sphérique allongée. Ces dernières ont une belle couleur ivoire diminuant jusqu'au blanc vers le haut, s'accentuant en jaune vers le bas. L'aspect d'un champ de trèfle pannonien en fleur est vraiment superbe. La graine est un quart plus grosse que celle du trèfle violet, sa couleur franchement jaune paille la différencie complètement des autres variétés. Il y a environ 434.500 grains au kilo (1), l'hectolitre pèse 80 kilos, le poids de mille grains est de 2 gr. 3 ; la graine peut atteindre 96,2 p. 0/0 de pureté (3,8 p. 100 de brisures) et une faculté germinative de 87 p. 100.

Pour bien prospérer, le trèfle pannonien demande un bon sol frais, profond, bien fumé. Comme fumure supplémentaire on peut recommander les scories de déphosphoration ou le superphosphate de chaux.

Pendant la première année, les jeunes plantes se développent très lentement comme cela a lieu pour toutes les papilionacées de longue durée. Ensemencé au printemps, *il ne forme pas toujours de tiges dans la même année,* même sur le meilleur sol, mais seulement des petites touffes de 10 centimètres environ de hauteur. C'est pourquoi les mauvaises herbes doivent être soigneusement enlevées pendant la première année, parce que sans cela le trèfle pourrait facilement

______

(1) Le Trèfle des prés (*Trifolium pratense*) renferme en moyenne 614.000 grains par kilo.

disparaître. Le trèfle de Pannonie, étant vivace, rembourse largement les frais de sa première année de végétation ; mais les agriculteurs qui ne veulent pas faire ce sacrifice au début n'ont pas besoin d'essayer sa culture, car le jeune trèfle sera fatalement étouffé par les mauvaises herbes. La seconde année, il fournit déjà une pleine récolte de deux coupes ; il en est de même les années suivantes. La première coupe doit se faire assez tôt, quand les premières fleurs s'épanouissent ; dans ce cas, le fourrage est meilleur et la deuxième coupe beaucoup plus forte.

Le docteur Stebler a récolté par hectare 15 à 18.000 kilos de fourrage de la teneur suivante :

	PROTÉINE	GRAISSE	MATIÈRES extractives NON AZOTÉES	CELLULOSE BRUTE	CENDRES
1ʳᵉ Coupe..	12.28 %	1.49 %	45.42 %	30.42 %	10.29 %
2ᵉ Coupe. .	12.18 %	1.89 %	48.33 %	27.35 %	10.25 %

Ce fourrage est donc riche en protéine et le bétail le mange assez volontiers, malgré le léger velu de la plante.

Il est certain que tant que la culture du trèfle pannonien sera limitée, le semis sera coûteux, mais qu'ensuite le cours de la graine sera identique à celui des autres trèfles. Quand il s'agit de grandes parcelles, on sème le trèfle pannonien dans une céréale, ainsi que cela a lieu pour le trèfle violet, mais à la condition que le sol soit très propre. Malgré cela, après la récolte de la céréale, le trèfle n'est pas aussi beau que s'il avait été semé seul.

Si l'on veut récolter la graine, il faut la prendre sur la première coupe, parce que celle de la deuxième coupe ne mûrirait pas dans la plupart des climats tempérés. La récolte se fait comme pour le trèfle violet et donne un rendement d'environ 120 kilos de graines par hectare.

Le trèfle pannonien supporte très bien les hivers rigoureux, même à l'altitude de 1.800 mètres au-dessus du niveau de la mer, altitude à laquelle le docteur Stebler l'a expérimenté au champ d'essais de la Furstenalp, dans le canton des Grisons, où il a bien résisté. Mais nous insistons encore à ce sujet : que le trèfle pannonien demande un sol fertile et des soins pendant la première année. Celui qui ne dispose pas d'un bon terrain et manque de temps pour donner les soins nécessaires pendant cette première année n'obtiendra pas les résultats désirés.

Pour terminer, nous dirons que maintenant des champs de trèfle de Pannonie existent dans nos cultures de Carignan et que nous engageons vivement les personnes que les progrès de la culture fourragère intéressent à venir les visiter.

Poids de l'hectolitre : 80 kilos.

Quantité à semer à l'hectare : 30 kilos.

Trèfle des champs. (*Trifolium arvense*)) Variétés
Trèfle fraisier   (— *fragiferum*) } petites,
Trèfle filiforme   (— *filiforme*)) délicates
dont les semences sont au commerce et qui trouvent dans certains cas leur emploi dans les semis de pelouses.

Variétés diverses de Trèfle.

Parmi plus de 140 variétés ou sous-variétés poussant spontanément en France, il est évident qu'il en reste un certain nombre qui, améliorées par la culture, seraient susceptibles de prendre rang parmi les bonnes plantes fourragères et que les trèfles laissent un vaste champ de recherches aux expérimentateurs.

Parmi les variétés qui ne sont pas indigènes, il reste de même d'utiles études à faire.

Pour les pays septentrionaux, par exemple, où les

Fig. 69.
Trèfle à feuille de Lupin.

Fig. 70.
Trèfle d'Alexandrie.

hivers sont longs autant que rigoureux, il y aurait certainement avantage à améliorer le trèfle à feuille de lupin (*Trifolium lupinaster*) (fig. 69) pour le mettre au commerce. Cette variété vigoureuse pousse spontanément en Sibérie. Elle est vivace, a des tiges hautes de 3 à 5 décimètres, des fleurs paraissant en juin légèrement moins développées que celles du trèfle blanc et variant du blanc jaunâtre au blanc violacé, ses feuilles rappelant par leur disposition et par leur forme celles du Lupin.

D'autre part, dans l'Europe méridionale, l'Algérie, la Tunisie, il y aurait avantage à introduire la culture du Trèfle d'Alexandrie (*Trifolium Alexandrinum*) (fig. 70) comme fourrage annuel (1). C'est une variété productive qui se rencontre en Égypte, à tiges hautes de 3 à 5 décimètres, à petites fleurs blanchâtres rappelant celles du trèfle des montagnes (*Trifolium montanum*), à feuilles sensiblement aussi développées que celles du trèfle blanc.

Parmi les variétés indigènes, le *Trèfle de Michel* (*Trifolium Michelianum*), qui est susceptible d'une grande production et qui se rencontre à l'état spontané dans la vallée de la Loire, pourrait être avantageusement cultivé.

Enfin le *Trèfle intermédiaire* (*Trifolium medium*), qui a la faculté, très rare chez les légumineuses, de végéter parfaitement à l'ombre (même en sols peu fertiles) devrait être utilisé fréquemment.

Trèfle de Chabder. — Ce trèfle, dont il a été question il y a peu de temps à la suite d'essais effectués sur des échantillons reçus de Perse, n'est autre que le *Trifolium resupinatum*, variété que l'on rencontre dans le midi de la France et qui offre peu d'intérêt.

Trèfle jaune des sables. Voir *Anthyllis vulnéraire.*

Trèfle de Bokhara. Voir *Mélilot de Sibérie.* — *Mélilot blanc.*

Trigonelle. Voir *Fenugrec.*

(1) Dans les essais effectués ici, sous le climat des Ardennes, ce trèfle a donné à la 1re coupe 21.500 k. de fourrage vert.

VESCES (*Vicia*).

Noms vulgaires : *Pesette, Vecette, Barbotte, Bisaille, Dravière, Gravière.*

Parmi une trentaine de variétés indigènes, il n'y en a que quatre de cultivées en France :

La vesce d'hiver (*Vicia sativa hyemalis*),

La vesce de printemps (*Vicia sativa verna*),

La vesce velue (*Vicia villosa*),

La vesce de Narbonne (*Vicia Narbonensis*).

Les essais effectués sur une quarantaine d'autres variétés dans nos champs d'expériences ne nous ont signalé jusqu'alors qu'une variété paraissant très méritante. C'est une vesce à grains très gros, qui nous a été adressée d'Irlande et paraît être intermédiaire entre la vesce de Narbonne et la vesce à gros fruits (*Vicia macrocarpa*). Ses tiges, très grosses, s'élèvent à environ 1^m 10 sans plante pour la soutenir, les feuilles sont très développées, le rendement et la qualité paraissent être supérieurs à ceux de la vesce ordinaire. Expérimentant cette variété depuis peu de temps, nous ne pouvons pas encore nous prononcer complètement sur son mérite.

Sans être remarquables, des résultats cependant suffisants pour être poursuivis nous ont été donnés par les variétés suivantes :

Vicia hybrida.	*Vicia peregrina.*
— *Canadensis.*	— *platiphylla.*
— *Gerardii.*	— *spuria.*
— *atropurpurea.*	— *abiennis.*
— *grandiflora*	— *pseudo cracca.*
— *ambigua,*	

Nous ajouterons même que les trois variétés suivantes : *Vicia Pannonica*, *Vicia Gerardii*, *Vicia tricolor*, nous ont donné comme vesces d'hiver des résultats tout aussi bons que ceux de la vesce velue et ont parfaitement résisté aux froids rigoureux de l'hiver dernier (1895).

Les vesces pèsent 80 kilos l'hectolitre, se sèment à raison de 180 à 200 kilos à l'hectare.

On les associe presque toujours à une céréale pour les ramer.

Vesce d'hiver.

Plus rustique et un peu plus productive que là vesce de printemps, la vesce commune d'hiver, semée de bonne heure en sol sain, résiste assez bien aux intempéries de l'hiver.

Elle préfère les sols un peu consistants, légèrement frais, suffisamment pourvus de calcaire et assez fertiles ; en sols maigres, sa production en fourrage est moindre, mais les semences sont plus belles et meilleures.

On conclut de la composition moyenne indiquée par Wolff, que les engrais phosphatés et potassiques lui conviennent très bien et qu'elle exige une dose relativement élevée de calcaire.

Sa teneur en eau est de 75 à 80 %. Sa valeur nutritive en vert est presque égale à celle de la luzerne ; le bétail la mange volontiers, elle favorise la lactation.

La vesce d'hiver, suivant Troschke, a

Protéine...	14,2 %
Matières grasses...	2,5 %
Matières extractives...	32,8 %

Son foin est bon, mais les difficultés de faner les tiges entrelacées la font plutôt donner en vert à l'étable, ensiler, ou pâturer par les bovidés (au piquet) ou les moutons.

Le semis a lieu de bonne heure à l'automne avec une céréale d'hiver, la graine doit être enterrée pour être à l'abri des oiseaux qui en sont très avides.

Il serait préférable de récolter cette vesce un peu plus tôt qu'on ne le fait généralement; en n'attendant pas la disparition des dernières fleurs, on éviterait la perte de beaucoup de feuilles et de voir baisser la proportion de matières azotées ainsi que le coefficient de digestibilité.

Les rendements à l'hectare sont appréciés de la manière suivante :

Récolte très bonne. . . .	3o.ooo kil.
— bonne.	25.ooo kil.
— assez bonne. . . .	20.ooo kil.

La déperdition de poids est de 3/4 par le fanage.

Les graines ne doivent être récoltées que lorsqu'elles ont une teinte grisâtre caractéristique et une certaine consistance ; il est préférable, dans ce cas, de rentrer le fourrage bottelé et de le battre avec précaution.

Vesce de printemps.

Ce qui vient d'être dit de la vesce d'hiver est en grande partie applicable à la vesce de printemps, qui est l'une des légumineuses les plus utiles. Cette dernière a les graines noires au lieu de grises. Les semis ont lieu de mars en mai avec une céréale et en espaçant afin d'obtenir des récoltes échelonnées de juin à septembre.

La plante est un peu plus petite que celle de la vesce d'hiver et le rendement est un peu plus faible.

La vesce de printemps, dont la culture est plus répandue que celle d'hiver, est particulièrement utile après les années de disette de fourrage pour remplacer les prairies artificielles manquées, et les trèfles gelés.

Lorsqu'elle couvre bien la terre, elle étouffe la végétation adventice et laisse le sol propre après la récolte.

Vesce velue.

Signalée et recommandée vers 1890 par M. Schribaux, c'est assurément la plante fourragère qui a fait le plus de bruit pendant ces dernières années et, malgré un certain revirement contre elle depuis peu, on peut prévoir qu'elle restera l'une des légumineuses les plus utiles (fig. 71).

De même que les autres plantes, elle ne peut convenir à tous les sols et à tous les climats, mais elle a le grand mérite de produire suffisamment dans les sols médiocres, beaucoup dans ceux fertiles et de résister aux froids les plus rigoureux de même qu'aux sécheresses prolongées. Les sols très pourvus de calcaire lui sont contraires; elle préfère les terrains siliceux, schisteux, granitiques. Fréquemment employée en Allemagne sur les sols légers, elle est souvent désignée sous le nom de *vesces des sables*, parce qu'on la considère surtout comme une plante de terres légères.

Cultivée avec de légères fumures pendant quatre années, en sol argileux dans notre champ d'expériences, elle a cependant bien réussi chaque fois, a résisté à des hivers rigoureux qui ont détruit la vesce ordinaire d'hi-

ver, a supporté de longues périodes de sécheresse, de
même que des excès d'humidité. Contrairement à nos

Fig. 71. — Vesce velue.

prévisions, son semis au printemps a aussi donné un
bon résultat à la fin de l'été.

Plusieurs agriculteurs se sont plaints de n'avoir,
après semis d'automne, récolté qu'une seule coupe. Cela
tient probablement à un fauchage trop près de terre et
en pleine floraison, car la vesce velue donne deux bonnes coupes; c'est même sur la deuxième coupe que généralement se récoltent les graines.

Ajoutons que, pour obtenir des rendements élevés, les
semis devraient toujours être effectués avant le 15 septembre avec épandaison d'engrais phosphatés et potassiques (400 kilos de superphosphate de chaux par

exemple avec 100 kilos de chlorure de potassium).

La vesce velue, surtout mélangée de seigle, est une bonne nourriture pour les bêtes bovines et ovines ainsi que pour les chevaux, il leur faut cependant un peu de temps pour s'y habituer. Elle a de plus l'avantage d'être précoce, puisque la première coupe est récoltée avant la luzerne; enfin c'est l'une des meilleures plantes à enfouir en vert.

Voici, d'après le Dr Kühn, les analyses moyennes de la vesce velue prise en vert et d'un mélange, de cinq parties de vesce velue avec quatre parties de seigle :

	VESCE VELUE	VESCE VELUE AVEC SEIGLE
Substance sèche...............	16.5	15.0
Protéine brute...............	4.2	2.3
Matière grasse...............	0.6	0.5
Extrait non azoté............	5.1	5.8
Ligneux	5.0	5.0

L'habitude se répand en France de semer par hectare 100 kilos de vesce velue avec 40 kilos de seigle d'hiver : en Russie et en Allemagne, on préfère ne mettre que 55 kilos de vesce velue avec 80 kilos de seigle; lorsqu'on a spécialement en vue la production de la semence, on ne mélange même quelquefois que 35 kilos de vesce velue avec 70 kilos de seigle, qui alors doit être aussi éliminé par un criblage sérieux après la récolte. A notre avis, ces dernières proportions sont défectueuses, car pour la production de la semence on ne doit associer à la vesce velue que strictement la quantité de seigle nécessaire pour servir de tuteur; nous préférons les proportions adoptées en France.

A la sortie de l'hiver, la vesce velue est peu développée, les personnes peu habituées à sa culture douteraient même de sa réussite; elle reste ensuite stationnaire pendant un certain temps, puis pousse rapidement, surtout dans le mois qui précède la floraison.

Le rendement en vert oscille entre 20.000 et 3o.ooo kilos par hectare, mais peut atteindre le double en sols favorables et fertiles ; si les semailles ont été faites tardivement, on risque de ne pas obtenir plus de dix ou quinze mille kilos.

La récolte de la graine a lieu dès que le plus grand nombre de cosses sont mûres, à ce moment déjà une partie des premiers grains formés est tombée. Il faut avoir soin de secouer le fourrage le moins possible pour ne pas encore en laisser tomber d'autres grains, car ils donneraient naissance à des plantes qui nuiraient à la récolte suivante ou éces siteraient des sarclages.

La semence de vesce velue pèse 8o kilos l'hectolitre.

Vesce de Narbonne.

Les tiges sont suffisamment fortes pour se soutenir d'elles-mêmes, les feuilles sont assez grosses.

C'est une variété d'assez bon rapport, mais moins rustique que les autres et dont la culture est peu répandue.

Vesce à gros fruits.

En Algérie et dans le Midi de la France, on cultive une *vesce à gros fruits* (*Vicia macrocarpa*) ressemblant beaucoup à la précédente et dont les grains sont employés pour les usages culinaires.

Vesce à une fleur (*Vicia monanthos*).
Voir page 180.

QUATRIÈME PARTIE

PLANTES FOURRAGÈRES DIVERSES

Achillée mille-feuille, Mille-feuille
(*Achillea millefolium.*)

Cette plante vivace, de la famille des Composées, porte aussi les noms vulgaires de *saigne-nez, herbe aux charpentiers* (fig. 72).

Elle est très commune dans les terres négligées et les prairies un peu sèches établies en sols de consistance moyenne.

L'achillée peut atteindre 0^m 50 à 0^m 80 de hauteur ; fourrage très médiocre, plante envahissante et peu productive ; ce n'est pas une espèce à propager.

La graine coûte cher et sa faculté germinative n'est jamais élevée.

Poids de l'hectolitre : 37 kilos.

Quantité à semer à l'hectare : 10 kilos.

Fig. 72.
Achillée mille-feuille.

Aigremoine Eupatoire. (*Agrimonia Eupatoria*).

Plante astringeante, qui n'est guère consommée que par les chèvres et les moutons.

Arroche (*Atriplex*).

L'arroche des jardins (*Atriplex hortensis*) sert aux mêmes usages que l'oseille et les épinards, les autres variétés sont délaissées. — Plusieurs de ces chénopodées sont cependant susceptibles d'être utilisées pour tirer parti de sols salés. Parmi elles nous citerons :

Atriplex littoralis.
—   *oppositifolia.*
—   *semibaccatum.*
—   *halimus.*
—   *crassifolia.*
—   *kosca.*

Barkhausie à feuille de pissenlit (*Barkausia taraxacifolia.*)

Composée à tige droite, hérissée, à feuilles grossières en rosette à la base, à fleurs jaunes ou purpurines, se rencontrant dans les prairies comme dans les pâturages et ne donnant qu'un fourrage médiocre.

Benoite (*Geum urbanum*).

Rosacée se rencontrant dans les endroits ombragés et un peu humides, qui est mangée volontiers par les animaux. Sa racine a une odeur aromatique, rappelant celle du clou de girofle.

Bétoine (*Betonia*).

La Bétoine officinale (*Betonia officinalis*) est une Labiée vivace, haute de 0^m 30 à 0^m 50, fleurissant en juillet-août, préférant les sols secs et un peu ombragés. Plante fourragère non cultivée et de médiocre valeur.

Bistorte. — Renouée bistorte (*Polygonum bistorta*).

La bistorte, vulgairement appelée *feuillotte, serpentaine*, est une jolie Polygonée, ainsi nommée parce qu'elle a un rhizome tordu et se repliant plusieurs fois sur lui-même. Elle est vivace; à fleurs en épis terminaux émaillés de rose et de blanc; à feuilles luisantes, légèrement velues en dessous, ovales ou lancéolées. Sa taille atteint 0^m 40 à 0^m 75 dans les prairies humides et tourbeuses. Les animaux la mangent volontiers, mais son emploi est très limité, car il est difficile de se procurer sa semence.

Boucage (*Pimpinella*).

Deux espèces principales se rencontrent dans les prairies, ce sont : le Boucage à grandes feuilles (*Pimpinella magna*) et le Boucage saxifrage (*Pimpinella saxifraga*).

Ces deux Ombellifères vivaces croissent dans les terrains secs et même arides.

La variété à grandes feuilles en particulier réussit parfaitement dans les sols calcaires les plus déshérités. Au printemps elle fournit un fourrage assez abondant que les moutons mangent volontiers. Graine très rare.

Bruyère (*Erica*).

La bruyère est quelquefois employée comme litière dans les contrées où elle est abondante et à vil prix. Lorsqu'il y a disette de fourrage les jeunes pousses aident à l'alimentation des animaux.

Buglosse officinale (*Anchusa officinalis*).

Borraginée bisannuelle, à tige dressée, rameuse au sommet, haute de 0^m 30 à 0^m 60, à feuilles ovales hérissées de poils qui les rendent rudes au toucher : fleurissant de juin à septembre ; se plaisant dans les lieux incultes, les terrains secs et légers ; communiquant au foin des propriétés émollientes et diurétiques. Ce n'est pas une plante à propager.

Bunia d'Orient (*Bunia orientalis*).

Crucifère vivace de 0^m 50 à 1^m 20 de hauteur, fleurissant en juin-juillet, recommandée par plusieurs auteurs comme plante fourragère précoce. Elle n'est pas cultivée en France. Nous ne connaissons aucune expérience établissant sa valeur fourragère.

Fig. 73.
Caille-lait jaune.

Caille-lait. — Gaillet (*Galium*).

Les *gaillets*, appelés plus souvent *caille-lait*, parce que l'on croyait autrefois que les fleurs de ces plantes avaient la propriété de faire cailler le lait, appartiennent à la famille des Rubiacées.

On distingue trois espèces principales qui sont :

Le gaillet croisette (*Galium cruciatum*).

Le gaillet jaune (*Galium verum*) (fig. 73).

Le gaillet blanc (*Galium mollugo*).

Le premier est vivace, précoce, a 0^m 60 à 0^m 80, il se trouve surtout à la lisière des bois ; le deuxième a

0ᵐ 6o, préfère les endroits secs, noircit toujours en séchant; le troisième, qui se rencontre surtout dans les bois et les haies, atteint 1ᵐ 5o, mais il a besoin d'une autre plante pour le soutenir.

Ces trois variétés sont bien mangées par les animaux et constituent même une très bonne nourriture quand ils ne sont pas vieux. Ils sont en faible proportion dans les prairies et donnent de la tonicité au foin, car ils renferment une dose assez considérable de tannin. Cependant il ne faut pas les laisser se développer avec excès, d'autant plus que leurs tiges en devenant vieilles constituent alors un foin dur, ligneux et peu nutritif.

Cardamine des prés. — Cresson des prés. — Cressonnette (*Cardamine pratensis*).

Crucifère vivace et précoce de 0ᵐ 3o de hauteur se rencontrant dans les prés humides.

Bonne plante fourragère, mais trop peu productive pour être recommandée.

Carthame(*Carthamus*). —Recommandé comme plante fourragère précoce, mais jusqu'à présent seulement cultivé comme plante tinctoriale.

Centaurée. —Voy. *Jacée.*

Fig. 74.
Chicorée sauvage.

Chicorée sauvage ou amère (*Cichorium Intybus*).

La chicorée sauvage (fig. 74) est une plante vivace

de la famille des Composées, qui est connue de tous comme espèce potagère. Elle préfère les sols ayant un peu de fraîcheur, pas trop légers et non dépourvus de calcaire. Dans les bonnes terres, elle atteint jusqu'à 0^m 80 de hauteur, mais alors les animaux se contentent de manger les feuilles radicales et délaissent les tiges, qui sont très dures.

Dans la chicorée sauvage améliorée par la culture, les feuilles sont amples et nombreuses; malgré sa saveur amère, elle est acceptée des animaux. Ce n'est, en réalité, qu'un fourrage de deuxième ordre, aqueux et doué de propriétés laxatives lorsqu'il est donné en assez grande quantité. De plus sa facilité de reproduction par les racines en fait une plante difficile à supprimer lorsqu'une autre culture doit lui succéder.

Elle peut être semée en lignes ou à la volée, sur sol nu ou dans une céréale, au printemps ou à l'automne. Les semis sur terre nue en lignes espacées de 0^m 20 à 0^m 25 sont les plus recommandables, car on peut de la sorte entretenir la productivité plus longtemps (4 à 6 ans) en donnant des binages qui font disparaître la végétation adventice.

On coupe lorsque les tiges atteignent 0^m 30 à 0^m 35, de façon à avoir un fourrage plus tendre et augmenter le nombre de coupes. Elle donne 15 à 20.000 kilos de fourrage vert à l'hectare en deux ou trois coupes.

La récolte des graines se fait sur la première coupe en août à la maturité.

On récolte environ 50 kilos de semence par hectare.

Poids de l'hectolitre : 35 kilos.

Quantité à semer à l'hectare : 13 kilos.

Chou-Colza. Voir *Colza.*

Citrouille de Touraine (*Cucurbita pepo*) (1).

Les tiges de cette Curcubitacée atteignent 4 à 5 mètres et même plus de longueur, sont rampantes et garnies de très larges feuilles. Le fruit, qui est très volumi-

Fig. 75. — Citrouille de Touraine.

neux (fig. 75), a une forme sphérique aplatie aux deux extrémités et présente des côtes prononcées; sa chair est d'un blanc jaunâtre.

Généralement le semis se fait en place, en lignes espacées de deux mètres, en mettant la même distance entre les grains. On ne laisse guère que trois fruits par

(1) Pour plus amples détails, voir *Courges.*

pied, il n'est pas rare de le voir atteindre un poids d'au moins 40 kilos.

Les citrouilles sont principalement cultivées dans le centre et le midi de la France.

Outre leur utilité comme plantes potagères, les fruits servent à l'alimentation des bêtes à cornes et des porcs.

Poids de l'hectolitre : 26 kilos.

Quantité à semer à l'hectare : 2 kilos.

Colza. — Chou-Colza (*Brassica campestris oleifera*).

Appelé aussi *chou des champs*, c'est une Crucifère (fig. 76) cultivée depuis longtemps comme plante fourragère et oléagineuse.

Il y a deux variétés :

1° Le colza de printemps (annuel);

2° Le colza d'hiver (bisannuel).

Tous deux ont des racines assez pivotantes, des tiges rameuses, des feuilles lyrées, des fleurs jaunes.

Le colza est une plante exigeante, tant pour la nature des sols que pour leur fertilité. Il veut des terrains contenant une proportion suffisante d'argile; il réussit parfaitement dans les bonnes terres à blé.

Ordinairement la variété d'hiver est préférée comme plante fourragère.

On sème en septembre en choisissant les champs où l'eau ne séjourne pas trop sur le sol en hiver.

Dès les premiers jours d'avril, le colza commence à fleurir, c'est le moment de le faucher, car à la pleine floraison les plantes durcissent.

Il contient en vert 78 à 80 o/o d'eau. Les bêtes à cornes et les moutons le mangent volontiers, souvent même ces derniers le consomment sur place; mais, de même que pour la moutarde blanche, le colza ne doit

pas être donné en excès aux animaux, si l'on ne veut
pas courir le risque
de voir se produire
la météorisation. Sa
valeur nutritive est
environ le quart de
celle du foin.

Le Meligethe du
colza est un petit
coléoptère dévasta-
teur qui se montre
quelquefois en
grande quantité
vers la fin du mois
de mars et se tient
principalement sur
les boutons qu'il
empêche de fleurir.
Si l'on craint ses
ravages, il est pré-
férable de prendre
une mesure préven-
tive, c'est-à-dire de
faucher avant la
floraison.

Poids de l'hecto-
litre : 67 kilos.

Quantité à semer à l'hectare : 6 kilos.

Fig. 76. — Colza.

Consoude (*Symphytum*).

Deux espèces de la famille des Borraginées croissent
spontanément dans les lieux frais et humides : ce sont
la Consoude officinale (*Symphytum officinale*) et la

Consoude à feuilles rudes (*Symphytum asperrimum*), vulgairement dénommée *Consoude rugueuse du Caucase,* qui est cultivée depuis quelques années (fig. 77).

La première est une plante vivace, appelée communément *grande consoude, oreille d'âne, herbe du cardinal, langue de vache.* Les tiges atteignent 4 à 7 décimètres, sont très ramifiées, hérissées de poils rudes ; les feuilles sont très développées, ovales, lancéolées , recouvertes aussi de poils rudes ; les fleurs, disposées en épi terminal, sont compactes, d'un blanc rosé ou violacé. On la rencontre fréquemment le long des ruisseaux, dans les sols frais et riches, dans les prairies humides et les fossés.

Fig. 77.
Consoude rugueuse du Caucase.

Elle est mangée par les bêtes à cornes, mais n'a qu'une valeur fourragère très médiocre.

La deuxième espèce, autour de laquelle on a fait un bruit exagéré depuis dix ans, donne en effet un fourrage très abondant, mais à la condition d'être en sols frais, profonds et riches en matières organiques, en un mot en sols fertiles où, à notre avis, il est bien préférable de cultiver de meilleures plantes fourragères. Placée dans ces conditions, elle donne facilement 2 à 3 coupes par an.

Elle ne diffère guère de la précédente que par son ampleur et la teinte de ses fleurs, qui est souvent bleue et même purpurine.

Le produit en graines est tellement faible que l'on est obligé d'avoir recours pour la reproduction à la plantation de collets, éclats de racines ou surgeons.

Après un labour profond on plante à trois centimètres de profondeur en lignes distantes de 0^m 70 et en espaçant les plants de 0^m 55 à 0^m 75 suivant la richesse du sol.

D'après certaines personnes, le produit en vert atteindrait facilement les chiffres énormes de 250.000 à 300.000 kilos à l'hectare. Voici le résultat des expériences poursuivies depuis 1888 à l'Institut agricole de Gembloux : « Cette plante, dont les surgeons de reproduction sont extrêmement coûteux, ne livre, dit M. Damseaux, qu'un fourrage grossier et d'une cueillette coûteuse. Trois effeuillages ont donné la première année de plantation une production équivalant à 87,000 kilos de masse verte à l'hectare. Depuis lors, le rendement a progressivement diminué au point que, en 1892, les trois cueillettes n'ont livré que l'équivalent à l'hectare de 22.000 kilos de feuilles. Il n'est pas appliqué d'engrais. »

Courges fourragères (*Cucurbita maxima*).

Les courges fourragères se divisent en deux classes :

1° les *Citrouilles* dont nous avons cité précédemment la variété la plus cultivée (Citrouille de Touraine); 2° les *Potirons*.

Ce sont des plantes annuelles à tiges rampantes très allongées, garnies de vrilles et de poils très rudes, portant de larges feuilles. Les fruits sont généralement très volumineux : suivant la variété, ils présentent des formes très différentes, tantôt sphériques, tantôt allongées. Il n'y a que peu de variétés, cultivées pour la nouriture des animaux. Outre la citrouille de Touraine décrite à la page 249, nous recommandons comme grande culture le **Potiron jaune gros**.

Les courges sont exigeantes comme climat et comme température, leur culture n'est réellement pratique en France qu'au sud de la Loire, dans les terres un peu

Fig. 78. — Potiron rouge vif d'Étampes.

fraîches, profondes, pas trop compactes et assez pourvues de calcaire. Chaque pied exige au moins trois kilos de fumier et d'être espacé de ses voisins d'environ deux mètres en tous sens.

On empêche les tiges de monter en les pinçant au-dessus de la deuxième feuille, il se développe alors à l'aisselle de la dernière feuille deux rejets qui s'étalent sur le sol et qui à leur tour sont taillés au-dessus des cinquième et sixième feuilles.

Les fruits mûrs sont rentrés avec précaution dans les granges ou les celliers en évitant de les superposer; la récolte est d'environ 90.000 kilos par hectare.

Ils ne sont généralement distribués aux bêtes à cornes qu'après cuisson, tandis que pour la nourriture des porcs l'on se borne à les couper en tranches.

Dans certaines régions, le *Potiron rouge vif d'Etampes* (fig. 78), le *Gris de Boulogne* ou le *Blanc gros* sont préférés au potiron jaune gros.

Les *giraumons* sont aussi parfois employés, mais le rendement étant très faible, la culture ne peut être rémunératrice.

Quantité à semer à l'hectare : 2 kilos.

Cresson de cheval, Véronique Beccabunga.
(*Veronica Beccabunga*)

Cette Véronicacée se trouve principalement au bord des ruisseaux et dans les prairies humides. Tous les animaux de la ferme à l'exception des porcs, la mangent avec plaisir.

Cumin des prés. — Carum (*Carum Carvi*)

Le cumin des prés est une Ombellifère à racine renflée et à feuilles très découpées qui se rencontre communément dans les pâturages secs des montagnes. C'est une plante aromatique très recherchée des animaux;

mélangée au foin elle lui communique une odeur et un goût très agréables.

Le véritable [cumin (*Cuminum Cyminum*) n'est qu'annuel et n'a pas les qualités fourragères du précédent.

Épervière (*Hieracium*).

Les épervières sont des Composées vivaces, donnant un foin grossier peu goûté des animaux ; elles doivent être considérées comme des espèces nuisibles dans les prairies plutôt que comme des plantes fourragères.

Gaillet. — Voir *Caille-lait*.

Heleocharis (*Heleocharis*). — Cypéracée vivace, de valeur fourragère très médiocre, végétant dans les marais.

Isatis. — Voir *Pastel*.

Jacée des prés . — Centaurée Jacée (*Centaurea jacca*).

Noms vulgaires : *Chevalon, Chagnon, Cabouillard, Magnon, Tête de moineau*.

La jacée, ou plus exactement la centaurée jacée (fig. 79), est une composée vivace à fleurs purpurines, assez répandue à l'état naturel dans tous les bons herbages : sa présence en trop grande quantité est un indice de la fatigue du sol. Sa racine est bien pivotante ; ses tiges, très ramifiées, ont 40 à 60 centimètres de hauteur et portent des rameaux courts et dressés ; ses capitules sont assez gros, axillaires ou terminaux.

On la rencontre dans des situations très diverses, dans les terrains secs ou frais, calcaires, argileux ou siliceux.

Étant jeune, elle renferme des principes amers qui sont salubres pour la santé des animaux. Lorsqu'elle se multiplie trop dans un pré, en prenant la place d'espèces meilleures, il est nécessaire d'en restreindre la propagation en fauchant avant la floraison et en coupant les racines, à o m. o8 ou o m. 1o, avec un échardonnoir.

La jacée est très estimée en

Fig. 79. — Jacée des prés.

Champagne, ce n'est pourtant qu'un fourrage de second ordre, qui est déjà dur et coriace à l'époque habituelle du fauchage des prairies : « Au mois de juin, dit M. Boitel, la jacée, aussi ligneuse et aussi coriace que le chrysanthème, rougit au loin les prairies sèches et négligées. »

La graine est toujours d'un prix élevé et n'a jamais une très haute faculté germinative.

— Poids de l'hectolitre : 4o kilos.

Quantité à semer à l'hectare : 10 kilos.

Julienne. — Julienne des Dames
(*Hesperis Matronalis*).

La julienne (fig. 80) est une Crucifère vivace à tige
dressée et rameuse de 0ᵐ 40 à 0ᵐ 60 de hauteur ; à
feuilles longues, ovales et dentées ; à fleurs très déve-

loppées, tantôt blanches, tantôt vio-
lettes. On la sème de mai en juillet,
soit en pépinière pour être repiquée
en place à l'automne en lignes espacées de 0ᵐ 30, soit directement en
place; on peut encore la reproduire
au début du printemps avec des
fragments de vieilles souches.

La julienne exige un bon terrain
sain. Les essais de culture prouvent
que dans certains cas elle peut rendre

Fig. 80.
Julienne.

de bons services comme plante fourragère.

Laitue (*Lactuca sativa*).

Espèce annuelle de la famille des Composées et trop

Fig. 81. — Laitue blonde paresseuse

Fig 82. — Laitue Bossin.

connue comme plante potagère pour que nous en

donnions la description ou que nous parlions de sa culture.

Nous dirons simplement que les laitues sont des plantes rafraîchis-santes, qui sont susceptibles dans certains cas d'être cultivées en grand pour entrer dans l'alimentation des porcs et la nourriture des volailles.

Les variétés suivantes paraissent les plus recommandables à ces points de vue :

Fig. 83.
Laitue Batavia blonde.

La laitue grosse blonde paresseuse (fig. 81).

La laitue Bossin (fig. 82).

La laitue-chou de Naples.

La laitue batavia blonde (fig. 83).

Poids de l'hectolitre : 45 kilos.

Nombre de grains au kilogramme 780.000.

Quantité à semer à l'hectare : 3 kilogrammes.

Méum (*Meum*).

Ombellifères vivaces, non cultivées, se rencontrant dans les pâturages des montagnes, mangées volontiers par les animaux et donnant au foin une odeur aromatique.

Millefeuille (Millefolium). — Voir *Achillée millefeuille*.

Moutarde blanche (*Sinapis Alba*).

Crucifère annuelle (fig. 84), appelée vulgairement

moutardon et *plante au beurre;* à racine pivotante,
à tige cylindrique ramifiée et légèrement pointue qui
dans de bonnes conditions de fertilité atteint 0^m 90 ; à
fleurs jaunes en grappes terminales.

Elle a le précieux avantage de donner un fourrage
en quarante à cinquante
jours et c'est assurément la
plante qui, avec le moha, le
maïs et le sarrasin, a été la
plus employée en 1892-93
pour atténuer la pénurie de
fourrage causée par la sécheresse. On peut la semer
de quinze jours en quinze
jours, du printemps à la fin
de l'été, pour avoir du fourrage vert jusqu'à l'automne.

La moutarde blanche ré-
siste bien à la sécheresse,
mais elle est facilement détruite par les gelées; s'accommode des terrains secs, siliceux ou calcaires de mé-
diocre fertilité, de même que

Fig. 84.
Moutarde blanche.

des terres argileuses, et donne ses plus forts rendements
dans les terrains argilo-calcaires, profonds et fertiles.

Mais c'est avant tout une espèce précieuse pour la
culture dérobée en sols ingrats, qu'elle soit destinée à
être utilisée comme fourrage ou à être enfouie aussitôt la floraison comme engrais vert. Elle n'est pas non
plus exigeante pour la préparation du sol, un bon
déchaumage ou un scarifiage suivi d'un simple hersage suffisent ; le semis peut s'opérer après une céréale

d'hiver et même dans une jachère. Dans ce dernier cas, la moutarde empêche les déperditions d'azote nitrique qui ont toujours lieu sur un sol nu pendant l'été, saison où la nitrification est la plus active si l'humidité est suffisante. Ce moyen d'emmagasiner l'azote au fur et à mesure qu'il se produit a surtout été préconisé par MM. Berthelot, Dehérain et Grandeau.

En sol trop pauvre, on active la végétation de la moutarde par l'apport de superphosphate de chaux, de nitrate de soude et même de chlorure de potassium. Il est indispensable de faucher en pleine floraison et surtout au plus tard avant la formation des graines ; le plus souvent on fauche le matin pour l'après-midi ou l'après-midi pour le lendemain, de façon à laisser le fourrage coupé s'amortir un peu ; contrairement à ce qu'on croit généralement, nous avons constaté que la moutarde convertie en foin est bien acceptée des animaux. La consommation en vert sur place n'est pas à conseiller ; outre qu'elle occasionne des pertes de fourrage, elle expose à la météorisation.

Les rendements à l'hectare s'apprécient de la façon suivante :

> Très bonne récolte : 30.000 kilos.
> Bonne récolte : 20.000 kilos.
> Moyenne récolte : 15.000 kilos.
> Récolte médiocre : 10.000 kilos.

Selon Troschk, la moutarde blanche contient 81,1 o/o d'eau en pleine floraison et les proportions suivantes de matières grasses de protéine et de fibre brute :

ÉLÉMENTS	AU DÉBUT de la FLORAISON	EN PLEINE FLORAISON	APRÈS la FLORAISON
Matières grasses.........	6.4	7.8	7.4
Protéine...............	17.1	20.1	17.7
Fibre brute........	58.1	85.3	101.6

Elle est surtout réservée aux bêtes bovines, ces dernières la mangent volontiers; elle constitue un fourrage nutritif et sain en n'étant pas donnée en excès.

Plusieurs auteurs déclarent que sa consommation communique un goût âcre au beurre, les agriculteurs que nous avons consultés à ce sujet nous ont tous déclaré qu'ils n'avaient jamais constaté cet inconvénient, plusieurs nous ont même assuré que la moutarde donnait plutôt un goût agréable.

On a prétendu aussi que la moutarde ne pouvait être ensilée, des expériences récentes prouvent que c'est une erreur, non seulement elle se prête à ce mode de conservation, mais le fourrage ensilé est mangé très volontiers par les vaches.

Le semis, dans le but d'une récolte en fourrage, s'effectue beaucoup plus serré que pour la production de la graine. Cette dernière se récolte quand les siliques sont jaunes; le battage est facile, on obtient 15 à 20 hectolitres par hectare.

En 1892, à l'époque où des semis importants de moutarde s'imposaient pour suppléer au manque de fourrage, la graine arriva à un prix élevé qui ne pouvait qu'engager certains spéculateurs à la falsifier au moyen d'une autre semence à bas prix. La graine de colza jaune des Indes (*Guzeraat du commerce*), ressemblant à la moutarde, coûtant à ce moment quatre fois moins cher, servit pour cette fraude, qui fut aussitôt signalée par nous avec l'indication d'un moyen très simple pour la reconnaître (1).

Poids de l'hectolitre : 70 kilos.

Quantité à semer à l'hectare : 15 kilos.

Moutarde noire (*Sinapis nigra*).

C'est à tort que la moutarde noire est recommandée comme fourrage, car il est prouvé qu'en pleine floraison surtout, par suite d'une substance dangereuse à base de sulfure d'allyle (1) qu'elle renferme, son emploi pour l'alimentation des animaux est 48 fois plus dangereux que celui de la moutarde blanche et 22 fois plus dangereux que celui de la moutarde sauvage (*Sinapis arvensis*).

Elle peut au contraire être avantageusement employée comme plante à enfouir à l'époque de sa floraison.

Le semis s'opère comme celui de la moutarde blanche. En réalité elle n'est guère cultivée que pour la fabrication de la moutarde et des sinapismes.

Navette (*Brassica napus oleifera*).

La navette (fig. 85) est une Crucifère annuelle à racines grêles peu renflées, à feuilles radicales et velues

(1) Voici ce moyen : Faire dissoudre 22 grammes de sel de cuisine dans un verre d'eau, puis laisser tomber une pincée de la graine à examiner à la surface de cette solution, en ayant soin de projeter les grains assez doucement pour qu'ils n'entraînent pas de bulles d'air avec eux. En cas de mélange, les graines de moutarde se rendent au fond du verre et le Guzeraat remonte à la surface. La proportion de chacune peut donc être immédiatement établie.

(2) Sulfure d'allyle dans la moutarde noire   o gr. 2387
  —   —   —   —   blanche   o   0040
  —   —   —   —   sauvage   o   0107

hérissées de poils raides, à siliques dressées contre la tige.

Dans les terres profondes, fraîches et fertiles, elle est inférieure au colza, mais dans les sols légers et secs, elle lui est incontestablement supérieure et ses produits (fourrage, engrais vert, huile, tourteaux) ont la même utilisation.

Elle supporte parfaitement le froid, c'est pourquoi on la rencontre plutôt dans le Nord et le Nord-Est ; elle préfère d'ailleurs les climats tempérés.

Il y a deux variétés :

1° La *navette d'hiver.*

2° La *navette d'été.*

La *navette d'hiver* réussit sur les sols légers, siliceux, calcaires, silico-argileux, calcaires-argileux.

Fig. 85.
Navette.

Aussitôt la moisson, on opère un déchaumage qu'on fait suivre de deux labours et de deux hersages pour ameublir le sol. De même que la navette d'été, elle présente l'avantage de pouvoir être utilisée en culture dérobée. En effet, semée dans les premiers jours de septembre, les tiges atteignent o m. 50 à o m. 75 ; en avril, la floraison a lieu, c'est alors qu'on coupe le fourrage pour le faire consommer en vert par les bêtes bovines et ovines.

L'humidité stagnante lui est particulièrement défavorable pendant les grands froids. Elle est très sensible à l'action des engrais phosphatés et azotés, une

légère fumure au fumier de ferme additionné de superphosphate augmente beaucoup son rendement.

La *navette d'été* est aussi une bonne plante. On la
sème du mois de mai à la fin du mois de juillet, mais,
comme elle n'est pas très productive, on lui associe
généralement d'autres espèces.

En 45 à 55 jours, elle est bonne à couper, on peut
aussi la faire pâturer sur place par les moutons. Il est
toujours prudent de semer un peu dru en prévision des
ravages des altises ; dans le même but, on fera bien
aussi de semer, aussitôt la levée, de la sciure de bois
imprégnée de goudron ou un mélange de superphosphate de chaux et de poudrette. Ce dernier mélange
constituera en même temps un engrais judicieusement
combiné pour l'obtention d'un bon rendement.

Les navettes exigent des doses assez élevées d'azote,
d'acide phosphorique et de potasse. Dans le nord de la
France, la fumure par hectare consiste en 800 à 1.200
kilos de tourteaux additionnés de 250 kilos de superphosphate de chaux et de 125 kilos de chlorure de
potassium.

Ces crucifères s'égrenant facilement sont généralement coupées à la rosée, mises en javelles, liées et disposées en petites meules pour être ensuite battues sur
le champ ou rentrées.

Poids de l'hectolitre : 67 kilos.

Quantité à semer à l'hectare : 12 kilos.

Ortie dioïque (*Urtica dioica*).

Les orties, appelées vulgairement *échaudures*, sont
des plantes faciles à caractériser : elles sont toujours
couvertes de poils dits *urticants* formés d'une cellule
très allongée se terminant en pointe; à la base de ces

poils se trouve une glande renfermant un liquide âcre et acide. Lorsqu'on touche les orties, leur pointe pénètre dans les chairs, puis se brise et répand alors dans la plaie le liquide qui cause des démangeaisons.

L'ortie dioïque a les fleurs mâles et femelles portées par des pieds différents ; l'inflorescence est en grappes rameuses et les fleurs femelles sont pendantes à la maturité. Elle est vivace, très difficile à extirper d'un champ dont elle a pris possession.

Au risque de faire sourire bien des incrédules, nous dirons que cette ortie mérite une mention spéciale comme plante fourragère, en raison de son aptitude à bien pousser sur les terrains arides, rocailleux et à donner un fourrage abondant qui devrait être pris en considération. Il est vrai que ses poils sont un obstacle à sa culture ainsi qu'à sa propagation et que les animaux refusent de la consommer lorsque les feuilles et les tiges sont fraîchement coupées; mais en ayant la précaution de les faucher quelques heures avant la distribution, puis de les laisser quelque peu s'amortir sur le champ, c'est-à-dire de laisser évaporer la plus grande partie du liquide malfaisant, elles sont bien acceptées du bétail.

Le fourrage vert a une composition voisine des bonnes herbes des prairies; les bœufs ainsi que les vaches laitières le consomment volontiers et sans le moindre inconvénient.

L'ortie dioïque est surtout cultivée en grand en Suède et là on la destine exclusivement aux bêtes laitières.

On peut obtenir quatre à cinq récoltes par an.

Nous ignorons pourquoi on ne lui accorde pas plus d'importance en France *pour garnir les mauvais sols,* car grâce à ses longues racines, elle ne craint pas la sécheresse et, pendant les années de disette de fourrage surtout, son produit ne serait pas à dédaigner.

Oseille (*Rumex acetosa*).

Polygonée vivace (fig. 86), à feuillage abondant, susceptible de donner un fourrage précoce mais peu nutri-

Fig. 86. — Oseille.

tif et laxatif, par suite de la proportion assez forte d'oxalate de chaux qu'elle renferme. Ces défauts sont cause qu'elle est très peu employée dans la culture fourragère.

Pastel des Teinturiers (*Isatis tinctoria*).

Cette Crucifère bisannuelle (fig. 87), tirée de l'oubli récemment par M. Schribaux, était très cultivée autrefois sous le nom de *Vouède* et *d'Indigo indigène*, à cause du bleu qu'elle donnait.

La racine est pivotante; la tige, haute d'un mètre à un mètre vingt, est très ramifiée; les feuilles forment à la base une rosette très accentuée et sont oblongues, lisses, charnues, courtement pétiolées, les feuilles du sommet sont très réduites, alternes, amplexicaules et sagittées; les fleurs sont petites, jaunes et disposées en corymbe assez lâche ; le fruit est une silicule très courte, ovale et noire à la maturité.

D'après une analyse opérée par M. Coudon à l'Institut agronomique, cette plante a :

Eau......................	86.12 pour o/o
Matières azotées...........	3.75
— grasses...............	o.39
Extractifs non azotés.......	6.62
Cellulose.................	1.74
Cendres..................	1.38

Cette analyse prouve que la valeur alimentaire est voisine de celle du chou.

Le pastel est très rustique et n'est jamais atteint par les rigueurs de nos hivers. Il n'est pas très exigeant au point de vue de la fertilité, il veut surtout des terres légères, calcaires, profondes et assez bien disposées. C'est sur les terres argilo-calcaires qu'il donnerait son maximum de rendement, mais celles-ci peuvent être employées plus avantageusement pour la culture d'autres plantes.

On exécute le semis au printemps, autant que possible par un temps calme, car la graine est légère et offre une large prise au vent ; la méthode en lignes espacées de o^m 25 est préférable, non seulement pour économiser une certaine quantité de semence, mais aussi pour donner plus tard un binage qui est très utile. M. Schribaux recommande les semis d'automne comme préférables dans les sols légers.

La jeune plante croît lentement au début, elle forme d'abord son système radiculaire, mais après l'enlèvement de la céréale, s'il survient des pluies en août, elle végète avec une vigueur dont on ne l'aurait pas crue capable.

La récolte a lieu ordinairement dans la première quinzaine d'avril pour la première coupe. On obtient quelquefois une deuxième coupe en juin, mais celle-ci est beaucoup moins abondante que la première. La plante se prête plutôt à être pâturée qu'à être fauchée; dans ce dernier cas, on ne doit pas la laisser trop monter.

On obtient sur des terres de médiocre fertilité environ 15.000 à 18.000 kilos par hectare. Schwerz indique comme rendement moyen 23.350 kilos par hectare, mais cette proportion nous semble exagérée.

C'est un fourrage précoce, bien mangé par les moutons lorsqu'on les y a habitués pro-

Fig. 87.
Pastel des Teinturiers.

gressivement. Il en est de même des bêtes bovines; elles le mangent au bout de plusieurs jours.

Il est heureux que M. Schribaux ait rappelé les mérites du pastel, car, sans être une plante fourragère de premier ordre, elle est susceptible de rendre de réels services dans certains cas.

Poids de l'hectolitre : 9 kilos 250.

Quantité à semer à l'hectare : 15 kilos.

Phacélie à feuilles de Tanaisie
(*Phacelia Tanacetifolia*).

La phacélie (fig. 88) n'était considérée jusqu'à présent que comme plante mellifère. M. Grandeau vient d'attirer l'attention sur cette Hydrophyllée, en conseillant de l'expérimenter soit comme plante à consommer en vert, soit comme plante à enfouir.

Elle atteint plus de un mètre à son complet développement, mais en culture fourragère elle doit être fauchée avant la floraison, c'est-à-dire au bout d'environ six semaines, alors qu'elle a 40 à 50 centimètres de hauteur, car à partir de la floraison elle est très difficilement acceptée du bétail.

Fig. 88.
Phacélie à feuilles de Tanaisie.

Les semis peuvent s'effectuer, soit á l'automne, soit de mars à août, la végétation rapide de cette plante permettant d'échelonner les récoltes jusqu'à l'époque des froids.

« Si le bétail l'accepte volontiers avant la floraison, dit M. Grandeau, sa valeur alimentaire lui assigne un rang élevé parmi les plantes fourragères ; d'autre part, sa forte teneur en azote (3.29 o/o de la matière sèche) peut en faire un engrais vert d'excellente qualité. 1,000 kilos de phacélie verte donnent environ 160 kilos de substances sèches, contenant 5 kilos 4 d'azote ; si l'on obtenait seulement une récolte de 25.000 kilos de phacélie à enfouir en vert, cela représenterait une fumure de 132 kilos d'azote à l'hectare. Il appartient aux cultivateurs des régions intéressées à la culture de cette plante d'étudier expérimentalement son rendement à l'hectare, sa valeur comme fourrage et, le cas échéant, son usage comme engrais vert. »

Dans notre champ d'essais, la phacélie en fleur a donné à la première coupe en moyenne par mètre carré 4 k. 600 de fourrage vert et 0 k. 615 seulement de foin très sec, mais on ne peut se baser sur des rendements obtenus sur une faible surface, aussi nous proposons-nous de répéter l'expérience sur une plus grande échelle et en sols différents.

Poids de l'hectolitre : 49 kilog.

Quantité à semer à l'hectare : 25 kilos.

Pimprenelle (*Poterium sanguisorba*).

Rosacée vivace (fig. 89) à racine presque ligneuse; à tiges dressées, anguleuses, hautes de 0^m 50 à 0^m 60; à feuilles glabres ou velues. Les fleurs sont à épis terminaux, régulières, apétales, il n'y a qu'un calice ; les fruits portent des arêtes, sont rugueux et crénelés.

Si la pimprenelle est une plante nuisible dans les champs de sainfoin, c'est, par contre, une plante précieuse pour les sols peu fertiles, secs, calcaires, sablonneux et pour les pâturages à moutons. Elle donne un bon résultat dans les terres pauvres, telles que celles de la Champagne Pouilleuse, où d'autres plantes fourragères ne pourraient vivre.

La plante dure cinq à six ans dans les sols qui lui conviennent et peut même y devenir presque vivace en se ressemant elle-même ; on la fauche rarement, elle est plutôt pâturée, les animaux la mangent parfaitement quand on ne lui laisse pas le temps de durcir.

Très rustique, résistant fort bien au froid de même

qu'à la chaleur, elle entre dans la composition des semis de la plupart des prairies en sols médiocres et secs.

Le semis s'effectue au printemps, dans une céréale ou sur une terre nue à l'automne; il est suivi d'un hersage moyen et d'un roulage.

Il est rare de trouver la semence à l'état pur depuis la disparition en Champagne de nombreux pâturages à moutons dans lesquels elle était récoltée. Aujourd'hui, elle est plutôt extraite des criblures provenant du nettoyage des sainfoins, aussi renferme-t-elle une assez grande quantité d'impuretés.

Poids de l'hectolitre : 26 kilos.

Fig. 89.
Pimprenelle.

Quantité à semer à l'hectare : 35 kilos.

Pissenlit — Pissenlit officinal. — Pissenlit dent de lion.

(Taraxacum officinale — Taraxacum dens leonis.)

Le pissenlit (fig. 90) est une Composée vivace peu exigeante sous le rapport du sol et du climat, mais qui prospère dans les prairies humides et substantielles où, à notre avis, elle doit être, non propagée comme on l'a conseillé, mais simplement tolérée quand elle n'est pas trop envahissante.

De même que les plantains, le pissenlit n'a qu'une rosette de feuilles à la base, du milieu de cette rosette s'élève une hampe longue et creuse qui porte un capitule de fleurs jaunes.

Les prairies irriguées ou arrosées avec des engrais liquides (purin ou lizier), de même

Fig. 90. — Pissenlit.

que les endroits préférés par les animaux dans les pâturages, sont souvent infestés de pissenlits. Dans les pâturages, sa présence est tolérée, parce qu'il fournit des feuilles amples et assez abondantes qui sont mangées volontiers par le bétail, qu'il repousse bien après avoir été pâturé, et que son fourrage favorise la sécrétion du lait chez les vaches laitières.

Mais, dans les prairies à faucher, il n'a pas les mêmes mérites, car il est difficilement ramassé par la faux, de plus la dessiccation lui enlève de la qualité et en particulier ses propriétés apéritives et condimentaires.

Potiron. — Voir *Courges*.

Reine des prés. — Voir *Spirée*.

Sanguisorbe officinale (*Sanguisorba officinalis*).

Appelée aussi *Grande Pimprenelle*, cette Rosacée vivace préfère les sols tourbeux, ne présente que peu d'intérêt au point de vue fourrager, car elle n'est pas très productive, a les tiges assez dures et ne donne que très peu de graines.

Sarrasin commun. — Renouée sarrasin.
(Fagopyrum vulgare. — Polygonum fagopyrum).

Le sarrasin (fig. 91) est appelé vulgairement *blé noir*, à cause de la couleur de ses fruits, et *blé rouge*, à cause de la couleur de ses tiges.

C'est une plante annuelle de la famille des Polygonées, à racine fibreuse, à feuilles cordées et sagittées, à fleurs d'un blanc rosé, à fruit renfermant des graines trigones à albumen farineux. Sa végétation rapide permet de l'utiliser en culture dérobée comme espèce fourragère.

Nous n'avons ici à examiner le sarrasin qu'au point de vue de sa culture comme fourrage.

Fig. 91. — Sarrasin.

A côté de l'espèce commune ou ordinaire presque abandonnée maintenant, on en distingue trois autres : 1º le sarrasin de Tartarie, 2º le sarrasin argenté, appelé aussi sarrasin gris et sarrasin gris commun,

3° un sarrasin émarginé de haute taille et de grand rendement, à peine sorti de la période des expériences et qui semble appelé à supplanter les variétés précédentes.

Le sarrasin craint beaucoup les gelées printanières, aussi doit-il être semé assez tard, de plus il aime une légère humidité dans le sol.

Il n'est pas exigeant sur la nature physique des sols, c'est ce qui explique pourquoi on le cultive dans les contrées les plus déshéritées à ce point de vue ; les terres argilo-siliceuses, silico-calcaires, calcaires, granitiques et schisteuses lui conviennent également bien.

Si le sarrasin est peu exigeant sous le rapport de la constitution physique du sol, il veut par contre, pour prospérer, une terre bien ameublie qui a reçu un labour avant l'hiver, un après et un bon hersage.

On le sème à partir du 15 mai en échelonnant le semis, si l'on veut, jusqu'à la fin du mois de juillet. Très souvent il entre dans les associations de plantes à végétation rapide et destinées à être coupées ou enfouies en vert.

Le rendement moyen en vert à l'hectare oscille entre 15.000 et 18.000 kilos ; sous cet état il équivaut environ au quart du même poids de foin normal, il ne peut donc constituer seul les rations, d'ailleurs il exposerait à des météorisations et même paraît-il (surtout chez les moutons) il peut provoquer l'apparition de l'érysipèle. La paille de sarrasin est plus riche qu'on ne le pense généralement. Quant aux graines, elles favorisent beaucoup l'engraissement, mais on a le tort de les donner, le plus souvent, sans être moulues ou concassées pour favoriser l'action du suc gastrique, dans l'alimentation des bœufs et des porcs auxquels on les réserve principalement et qui les mangent avec avidité.

C'est une erreur de croire que le sarrasin ne peut être ensilé, les mécomptes signalés ne peuvent être attribués qu'à l'emploi d'une méthode défectueuse.

Poids de l'hectolitre : 65 kilos.

Quantité à semer à l'hectare (pour fourrage) : 70 kilos.

Spergule (*Spergula*).

Noms vulgaires : *Spargoule, margeline, sporée, spourick.*

La spergule (fig. 92) est cultivée depuis longtemps en Belgique, en Hollande, en Russie et en Allemagne; c'est une plante annuelle de la famille des Caryophillées. Les racines sont grêles, les tiges ascendantes, hautes de 0^{m}50 à 0^{m}60; les feuilles verticillées, étroites, portant à leur base des stipules membraneuses; les fleurs blanches, petites et à panicule lâche.

Fig. 92. — Spergule.

Il existe deux variétés principales, ou plutôt la deuxième n'est qu'une sous-variété de la première :

1° La spergule ordinaire;

2° La spergule géante.

Il n'y a guère qu'une différence de taille entre les deux, c'est la seconde, comme son nom l'indique, qui est la plus élevée et par conséquent la plus productive. Cette dernière est susceptible d'atteindre un mètre de hauteur en sol favorable.

La spergule est une plante des climats brumeux et

humides ; par la sécheresse, elle donne un rendement
insignifiant ; elle veut des sols frais, meubles, légers
et profonds à la fois, et ne se plaît pas sur les terres
trop calcaires ou trop compactes.

On ne la sème au printemps que quand les gelées
ne sont plus à craindre et que les terres sont ressuyées,
un léger hersage ou un simple roulage suffit pour l'enterrer.

Voici ce que le comte de Gasparin dit de cette
plante (1).

« Dans les pays de brumes et de pluies d'été, qui
sont favorables à cette plante, elle peut succéder au
trèfle et au seigle et fournir une seconde récolte fourragère dans la même année avant l'époque des nouveaux semis de seigle. C'est la culture dérobée spéciale
à ces climats. Elle devient une culture principale si le
trèfle ne peut réussir par le défaut de richesse du sol.
Quand on veut nourrir le bétail avec la spergule verte,
on en fait plusieurs semis consécutifs, échelonnés de
telle manière que la consommation d'une récolte suc-
cède à celle d'une récolte précédente. Les bestiaux la
consomment; soit verte, soit fanée. On croit avoir remarqué, cependant, que les chevaux ont de la répugnance pour cette nourriture. »

Le rendement de cette excellente plante n'est malheureusement pas très élevé, 10 à 12.000 kilos seulement
de fourrage vert en bon terrain. Il est vrai qu'on signale
des rendements de 15 à 25.000 kilos obtenus très probablement en sols exceptionnels, mais on en citerait
de plus nombreux de 6 à 10.000 kilos.

D'après Sprengel, la spergule renferme 75 o/o d'eau.

____

(1) De Gasparin, *Cours d'agriculture.*

Elle exerce une heureuse influence sur le lait et sur la qualité du beurre des vaches qui la consomment. Le beurre qui en provient, outre qu'il a une saveur excellente et une belle couleur, est facile à délaiter et se conserve mieux que celui de vaches nourries avec d'autres plantes fourragères. Aussi, dans le commerce, ce beurre est fréquemment appelé *beurre de Spergule*.

Il arrive souvent que l'on préfère la faire pâturer par les vaches laitières plutôt que de la faucher.

La maturation de la spergule est successive ; on reconnaît que les graines sont mûres lorsqu'elles prennent une teinte noirâtre et que les tiges commencent à sécher. On récolte de 10 à 12 hectolitres de semence par hectare.

Poids de l'hectolitre : 90 kilos.

Quantité à semer à l'hectare : 25 kilos.

Spirée Ulmaire. Reine des prés (*Spiræa Ulmaria*).

Rosacée vivace, de valeur fourragère médiocre, se rencontrant sur les terrains humides.

Délaissée des chevaux, cette plante est au contraire mangée avec plaisir par les autres animaux et surtout par les chèvres.

CINQUIÈME PARTIE

PLANTES NUISIBLES AUX PRAIRIES

Une mauvaise herbe tue
trois plantes et prend la
place d'une quatrième.

Les mauvaises herbes sont
de la famille des mauvais
cultivateurs.

JACQUES BUJAULT.

Aconit Napel (*Aconitum napellus*). — Renonculacée vivace appelée vulgairemeut *casque, capuche ;*
elle renferme un alcaloïde très puissant appelé *Aconi-
tine*. Plante vénéneuse dans toutes ses parties, mais
surtout dans les racines, qui ressemblent au navet et
à la rave. L'aconit est non seulement dangereux pour
l'homme, mais pour tous les animaux de la ferme. On
doit donc prendre des précautions, même lorsqu'on
le cultive comme plante ornementale.

Ail des champs (*Allium oleraceum*), appelé aussi
Aillot, Aillet. — Liliacée vivace communiquant au lait
une odeur alliacée.

Ancolie commune (*Aquilegia vulgaris*). — Renonculacée vivace, appelée vulgairement *Manteau
royal, Bonne femme.*

Anémone des bois (*Anemone nemorosa*). — Sa

consommation provoque la diarrhée chez les animaux.

Anémone pulsatille (*Anemone pulsatilla*). — C'est aussi une Renonculacée vivace, appelée vulgairement *Sylvie* ou *Pâquerette*, ayant les mêmes inconvénients que l'espèce précédente.

Ansérine (*Chenopodium*). — Chénopodées généralement annuelles, à détruire par des sarclages répétés.

Anthemis des champs (*Anthemis arvensis*). — Composée annuelle, envahissante, délaissée par les animaux. On la fait disparaître en arrachant les plantes.

Anthrisque sauvage (*Anthriscus sylvestris*). — Ombellifère envahissante, appelée vulgairement *Persil d'âne*, *Cerfeuil sauvage* (fig. 93). On la détruit en l'arrachant, sans laisser de fragments de racines ou par des fumures phosphatées.

Berce branc ursine (*Heracleum Spondylium*). —

Fig. 93. — Anthrisque sauvage.

Fig. 94. — Bugle rampante.

Ombellifère bisannuelle, appelée vulgairement *Angélique sauvage*, *Héraclie*, *Panais sauvage*, *Patte de loup*, *Bibreuil*, *Acanthe*. Plante envahissante qu'il faut extirper jusqu'au moindre fragment de racine avant que la graine n'arrive à maturité; lorsqu'elle est trop dominante, il faut un défrichement suivi de cultures sarclées.

Berle à larges feuilles (*Sium latifolium*). — Ombellifère, qui se rencontre dans les eaux courantes et les eaux dormantes. Donne des convulsions et peut causer la mort.

Bluet ou Bleuet (*Centaurea Cyanus*) ou *Blavelle*. — Composée annuelle, à détruire par des binages effectués avant la formation des graines.

Bugle rampante (*Ajuga reptans*). — (Fig. 94). Cette maūvaise herbe envahissante, appelée souvent *Petite consoude* et *Consoude basse*, se détruit par le pâturage ou des sarclages.

Carex. — Laiches. — Ces Cypéracées (fig. 95) vivaces se distinguent par leurs feuilles triangulaires, rudes, coupantes et leur fruit généralement triangulaire. A part quelques espèces, les carex préfèrent les lieux tourbeux, humides et marécageux. Tous fournissent un fourrage très grossier, dur, délaissé par les animaux.

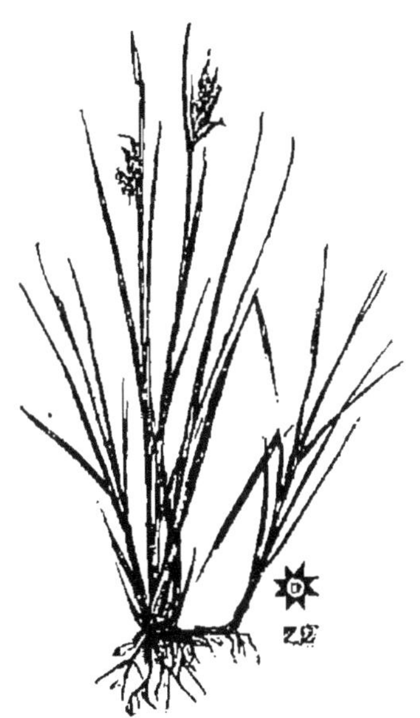

Fig. 95. — Carex.

L'assainissement du sol et des fumures appropriées les font disparaître.

Carotte sauvage (*Daucus carota*). — Ombellifère envahissante, prenant la place d'espèces meilleures et très difficile à détruire. On y arrive cependant par des arrachages répétés pendant plusieurs années ; quelquefois, lorsquelle est trop envahissante, il faut défricher.

Fig. 96.
Cerfeuil doré.

Cerfeuil doré (*Chærophyllum aureum*). — Ombellifère (fig. 96) vivace, difficile à détruire. Doit être arrachée jusqu'aux moindres fragments de racines. Disparaît par des apports répétés de fumures phosphatées.

Chardons. — Noms génériques des *Carduus* et des *Cirsium* (*cirses*), de la famille des Composées. — Plantes à racines profondes, difficiles à détruire, qui ne disparaissent qu'à la suite de sarclages répétés et d'écimages opérés avant la maturation des fruits.

Les espèces les plus communes dans les prairies sont :

le chardon des marais (*Cirsium palustre*), appelé aussi *bâton du diable*, qui est de grande taille, très piquant et préfère les sols humides ;

le chardon hemorrhoïdal ou *chardon des champs* (*cirsium arvense*), qui étant jeune est mangé par les animaux, mais fait ensuite le désespoir des cultivateurs par la rapidité avec laquelle il envahit les prairies ;

le chardon anglais (*cirsium anglicum*), se rencontrant surtout dans les régions granitiques ou en sols siliceux et qui est tellement envahissant qu'il arrive quelquefois à constituer à lui seul toute la flore des prairies, s'il y a une humidité suffisante pour sa végétation.

Ciguë tachée (*Conium maculatum*), appelée aussi *Grande Ciguë*. — Ombellifère bisannuelle, qui dégage une odeur rappelant, lorsqu'on la froisse, celle de la souris. Plante extrêmement vénéneuse (surtout à l'état vert) pour le bétail, qui heureusement l'évite d'instinct lorsqu'elle n'est pas mêlée aux fourrages coupés; renferme un alcaloïde, appelé *conicine*.

Ciguë petite (*Æthusa cynapium*) ou *faux persil*. — Plante très vénéneuse, à odeur vireuse comme la précédente. Se distingue du persil par la couleur lie-de-vin de la partie inférieure de sa tige et ses fleurs, qui sont blanches, au lieu d'être jaunes.

Colchique (*Colchicum*) ou *Vachette*. — Plante bulbeuse de la famille des Liliacées (fig. 97), extrêmement

Fig. 97. — Colchique.

ment envahissante, très difficile à extirper, car les bulbes sont à une grande profondeur en terre ; on la détruit cependant par l'arrachage répété des tiges avant la formation de la graine et le pâturage prolongé.

Coquelicot. Voir *Pavot.*

Coronille bigarrée (*Coronilla varia*). Voir page 154.

Cuscute (*Cuscuta*). — *Noms divers donnés à la cuscute.* — On a prétendu que les anciens ne connaissaient pas la cuscute. Comment auraient-ils nommé

Fig. 98. — Cuscute.

et décrit une plante qu'ils n'auraient pas connue ?
Il est prouvé que ce que Pline appelle *Cassuta, Cas-*

sita, *Cadytas*, est véritablement la cuscute (fig. 98), qui, à la même époque, était désignée sous le nom de *Cassytas* dans l'Asie orientale, et de *Chassuth*, *Kochoul*, *Kossuth*, dans le nord de l'Afrique.

Voici quelques-uns des noms qu'elle porte actuellement en Europe : en allemand : *Flachseide*, *Seidenkraut* ; en anglais : *Dodder*, *Hellverd* ; en russe, *Pawilizia* ; en polonais, *Kanianka* ; en danois, *Horsilke* ; en bohémien, *Kokotice*.

Les noms vulgaires français de la cuscute sont significatifs ; nous ne citerons que les plus connus : *Gale, Teigne, Rogne, Rasque, Rache, Royne, Ruble, Angoure, Ephytyme, Crémaillère, Tignasse, Chevelu du diable, Perruque du diable, Cheveux de Vénus, Barbe de Moine*, etc., *Bel-de-Li Entrevediou, Baboulo, Trouilloti, Loupe le Rasco*, dans le Midi. Jamais parasite n'eut autant de parrains.

Description de la graine. — Il y a une soixantaine d'espèces de cuscute. La cuscute des trèfles et des luzernes seule nous intéresse, nous ne parlerons que de celle-là.

La graine est petite, fine, d'une couleur brune légèrement jaunâtre ou grisâtre, de forme ovoïde arrondie.

La surface (testa) est réticulée très finement, rugueuse, creusée, comme une écorce d'orange, d'un grand nombre de très petits trous contigus, peu profonds, séparés par de minces arêtes. Ces arêtes sont quelquefois peu saillantes et la graine paraît légèrement veloutée.

Les points creux miroitent au soleil ou à une lumière très vive, la graine se couvre de points brillants et semble écaillée.

L'un de ces trous ou alvéoles, beaucoup plus grand

que les autres, est facile à distinguer à l'œil nu. Il est
en forme d'écusson un peu aplati, sa surface est plus
lisse que sur le reste de la graine et s'en distingue
quelquefois par une couleur plus claire.

L'intérieur de la graine est composé d'une substance
farineuse jaune. Le germe placé au centre est de couleur plus transparente.

La *cuscuta arvensis*, qui a été introduite en France
dans les luzernes de provenance américaine, se distingue par sa couleur jaune et son gros volume.

Les cultivateurs connaissent malheureusement beaucoup trop la plante et pas assez la graine.

On oublie trop souvent que la cuscute peut aussi
étendre ses ravages à des cultures autres que celles des
prairies artificielles, qu'elle végète parfaitement dans
toutes les prairies renfermant une proportion suffisante
de légumineuses, qu'elle attaque les pois, les haricots.
les fèves, etc.; nous l'avons même remarquée sur des
plantes telles que les pommes de terre et des fleurs
où nous nous attendions peu à la rencontrer.

Mode de végétation et de développement. — Nous
allons montrer la force de végétation de la cuscute, sa
vitalité étonnante, la rapidité avec laquelle elle se propage.

La graine, protégée par la dureté de son enveloppe,
peut rester très longtemps à l'état latent dans le sol,
sans rien perdre de sa faculté germinative, prête à se
développer dès qu'elle sera placée dans des conditions
favorables.

Elle germe habituellement en avril ou en mai et
produit une tige grêle, semblable à un fil blanchâtre,
recouverte çà et là de petites écailles. Cette tige s'allonge
jusqu'à ce qu'elle trouve un point d'appui, pour se

diriger ensuite vers une plante qui puisse la nourrir.

Dès qu'elle atteint la plante nourricière, elle s'enroule autour. Aussitôt se forme, à chaque point de contact, une sorte de renflement discoïde semblable à un petit mamelon, d'où sort une pointe qui pénètre dans la plante, communique avec le réseau vasculaire et absorbe les sucs nutritifs. Peu de temps après, un gonflement se forme aux endroits où ont pénétré ces pointes ou suçoirs ; la racine périt, le parasite est en quelque sorte greffé à la plante jusqu'à ce qu'elle meure. Il passe ensuite aux plantes voisines et forme une tache circulaire autour du point d'où il est sorti de terre.

Ces taches s'étendent rapidement, se rejoignent si la cuscute se montre à plusieurs endroits, s'enlacent entre elles et achèvent de dévorer la prairie artificielle jusque dans ses racines. Les tiges survivent ensuite pendant quelque temps et pourrissent en laissant sur le sol des millions de graines pour la suite.

On peut juger, par là, combien il est nécessaire d'arrêter le mal au début. Voici ce qu'écrivait, en 1876, le docteur Schneider, président du Comice agricole de Thionville :

« La cuscute se propage par graines et par boutures. Mais si la graine est un agent très actif de propagation, que dire de la plante elle-même ? Que dire de ces filaments que le râteau à cheval transporte sur toute l'étendue d'une luzernière ? Prenez un fil, justement nommé fil du diable, portez-le à cent mètres de son lieu d'origine et déposez-le sur un pied de luzerne, vous le verrez bientôt s'attacher à la plante et prospérer à ses dépens. Voilà le fait : la cuscute se propage des luzernes infestées aux luzernes saines par la graine et par les débris de la plante. Les animaux sauvages,

les animaux domestiques et les instruments agricoles
sont autant d'agents de transmission de la cuscute...
Et du train dont la cuscute marche, du moins dans
notre région, on peut prédire qu'avant peu d'années
elle aura complètement empoisonné nos terres, si l'on
ne prend pas des mesures générales pour la détruire. »

Ces prédictions, que le docteur Schneider faisait il y
a 18 ans, ne se sont, hélas ! que trop réalisées.

Il semble que la nature, après avoir doué la cuscute
d'une fécondité et de moyens de destruction aussi puis-
sants que rapides, ait accumulé tous les moyens possible pour faciliter la tâche du parasite.

La cuscute est attirée vers ses victimes comme l'ai-
guille aimantée vers le pôle magnétique. Benevuti, en
Italie, découvrit le premier cette véritable attraction :
« J'assujettis, dit-il, au moyen d'épaisses ligatures sur
un petit bâton les différents rameaux d'un pied de
luzerne, de manière à lui donner la forme d'un petit
cylindre herbacé. Je pris ensuite deux autres baguettes sur lesquelles j'attachai avec le plus grand soin
quelques brins de cuscute et je plantai ces baguettes
de chaque côté du cylindre de luzerne, à la distance
d'au moins deux pouces.

« En peu de temps les filets se prolongèrent dans la
direction du cylindre d'herbe ; ils s'attachèrent à la
luzerne en divers endroits et s'y ramifièrent de façon à
la faire périr. »

Moyens de destruction dans les prairies. — L'apparition et l'extension rapide de la cuscute, surtout
pendant ces derniers temps, ont fait naître et recommander un nombre infini de remèdes. Nous allons en
citer quelques-uns, les cultivateurs les jugeront.

1º Arroser la partie envahie au moyen de liquides plus ou moins corrosifs.

Le sulfate de fer étendu d'eau, dans la proportion de 10 kilos par 100 litres, a donné des résultats sérieux; mais il faut arroser la cuscute pendant 12 jours environ. C'est un travail et un sacrifice de temps qui empêchent souvent de l'employer.

L'emploi du sulfate de potasse à la dose de 250 grammes par mètre est très recommandable, car il détruit la cuscute et rend de la vigueur aux plantes attaquées.

Les acides énergiques (tel l'acide sulfurique étendu d'eau) réussissent bien, surtout dans les terrains calcaires.

Le purin donne un résultat sensible, mais il ne peut être considéré comme un moyen sûr. Il en est de même de l'épandage du lizier.

2º Avoir recours à certains engrais spéciaux qui détruisent la cuscute, mais dont malheureusement le prix d'achat est trop élevé pour permettre d'en généraliser l'emploi.

3º Couper la partie atteinte plusieurs fois au ras de terre, enlever les filaments, recouvrir la place fauchée d'une couche de chaux vive de 0ᵐ 04 d'épaisseur et arroser.

Ce moyen ne réussit pas toujours, l'action de la chaux ne pouvant être considérée comme suffisamment énergique.

4º Faucher la tache et la recouvrir de débris de tannerie.

C'est peu pratique dans beaucoup d'endroits. On ne peut d'ailleurs avoir confiance dans un procédé dont l'inventeur avoue lui-même les insuccès fréquents.

5º Faucher la tache et les plantes qui l'environnent,

mettre ces plantes jusqu'aux moindres débris dans un sac en toile serrée, les transporter dans un endroit convenable et les brûler. Couvrir ensuite la place fauchée de matières combustibles, mettre le feu et l'entretenir pendant plusieurs heures.

Ce procédé est bon, mais, malgré sa simplicité apparente, ne laisse pas d'être très coûteux.

Il arrive aussi, quelquefois, que les filaments de cuscute entortillés autour du collet de la racine ou protégés d'une façon quelconque ne sont pas suffisamment atteints par la flamme, et repoussent avec vigueur quelques jours après. Il devra donc être appliqué avec beaucoup de soin, si l'on veut éviter toute chance d'insuccès.

6º Il s'est trouvé des personnes pour conseiller de piocher, retourner, labourer la tache. A notre avis, c'est là un moyen de propagation et non de destruction.

7º Quelques agriculteurs pensent que, en semant un peu de sainfoin avec la luzerne, la cuscute ne peut se développer. C'est encore une erreur. La cuscute attaque le sainfoin comme la luzerne. Le résultat insignifiant qu'on peut obtenir est de retarder quelque peu la marche du fléau.

8º Ce moyen est basé sur l'incompatibilité de la cuscute avec certaines graminées. Il suffit de semer 10 à 15 kilos de dactyle pelotonné à l'hectare en même temps que la luzerne. Dix kilos suffisent dans les terres fortes, le double est nécessaire dans les terres légères.

Le vulgarisateur de ce moyen prétend avoir obtenu un succès complet depuis quarante ans.

9º Un paillis de marc de pommes répandu frais sur la cuscute en amène la destruction.

Enfin nous pourrions encore citer : la machine à tondre la cuscute, les poudres contre la cuscute et une foule d'autres moyens qu'il serait trop long et oiseux d'énumérer.

Les fourrages cuscutés (1), même absorbés en petite quantité avec d'autres fourrages, amènent une perte totale de l'appétit, font cesser la rumination et provoquent la sécrétion d'une salive abondante qui s'écoule de la bouche des animaux.

Voici comment s'exprime à son tour le docteur Hœubner (2) :

« La cuscute dans le trèfle provoque chez le bétail et le porc des maladies dangereuses pour la vie des animaux par suite de ce que le fourrage n'est pas digéré. La cause serait dans la formation par la cuscute d'un feutrage dans le canal digestif. Un auteur pense que la cause du mal, et du refus que les animaux font du trèfle cuscuté, réside dans l'existence d'un cryptogame qui amène peu à peu la mort des trèfles cuscutés. Nous relatons simplement cette opinion, qui a besoin d'être démontrée encore d'autant plus que, dans le cas prérappelé, la présence du champignon en question n'a pas été constatée.

« Dans tous les cas, il ne faut pas nourrir avec des trèfles ou des luzernes fortement cuscutés, mais bien de préférence les détruire radicalement sur place. »

Pendant ces dernières années, la cuscute a aussi été propagée par certains tourteaux employés pour l'alimentation ou comme engrais. Combien de cultivateurs ont ainsi contaminé sans s'en douter les terres et les fumiers de leur exploitation ! Il est donc indispensable,

(1) *L'agriculture de la région du Nord*, journal.
(2) Hœubner, *l'Alimentation des animaux domestiques*.

pour les tourteaux de lin surtout, de bien s'assurer que la marchandise est indemne de cuscute, car on ne doit pas perdre de vue que, outre les dangers présentés par l'absorption d'une nourriture cuscutée ainsi que nous venons de signaler, *la cuscute enfouie profondément dans le sol s'y conserve pendant de nombreuses années avec toute sa puissance germinative, pour envahir de nouveau les champs pour peu qu'un labour profond la ramène à la surface;* les grains résistent même à l'action digestive, traversent ainsi sans être altérés les organes des animaux qui peuvent ensuite, par leurs déjections, concourir à la propagation du redoutable parasite.

Les analyses des stations de contrôle prouvent que certaines graines du trèfle violet et de luzerne renferment jusqu'à 1.800 grains de cuscute par kilo. En admettant un semis de 15 kilos à l'hectare pour le trèfle et de 25 kilos pour la luzerne, on voit donc que ces proportions représentent 27.000 grains à l'hectare pour le premier et 45.000 grains pour la seconde.

Est-il besoin d'ajouter après cela que tout cultivateur soucieux de ses intérêts ne doit pas acheter un seul kilo de trèfle, de luzerne ou d'autres plantes susceptibles de renfermer de la cuscute sans exiger de son vendeur un certificat déclarant formellement que la semence livrée est absolument indemne de ce parasite, c'est-à-dire, est complètement décuscutée (1) ?

Euphraise officinale (*Euphrasia officinalis*). — Scrofulariacée annuelle (fig. 99), appelée aussi *Brise-*

(1) Toutes les graines vendues dans nos établissements sont épurées au moyen du « Décuscuteur Denaiffe, breveté S. G. D. G. » *et garanties sans un seul grain de cuscute.*

lunettes, Casse-lunettes, Luminet, par suite de l'effet bienfaisant sur la vue qu'on lui attribuait autrefois. Un binage et des cultures plus soignées la font disparaître.

Fritillaire pintade *(Fritillaria meleagris)* ou *Fritillaire damier*, appelée aussi vulgairement *Coccignole* et *Gogasse*. — Liliacée vivace, à bulbes vénéneuses et à feuilles caustiques.

Fig. 99.
Euphraise officinale.

Gouet commun ou **Gouet maculé** *(Arum vulgaris, Arum maculatum)*. Nom vulgaire : *Pied de veau.* — Aroïdée vivace à feuilles laxatives et même vénéneuses.

Grassette commune *(Utricularia vulgaris)*. — Labiée vivace, vénéneuse et laxative.

Grassette commune *(Pinguicula vulgaris)*. — Plante vénéneuse, appelée vulgairement *Tue-bœuf.*

Gratiole officinale *(Gratiola officinalis)* ou *Herbe au pauvre.* — Scrofulariacée vivace, très vénéneuse et occasionnant l'entérite.

Jonc *(Juncus)*.—Les joncs sont des plantes herbacées vivaces, à racines généralement fibreuses, à tiges sur lesquelles les feuilles sont souvent réduites à une simple gaine ou à des écailles. Les variétés les plus connues sont :

Le jonc glauque *(Juncus glaucus)* (fig. 100).
— commun *(Juncus communis)*.
— aigu *(Juncus acetus)*.
— humble *(Juncus supinus)*.
— hétérophylle *(Juncus heterophyllus)*.

Le Jonc des crapauds (*Juncus bufonius*).

Comme ce sont des plantes ne pouvant vivre que dans les milieux humides, le moyen le plus efficace de les détruire est assurément le drainage. Quoi qu'il en soit, les fumures minérales (phosphatées, potassiques principalement) ainsi que les chaulages et les marnages, contribuent à faire prédominer les légumineuses ou d'autres bonnes espèces à la place des joncs.

Fig. 100.
Jonc glauque.

Laiches. Voir *Carex*.

Leucanthème (*Leucanthemum*). — Le leucanthème constitue un fourrage médiocre, lorsqu'il est jeune et mauvais dès qu'il durcit.

La Grande Marguerite ou Leucanthème commune (*Leucanthemum communis*), appelée aussi *Grande Pâquerette*, est la variété la plus répandue ; elle disparaît par des coupes fréquentes et de bonnes fumures.

Linaigrette (*Eriophorum*). — Cypéracées vivaces, à houppes blanches et soyeuses se rencontrant dans les marais, les prairies inondées et en général sur tous les sols humides.

On les détruit de la façon précédemment indiquée pour les joncs.

Liseron (*Convolvulus*). — Convolvulacées généralement vivaces, empêchant le développement des plantes et rendant le fanage difficile. On les détruit par le pâturage ou le défrichement.

Lobélie brûlante (*Lobelia urens*). — Lobéliacée vivace et vénéneuse.

Marguerite. Voir *Leucanthème* et *Pâquerette*.

Mélampyre des champs (*Melampyrum arvense*). — Scrofulariacée annuelle, portant de nombreux noms vulgaires : tels que *blé de vache*, *cornette*, *rougeole*, *pied de bouc*, etc. C'est une plante envahissante, qui paraît être un parasite des graminées, c'est surtout ce défaut qui en fait une espèce nuisible, car, de même que les autres mélampyres, elle est mangée volontiers et sans inconvénient par les bestiaux. Les graines broyées avec le blé et entrant dans le pain provoquent des vertiges et des troubles dans l'organisme.

Mousses. — En ce qui concerne leur destruction, voir « soins à donner aux prairies ».

Narcisse faux-narcisse (*Narcissus pseudo-narcissus*). — Amaryllacée vivace, à bulbe vénéneux et à feuilles susceptibles de produire des inflammations d'estomac.

Nivéole printanière (*Leucoium vernum*). — Amaryllacée dont le bulbe est vénéneux.

Œnanthe (*Œnanthus*). — Ombellifères des plus vénéneuses et des plus dangereuses pour le bétail. Elles acquièrent un grand développement et se rencontrent surtout dans l'Ouest parmi les plantes des prairies basses, humides et le long des cours d'eau. Parmi les plus communes nous citerons ;

L'Œnanthe Phellandrie, qui est la moins mauvaise,

l'Œnanthe safranée et l'Œnanthe fistuleuse, qui contiennent un poison redoutable agissant même après la dessiccation, aussi doit-on les extirper soigneusement.

Orobanche (*Orobanche*). — Toutes les orobanches sont des plantes à faire disparaître des prairies.

Fig. 101.
Orobanche
à petites fleurs.

L'orobanche à petites fleurs (*Orobanche minor*) (fig. 101) est la plus répandue dans les prairies et surtout dans les trèfles; elle s'unit par des fibres radicales ou suçoirs aux racines de sa plante nourricière et la fait périr en lui enlevant la sève. On la détruit en partie par des arrachages ou coupes fréquentes avant la formation des graines.

Oseille (Grande). — Voir page 267.

Oseille (Petite) (*Rumex acetosella*), appelée aussi *vignette sauvage, oseille des brebis*. — C'est une plante envahissante qui est toujours l'indice d'un sol pauvre en calcaire; elle montre la nécessité des chaulages et des marnages. Comme elle est calcifuge, ces derniers peuvent la faire disparaître.

Panicauts (*Eryngium*). — Ombellifères vivaces, dont les épines sont nuisibles dans les fourrages.

Pâquerette. Petite marguerite (*Bellis perennis*). — Petite Composée vivace (fig. 102), précoce, envahissante, caractéristique des sols maigres, appauvris, négligés. Les soins et les engrais la font disparaître.

Patience (*Rumex patientia*), appelée aussi *patience des moines, patience officinale, patielle, parielle*. — C'est une Polygonée vivace (fig. 103), très

commune dans les prairies grasses et humides et une
mauvaise plante, dont on ne peut
se débarrasser qu'en coupant les
racines (qui sont très pivotantes)
à une grande profondeur avant la
formation des graines.

**Pavot des champs. — Coque-
licot** (*Papaver Rheas*). — Papa-
véracée très mauvaise, qui détermine des coliques et des convulsions chez les animaux qui la
consomment. Elle est facile à
détruire en l'arrachant avant la
maturité des graines.

Fig. 102.
Paquerette.

Pédiculaire (*Pediculus*). — Scrofulariacées vivaces, qui non seulement sont des plantes fourragères
médiocres, mais ont aussi, paraît-il, la
fâcheuse faculté de donner des poux
aux animaux qui en consomment.

De plus le *Pediculaire des marais*
(*Pediculus palustris*) provoque des
pissements de sang.

Pétasite officinal (*Petasites officinalis*). — Composée vivace, qui
répand une odeur infecte et se rencontre dans les lieux humides. Disparaît par l'assainissement.

Fig. 103.
Patience
à feuilles obtuses.

Plantain (*Plantago*). — Les plantains sont des plantes vivaces, qui font beaucoup de
tort aux prairies naturelles de même qu'aux trèfles,
luzernes, etc., quand ils se trouvent en grande

17.

quantité. Il n'en existe guère que trois variétés importantes dans les prairies :

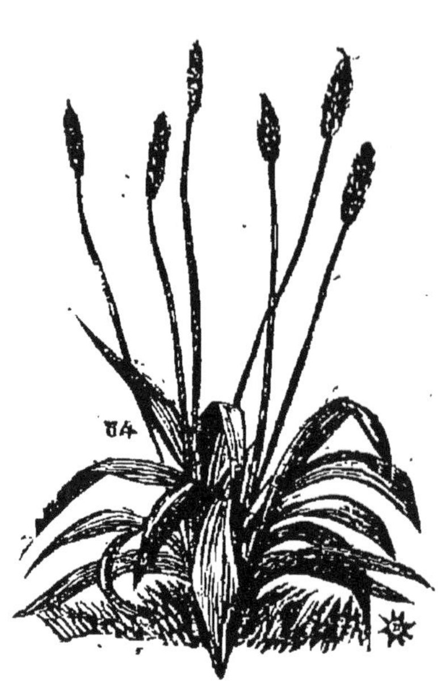
Fig. 104.
Plantain lancéolé.

Le grand plantain (*plantago major*) ;

Le plantain lancéolé (*plantago lanceolata*) (fig. 104).

Le plantain moyen (*plantago media*).

Tous trois sont envahissants, prennent la place des plantes meilleures, donnent un foin coriace, sont peu productifs.

On les supprime en les coupant un peu au-dessous de terre et en pratiquant des fumures.

Malgré tous les soins apportés aux épurations de trèfles, luzernes, lotiers, etc., il reste toujours quelques grains de plantain.

Prêles. — Queue de rat (*Equisetum*). **—** Les prêles, qui forment la famille des Equisétacées, se trouvent dans les prés humides, tourbeux et marécageux, en compagnie des joncs et des carex. Grâce à leur souche très puissante, il est assez difficile de les détruire. Le meilleur moyen de les faire disparaître en deux ou trois ans est d'assainir le sol où elles végètent. Les chevaux mangent les prêles sans inconvénient, elles sont nuisibles au contraire aux moutons et surtout aux bêtes à cornes.

Renoncules (*Ranunculus*). — Les renoncules sont très nombreuses, nous ne considérerons que les variétés que l'on rencontre le plus spécialement dans les prairies. Elles sont annuelles ou vivaces, en général à fleurs jaunes. Toutes contiennent à des doses plus ou moins élevées un principe âcre qui les fait rebuter du bétail ; certaines sont même vénéneuses ; consommées en assez grande quantité, elles peuvent occasionner des troubles très graves, telles sont :

La renoncule bulbeuse (*Ranunculus bulbosus*).
  — scélérate (*Ranunculus sceleratus*).
  — à feuille d'aconit (*Ranunculus aconi-tifolius*).
  — langue (*Ranunculus lingua*).
  — flammette (*Ranunculus flammula*).
  — ficaire (*Ranunculus ficaria*).
  — aquatique (*Ranunculus aquatilis*).
  — flottante (*Ranunculus fluitans*).

Il est cependant deux variétés qui sont plus inoffensives que les autres et que l'on rencontre très communément dans toutes les prairies, nous voulons parler de la renoncule âcre (*Ranunculus acris*) (fig. 105) et de la renoncule rampante (*Ranunculus repens*) (fig. 106).

La première se distingue de sa congénère par sa plus grande taille et ses feuilles velues tachées de brun, tandis que l'autre est souvent maculée de blanc. Enfin la renoncule âcre n'émet pas les stolons rampants, qui caractérisent la renoncule rampante.

La renoncule âcre préfère les terres humides et les prairies grasses. Sa destruction n'est pas facile, car elle est vivace, les sarclages et les apports d'engrais n'en viennent pas toujours à bout. Elle peut produire l'avortement, la diarrhée, l'inflammation de l'intestin. C'est une mauvaise herbe que les animaux évitent, mais qui perd par la dessiccation une partie de ses propriétés nuisibles.

Ces propriétés se retrouvent, mais à un degré beau-

Fig. 105.
Renoncule âcre.

Fig. 106.
Renoncule rampante.

coup moindre dans la renoncule rampante ; cette dernière mangée en petite quantité ne produit même aucun trouble chez les animaux. Elle est très envahissante, aussi doit-elle être extirpée des prairies par des sarclages, des arrachages et au besoin par le défrichement suivi de cultures sarclées, si elle est trop dominante.

Ces renoncules portent un grand nombre de noms : *Bouton d'or, bassin d'or, bassinet, pied de poule, piépon, jauneau, piécot, pied de corbin,* etc.

Rhinanthe majeure (*Rhinanthus major*) ou **Rhinanthe crête de coq**, ou même simplement **Crête de coq**. — La présence de cette Scrofulariacée annuelle dans les prairies est un signe d'épuisement du sol. On la fait disparaître par l'apport de fumures ou en la fauchant avant maturité.

Ronces (*Rubus*). — Nous citons les ronces, quoique elles appartiennent à la flore forestière, puisqu'elles envahissent parfois les prairies et qu'il est indispensable de les extirper par des sarclages.

Rumex (*Rumex*). — Le genre Rumex comprend à la fois les Patiences proprement dites et les Oseilles (voir ces mots) : les premières sont à feuilles non acides et les secondes au contraire sont à feuilles acides.

Sauge des prés (*Salvia pratensis*). — C'est une Labiée vivace (fig. 108) commune dans les prés secs et dont on se débarrasse par l'irrigation ou des coupes fréquentes.

Scabieuses (*Scabiosa*). — Les scabieuses (fig. 107) sont des Dipsacées généralement vivaces, envahissantes, dépuratives et d'un goût amer qui déplait au bétail. On les supprime en les arrachant.

Fig. 107.
Scabieuse.

Fig. 107.
Sauge des prés.

Souchets (*Cyperus*). — Cypéracées vivaces, sans valeur fourragère.

Sureau Yèble (*Sambucus ebulus*). — Caprifoliacée

vivace très vigoureuse, d'une odeur fétide, ne se rencontrant que sur les bons terrains. On l'extirpe avec
peine, en l'empêchant de produire des graines et en
l'enlevant avec ses racines.

Tussilage (*Tussilago*). — Composée envahissante
et vivace, appelée vulgairement *Pas d'âne* et *Taconet*,
se rencontrant en sols frais et fertiles au détriment des
bonnes espèces. On détruit le tussilage en supprimant
en mars-avril les tiges en fleur et en le coupant profondément dans le sol, au moyen d'une bêche ou d'un
couteau, dès qu'il a deux ou trois feuilles.

SIXIÈME PARTIE
ENSILAGE. — SIDÉRATION
FOURRAGES SUPPLÉMENTAIRES

§ 1. — **Ensilage**

Les fourrages, qui permettent d'entretenir un nombreux bétail, sont la base de la prospérité des exploitations agricoles et, ainsi que nous l'avons dit, les agriculteurs intelligents donnent chaque année de l'extension à la production fourragère. Mais certaines plantes, telles que le maïs, le trèfle incarnat, perdent beaucoup par la dessiccation ou ne peuvent même être converties en foin. Il en résulte que leur consommation doit être faite dans un temps assez court et qu'elles ne sont susceptibles d'être cultivées que sur des surfaces relativement restreintes. Il fallait donc trouver un moyen d'augmenter la durée de leur conservation sans avoir recours à la dessiccation et ce moyen a été fourni avec plein succès par la pratique de l'ensilage.

L'ensilage était en réalité connu depuis longtemps, mais appliqué sans méthode et limité à la conservation des pampres de vigne entassés et comprimés dans de vieux tonneaux ou des cuves et destinés à la nourriture des chèvres; plus tard on l'étendit à la conservation des racines et des pulpes. Mais on peut dire que la véritable date de la découverte de l'ensilage est l'année 1861, époque où M. Reihlen, fabricant de sucre à Stuttgard, mit dans un silo des maïs qui avaient été surpris par la gelée. Ce nouveau mode de conservation ne commença à être réellement pratiqué en France que vers 1873; il n'y a guère qu'une douzaine d'années qu'il tend à se généraliser et le procédé d'ensilage à l'air libre n'est même pratiqué que depuis 1884.

Sans entrer ici dans les détails de la construction des divers silos, ni du matériel et des appareils employés pour l'ensilage, nous allons indiquer brièvement les avantages de l'ensilage, énumérer les plantes qui s'y prêtent le plus spécialement, parler des modifications chimiques et physiques qui se produisent et terminer par quelques mots sur la valeur alimentaire des fourrages ensilés.

Avec le fanage, quelque soin que l'on prenne, des débris tombent sur le sol et se composent principalement des parties les plus riches en matières azotées. D'un autre côté, si pendant le fanage le mauvais temps survient, il y a des principes solubles d'entraînés, tels que les sucres, les sels minéraux solubles et une partie des matières albuminoïdes. On se rendra mieux compte des déperditions que peut subir un foin exposé aux intempéries lorsqu'on saura qu'un simple lavage à l'eau froide enlève au foin plus de 20 o/o de son poids en matière sèche. Si l'on ajoute à cela que le foin lessivé n'a plus d'arome ni de saveur, conditions qui augmentent la digestibilité et stimulent l'appétit, on verra que la valeur alimentaire du foin qui a reçu de très fréquentes ondées est beaucoup diminuée.

Avec l'ensilage, au contraire, il y a moins de perte que par le fanage; aussitôt coupée, l'herbe est rentrée et mise en silo, aucune partie tendre et nutritive n'est perdue. Il y a bien une perte par moisissure sur les parois du silo ou dans les encoignures, mais cette perte est beaucoup plus faible que dans le fanage.

De plus, ce fourrage, étant conservé dans l'état où il est le plus facile à digérer, c'est-à-dire à l'état aqueux, est plus homogène et nourrit autant que l'herbe verte. Il y a bonne utilisation du fourrage et ce dernier conserve en quelque sorte toutes ses qualités nutritives.

Une provision suffisante de foin étant faite pour les chevaux, si l'on est surpris par le mauvais temps il ne faut donc pas hésiter à user largement de l'ensilage et l'appliquer à des espèces susceptibles d'être converties en foin, de même qu'à celles ne se prêtant pas à la dessiccation.

D'une manière générale, on peut ensiler toutes les plantes fourragères vertes, mais, ainsi que nous l'avons dit, quelques-unes y sont plus spécialement affectées, tel est le cas pour le maïs, par exemple, qui est la plante type des ensilages. Mais comme dans les variétés à grand rendement, telles que le maïs dent de cheval, il y a de grandes différences entre la base, les tiges et le sommet (le grain contenant 16 o/o de matières azotées et la tige 3,30 seulement), il est bon de le hacher en morceaux d'une longueur de 1 à 2 centimètres ou de 2 à 4 centimètres au plus. Le hache-maïs de la maison Albaret, qui débite 8 à 10.000 kilos de fourrage par heure et qui, avec son élévateur, fait parvenir les produits à 4 et 5 mètres de hauteur, peut rendre à cet égard des services sérieux dans les exploitations assez importantes.

Une analyse plus complète des diverses parties du maïs lorsqu'il est en pleine fleur montrera mieux la nécessité du hachage.

ÉLÉMENTS	PARTIE			
	SUPÉRIEURE	MOYENNE	INFÉRIEURE	ENTIÈRE
Matières azotées.....	4.34	3.86	3.37	6.47
— grasses.....	1.00	0.40	0.30	1.28
— insolubles dans l'alcool......	17.50	20.00	21.00	11.77
— amylacées et autres....	39.40	38.65	35.50	56.35
Cellulose	33.10	33.85	38.00	18.37
Matières minérales...	4.57	3.09	1.74	5.76
	100.00	100.00	100.00	100.00
Azote pour cent de chaque partie sèche.	0.694	0.617	0.540	1.030

En opérant ainsi, on obtient non seulement une masse fourragère plus homogène et une meilleure répartition des matières azotées et autres, mais encore les maïs hachés se compriment mieux et permettent d'ensiler une plus grande quantité de fourrage, en même temps qu'ils expulsent plus complètement l'air du tas et facilitent la conservation de la masse.

Après le maïs vient le sorgho, qui doit être haché pour les mêmes raisons; il en est de même pour les genêts, les ajoncs, les bruyères et la ramille que l'on veut ensiler.

Le seigle coupé en vert, l'escourgeon, le moha, les millets qui deviennent un peu durs à la fin de leur végétation sont attendris par l'ensilage.

Le trèfle incarnat est aussi une légumineuse qui est beaucoup ensilée, car elle ne peut être mangée en vert que pendant peu de temps; aussitôt après la floraison elle passe rapidement à l'état semi-ligneux.

On ensile aussi avantageusement la spergule, la chicorée, le colza, la navette, le trèfle, la luzerne, le sainfoin, les vesces, les herbes de prairies et même les regains.

On se trouvera également très bien de l'ensilage pour conserver des sous-produits ou déchets dont l'utilisation ne pourrait être complète. Tel est le cas des marcs de raisin, des pulpes de betterave, les feuilles de vigne et d'autres arbres ou arbrisseaux et des feuilles de carottes, navets, rutabagas, panais, etc.

Les silos peuvent se classer en deux grandes catégories :

1º Les silos en terrassement ;

2º Les silos en maçonnerie.

Dans l'un comme dans l'autre, le fourrage est ensilé frais, c'est-à-dire n'ayant pas subi de dessiccation. Il n'y a pas d'inconvénient à ensiler des fourrages mouillés par la rosée et la pluie, certains praticiens estiment même que la conservation se fait mieux dans ces conditions.

On emplit le silo par couches bien horizontales et des hommes sont chargés de le tasser avec leurs pieds ; si le silo est enfoncé en terre, on piétine surtout le long des murs ; s'il est superficiel (à l'air libre ou non), on s'attache de même à fouler le long des bordures.

On se trouve bien de mettre sur la face supérieure une couche de balles d'avoine de 0 m. 05 à 0 m. 10 d'épaisseur, enfin le tout doit être serré par le moyen de compression que l'on aura choisi et de façon à obtenir une pression de 400 à 500 kilos par mètre carré (excepté lorsqu'on se sert de terre pour obtenir la pression).

Au début de la pratique des ensilages on pensait qu'il

fallait remplir très vite le silo, on estimait que pour être fait dans de bonnes conditions il devait être confectionné en une journée. Mais aujourd'hui on a reconnu qu'il était préférable de procéder au remplissage en plusieurs jours, on obtient ainsi un tassement qui permet d'ensiler une quantité bien plus considérable de fourrage dans le même cube de silo. Ajoutons cependant qu'il est très préférable qu'il y ait le moins possible d'interruption, c'est-à-dire qu'il faut apporter chaque jour une couche nouvelle.

Si l'on veut établir un second ensilage sur le premier après que celui-ci a fermenté une couple de mois, il est bon de mettre une couche de paille sur le silo après qu'on a enlevé la couverture afin d'empêcher le contact de l'air si la fermentation n'était pas encore à point : « l'air est l'ennemi des bons ensilages, » a-t-on dit avec juste raison. Après quoi on peut charger le silo sur la première masse ensilée, on a de la sorte un ensilage à deux étages qui utilise mieux les bâtiments qu'un seul, souvent réduit après fermentation à une faible hauteur.

Dans la masse ensilée, il se produit des modifications physiques et chimiques profondes. Il y a d'abord une fermentation avec perte d'eau et d'acide carbonique qui réduit le volume initial; il y a aussi transformation d'une partie de certains principes plus assimilables. Tel est le cas de la cellulose et de l'amidon qui donnent des sucres; par contre, il y a perte sur les matières albuminoïdes et surtout sur les matières extractives non azotées (amidons, sucres, gommes), enfin il y a fréquemment transformation des substances albuminoïdes en amides.

Le fourrage ensilé passe par trois phases nettement caractérisées pour aboutir à la décomposition complète.

Dans la première il y a fermentation basse, catalytique qui ne produit qu'une simple mutation de principes immédiats avec dégagement d'acide carbonique et formation d'alcool. Le fourrage pendant cette période a une odeur agréable, facile à déceler et qui peut durer de plusieurs jours à trois mois, selon les conditions de l'ensilage. Pendant cette première phase le thermomètre ne doit pas marquer moins de 37°.

Dans la seconde période, on obtient la fermentation acide, dans laquelle il y a production d'acide acétique avec diminution de principes immédiats. L'odeur cette fois est légèrement acide et moins agréable que précédemment. Plus tard enfin, il se dégage une odeur encore plus accentuée qu'auparavant, c'est surtout l'acide butyrique qui domine et donne son goût désagréable. La fermentation putride ne tarde pas à se produire, amenant la décomposition totale du fourrage avec dégagement de gaz infects.

Les pertes en matière sèche qui se produisent pendant la fermentation normale sont loin d'être négligeables, ainsi que le fait observer Wolff : « En moyenne, dit-il, pour autant que l'opération ait été faite avec tous les soins prescrits, et notamment à la condition que le fourrage haché ait été fortement tassé et mis à l'abri de l'air, on peut admettre qu'en six mois (de juillet à la fin de l'année) il y a une perte en matière sèche variant de 15 à 20 o/o ; elle est due à la décomposition des matières organiques, spécialement d'hydrates de carbone facilement solubles et, en second lieu, de substances albuminoïdes facilement digestibles. »

Dans des expériences remarquables, MM. Lawes et Gilbert ont montré que les pertes sont bien moins considérables lorsqu'on opère sur de grandes quantités de fourrages.

Jusqu'alors nous ne nous sommes occupés que de *l'ensilage acide,* le seul réalisé par la grande majorité des agriculteurs.

Il existe une autre méthode beaucoup moins connue et peu pratiquée, c'est l'*ensilage doux* préconisé par M. G. Fry.

Ce système présente l'avantage de diminuer la formation des acides organiques en quantité aussi considérable et notamment de l'acide butyrique dont l'odeur est si répugnante. Il présenterait aussi l'avantage, paraît-il, de décomposer en proportion moindre les substances albuminoïdes digestibles, d'être accepté plus volontiers par les animaux et d'être mieux utilisé.

Voici comment on procède dans l'ensilage doux.

On opère lentement le remplissage du silo; cette opération se fait en quatre ou cinq jours (M. Wœlker cite même le cas d'un ensilage qui a duré vingt jours), puis, au lieu d'employer l'herbe fraîchement coupée, on lui laisse perdre une partie de son eau sur le terrain. Enfin, dernière précaution, on ne doit *jamais tasser ni couvrir le silo que lorsque la température a atteint 52°.* A cette température le ferment acétique est tué et l'acidification est diminuée dans de notables proportions.

Si l'on s'en tenait aux résultats et analyses publiés relativement à l'ensilage doux, ce dernier présenterait un avantage assez sérieux sur l'ensilage acide, mais nous craignons que ces renseignements ne soient pas entièrement confirmés par la pratique.

Dans l'un et l'autre cas, il est juste de dire que s'il

y a perte sur la matière sèche, il y a des transforma-
tions qui augmentent la valeur nutritive du fourrage ;
de plus, la perte subie en hydrates de carbone tend
à resserrer le rapport nutritif. Voici ce que disent
MM. Joulie et Cottu à ce sujet :

« Le trèfle ensilé qui a subi une sorte de coction
dans le silo se présente sous une forme beaucoup
plus favorable à l'assimilation que le trèfle sec et
surtout que le trèfle vert. Il en résulte que, bien que
le silo détruise une portion de la matière utile con-
tenue dans les fourrages, son intervention est néanmoins très précieuse, puisqu'elle assure l'alimentation
de l'animal dans de telles conditions, qu'il pourra
détruire de vingt à trente fois moins ces mêmes principes alimentaires pour donner le même résultat
d'accroissement. »

Nous nous empressons d'ajouter que ce qui est vrai
pour le trèfle l'est au même titre pour les autres fourrages.

M. Mer, attaché à la station de recherches de l'Ecole
Forestière, s'est beaucoup occupé de l'ensilage. D'après
ses expériences de 1886 à 1888, il donne la préférence
à l'ensilage doux. Nous résumons ainsi ses observa-
tions :

1° L'ensilage acide ne diminue pas la sécrétion lac-
tée, mais parfois il communique au lait un goût désagréable qui se transmet au beurre lui-même ;

2° L'ensilage acide loin de favoriser l'engraissement
le retarde ;

3° Il arrive parfois que des animaux soumis au ré-
gime de l'ensilage contractent des inflammations intes-
tinales assez graves qui vont jusqu'à leur faire perdre
l'appétit.

Toujours d'après les expériences du même auteur, l'ensilage doux ne présenterait aucun de ces inconvénients.

Nous voulons bien croire que l'ensilage acide consommé en trop grande quantité et dans des conditions particulières ait pu communiquer un mauvais goût au lait, mais le cas est très rare.

Quant à l'influence désastreuse exercée sur l'engraissement, nous n'en connaissons pas d'exemples et, sous ce rapport, il y a contradiction avec les résultats obtenus par des praticiens sérieux, aussi pensons-nous que les défiances de M. Mer sont exagérées ; mais il est certain que les fourrages ensilés ne doivent entrer que pour une part dans la ration.

La ration alimentaire des bovidés, par exemple, peut être constituée pour moitié par des fourrages ensilés, et le reste par des tourteaux, des farineux, du foin et de la paille. Le foin et la paille hachés et mélangés quelque peu à l'avance à la conserve de fourrage vert sont plus tendres et mieux utilisés par les animaux.

Si on a procédé à l'ensilage de fourrages verts tels que luzerne, trèfle, sainfoin, vesces, on peut se dispenser de leur adjoindre des éléments concentrés ; mais si l'on a affaire à des maïs ou d'autres fourrages dont le rapport nutritif est lâche, il faut de toute nécessité leur associer des éléments riches en matières azotées pour resserrer la ration.

Nous croyons aussi utile de citer quelques courts extraits des conclusions de l'enquête anglaise faite sur l'ensilage, en 1885, en nous limitant à ce qui a trait à l'alimentation :

1° D'après les praticiens, chimistes et agronomes consultés, le lait est plus riche et rend plus de beurre que lorsque les bêtes sont nourries au foin ; le barattage s'opère plus vite ;

2° Une tonne d'ensilage équivaut à une demi-tonne de foin ;

3° L'ensilage acide vaut l'ensilage doux, et ce dernier présente l'inconvénient de se gâter plus vite que le premier ;

4° Les praticiens déclarent qu'en généralisant la méthode de l'ensilage ils peuvent nourrir un tiers ou moitié en plus d'animaux.

Pour terminer ce qui a trait à l'ensilage, nous allons rapporter la nouvelle tentative d'ensilage au sulfure de carbone, opérée par le docteur Crète.

Il résulte d'expériences faites en 1887 qu'il suffit d'ajouter sur la masse ensilée et préalablement arrosée au sulfure de carbone, un carton imperméable sur lequel on met un poids léger ; on supprime ainsi tout appareil de compression ou des matériaux lourds toujours encombrants.

D'après l'auteur de cet essai, les résultats obtenus furent les suivants :

1° Augmentation de la matière grasse ;

2° Solubilisation d'une partie de la cellulose ;

3° Conservation parfaite des matières albuminoïdes qui se transforment souvent dans l'ensilage ordinaire en substances amidées.

Ces résultats paraissent très beaux, mais, à notre connaissance du moins, ils n'ont pas encore été sanctionnés par la pratique.

§ 2. — Sidération

La Sidération est un système de culture qui met en
œuvre l'azote de l'air ; il permet, au moyen d'engrais
minéraux appropriés, de capter l'azote atmosphérique
par l'intermédiaire de plantes convenables.

Ce système, qui a surtout été mis en vogue par
M. Georges Ville, n'est pas aussi nouveau qu'on pourrait se le figurer. Il y avait longtemps que l'on prati-
quait la sidération, sans s'en douter.

Dans l'ancienne Rome, on cultivait du lupin blanc
dans l'intervalle des ceps de vigne et on l'enfouissait
comme engrais vert ; ce lupin semé en octobre était en-
terré en mars.

En 1840, M. Rodat (1) montrait tout le parti qu'on
pouvait tirer des engrais verts. Voici quelques-unes de
ses remarques, qui, quoique n'étant pas expliquées
scientifiquement, n'en sont pas moins très précieuses :

« Le séjour du fourrage attire sur la terre les germes
de fertilité. Les plantes fourragères puisent dans l'atmosphère des fluides qu'elles ont la propriété de décomposer et dont elles fixent la base dans le sol. C'est
ce qui s'appelle faire quelque chose avec rien. »

L'enfouissement en vert est même décrit tout au long
par M. Rodat.

« On peut, dit-il, remplacer le fumier en enfouissant

(1) Rodat, *le Cultivateur Aveyronnais.*

diverses plantes pendant qu'elles sont en pleine végétation et riches en sucs nourriciers.

« On donne à cet engrais le nom de *verdure*. Le trèfle, le sarrasin, les féveroles enterrées au moment de la floraison ont la vertu de fertiliser la terre. Quant aux lupins, qui doivent être enterrés, etc... »

Un des grands propagateurs des enfouissements en vert est assurément aussi M. Schultz, qui a inauguré dans sa propriété de Lupitz un système (appelé aujourd'hui *Schultz-Lupitz*), qui est basé sur la production d'engrais verts à l'aide d'engrais minéraux.

Ce système a fait la richesse des terres sablonneuses et arides de l'Allemagne du Nord et de la Saxe. M. Schultz avait remarqué que le lupin et le trèfle jaune des sables ont la propriété d'emmagasiner l'azote, non pas seulement dans leurs feuilles, mais encore dans leurs tiges, leurs racines et leurs semences. Mais il a toujours donné la préférence au lupin, appelé depuis « la plante d'or des sables », car c'est bien elle en effet qui a permis de mettre en culture des sables qui naguère étaient arides et sans valeur.

Pour assurer la réussite du lupin, après avoir essayé successivement les marnes, la potasse (sous forme de kaïnite), il s'est arrêté surtout à l'acide phosphorique qui a produit les meilleurs résultats.

Aujourd'hui, dans toute la vieille Marche, aussitôt après la moisson des seigles, on déchaume, puis on sème du lupin auquel on applique une culture phosphatée et une demi-fumure potassique. Ce lupin est enfoui à l'automne. Son emploi s'est rapidement généralisé pour les autres cultures et dans d'autres sols.

Les règles de la sidération ont été nettement établies par M. G. Ville, qui avait même au début une tendance à trop généraliser son système. Il ne voulait rien moins que la suppression de la production de l'azote par les bestiaux, qui, selon lui, le fournissaient à un prix trop élevé.

Cette méthode est surtout à sa place dans certains pays pauvres où l'achat du bétail nécessaire à la mise en valeur des terres représente un capital trop considérable, de même que dans les pays où les animaux coûtent trop cher à nourrir et produisent le fumier à un prix trop élevé.

Il ne faudrait cependant pas tomber d'un excès dans un excès contraire et faire de la sidération là où le bétail est très rémunérateur et procure des revenus plus considérables que les plantes sidérées.

De même, il n'y aurait pas avantage à la pratiquer où la valeur foncière et locative du sol est très élevée, car la plus-value donnée au sol par le gain d'éléments fertilisants ne compenserait pas le loyer du sol et les frais généraux.

La sidération a donc sa place marquée dans notre économie rurale, mais ne peut se substituer entièrement aux fermes à bétail.

D'ailleurs, pour se prononcer sur la valeur de ce système dans une condition déterminée, il n'y a qu'à établir le prix de revient du fumier de ferme et celui de l'engrais vert; on voit à combien ressort le kilo d'azote dans les deux cas et l'on sait à quoi s'en tenir.

Un exemple fera mieux saisir l'importance que peuvent prendre dans certains cas les engrais verts.

Lorsqu'on enfouit 4.000 kilos de trèfle violet, on emmagasine dans le sol — à raison de 5.76 0/00 selon Wolff — 230 kilos d'azote, ce qui représente par hectare un stock important. Quand on pense qu'une forte récolte de blé, de quarante hectolitres par exemple, n'enlève par hectare, d'après M. Joulie, que 92 kilos de cet élément important, on voit quels avantages on en peut retirer.

Reste à savoir à combien revient le kilo d'azote d'engrais vert comparativement aux engrais minéraux; il suffit pour cela de noter la valeur locative du sol, les frais d'ensemencement, de travail, etc. Il reste à savoir aussi si la récolte de trèfle, dégagée des frais de production, aurait une valeur vénale assez grande pour qu'il y ait avantage de ce côté ou encore si l'utilisation de cette récolte par les animaux procurerait de plus grands bénéfices que l'enfouissement.

D'après M. Heuzé, les engrais verts peuvent se diviser en deux groupes :

« 1° Les végétaux qu'on peut enfouir au printemps;

· « 2° Les plantes qui peuvent être enterrées vers la fin de l'été.

« Le premier groupe comprend le seigle d'automne, la féverole d'hiver, la vesce d'hiver, le trèfle incarnat, le colza d'hiver, la navette d'automne et le lupin bleu.

« Au second groupe appartiennent le lupin jaune, le lupin blanc de printemps, le sarrasin, la moutarde blanche, la spergule, la féverole de printemps, le pois gris, le colza de printemps et le trèfle violet. »

Au premier groupe nous ajouterons la vesce velue, qui maintenant occupe un des premiers rangs parmi les légumineuses. C'est même une des plantes qui, avec le lupin et la féverole, doivent être préférées, à notre avis, quand les conditions de réussite sont suffisantes pour en permettre la culture. Il est vrai qu'actuellement la vesce velue est à un prix trop élevé pour être employée économiquement, mais d'ici peu ce prix sera

18.

voisin de celui de la vesce commune, surtout si l'on considère qu'il faut un poids moitié moindre de graines pour semer une même surface.

Ces trois plantes appartiennent au grand groupe des Légumineuses qui ont le pouvoir de capter l'azote atmosphérique par l'intermédiaire de bactéroïdes vivant sur leurs racines. Elles sont toutes les trois très productives et ont une haute teneur en azote.

La vesce d'hiver ne paraît pas devoir être préférée à la vesce velue; quant au trèfle incarnat, il est précieux pour les terres légères et lorsqu'on n'a pas eu le temps de préparer le sol.

Enfin les deux Crucifères que nous avons mentionnées plus haut peuvent être préférées dans des conditions particulières; ainsi le colza d'hiver peut réussir sur des terres de médiocre fertilité, tandis que la navette d'hiver est précieuse pour les terrains calcaires.

Dans le second groupe, auquel nous ajouterons la vesce de printemps, le mélilot de Sibérie (trèfle de Bokhara) et le fenugrec, on devra préférer les lupins (jaune et blanc), toutes les fois que l'on aura affaire à un sol *non calcaire*, sec, sableux ou pauvre. A défaut de lupin, on pourra faire usage du trèfle violet dans les terres fortes et de la moutarde blanche dans les terres peu consistantes (calcaires ou siliceuses). La spergule nous semble trop peu productive pour être recommandée.

Comme on peut le voir, nous n'accordons que peu d'importance aux plantes étrangères à la grande famille des légumineuses. Les plantes de sidération par excellence étant avant tout, nous le répétons, le trèfle violet, les lupins, les féverolles, le trèfle incarnat et les vesces, ces plantes étant douées de la merveilleuse faculté d'as-

similer l'azote atmosphérique. De belles expériences
de MM. Duclaux et Laurent, ainsi que d'intéressantes
études de M. Grandeau ont mis en évidence la façon
dont cette assimilation s'opère.

Il est bien certain que si, sur des terres de haute
valeur foncière et locative, on n'enfouit qu'une récolte
de trèfle par exemple, l'engrais à enfouir aura à amortir
plus d'un an de location et pourra ressortir de la sorte
à un prix plus élevé que celui du fumier de ferme.
Mais il y a un moyen pour abaisser le prix de revient
de l'engrais : c'est de faucher la première coupe de
trèfle et de bien l'éparpiller sur le terrain, afin de ne
pas nuire à la seconde coupe, qui peut fournir autant que
la première. En enfouissant les deux coupes ensemble,
le prix de revient de l'azote sera diminué de moitié.

Si l'on veut n'enfouir que la première coupe de trèfle, on peut, la même année, semer une autre plante à
végétation rapide. Ici encore, il y a deux récoltes pour
payer les frais généraux, d'où diminution du prix de
revient de l'azote enfoui.

C'est surtout sur les terres de faible valeur ou sur
celles éloignées de la ferme que la sidération produira
tout son effet.

On peut se servir utilement des engrais verts, lorsque
la terre a été épuisée par des cultures sucessives sans
le secours d'aucun engrais et qu'elle se trouve dans
un mauvais état de fertilité.

On commence d'abord par appliquer une bonne fumure au fumier de ferme avant l'hiver et on l'enfouit
par un labour.

Au printemps, on sème des féverolles ou du lupin si
la terre n'est pas trop calcaire et on enfouit la récolte
fin juin.

Après l'enfouissement, on ressème aussitôt de la moutarde, du sarrasin ou du colza et on enfouit le tout en septembre-octobre, en ajoutant 400 à 500 kilos de phosphate fossile avec la dernière récolte enfouie en vert.

On obtient une terre qui est bien pourvue d'éléments fertilisants et susceptible de donner de bonnes récoltes.

L'enfouissement en vert doit être opéré autant que possible six semaines avant les semailles, surtout si la quantité de fourrage est considérable, car alors la terre est *creuse, soufflée*. Il faut lui laisser le temps de se tasser, de se rasseoir, comme on dit vulgairement, afin que la céréale qui suit ordinairement ne soit pas exposée aux funestes effets du déchaussement.

§ 3. — Fourrages supplémentaires

Fourrages à faire consommer en vert

Avec l'expérience acquise et les moyens dont on dispose aujourd'hui, il ne devrait plus y avoir de disette de fourrage dans les exploitations dirigées par des agriculteurs prévoyants.

Qui a pu oublier les désastres causés par la sécheresse persistante de 1893 ? Les provisions de fourrage étaient épuisées, sans aucune perspective de pouvoir les remplacer, les prairies naturelles étaient grillées, les prairies artificielles en partie détruites, les jeunes semis eux-mêmes avaient énormément souffert; dans beaucoup de régions, le bétail insuffisamment nourri n'avait plus que les os, et la peau et c'est à peine s'il était possible, — même à vil prix — de lui trouver des acquéreurs; des céréales furent coupées en vert, le foin atteignit le prix exagéré de 200 fr. les o/oo kilos et la paille monta à 125 fr. ; on garda le moins possible de bétail pour passer l'hiver et forcément, au printemps suivant, la quantité de fumier disponible était aussi maigre que les animaux et les ressources fourragères de la ferme.

Il semblait qu'un désastre aussi grand rendrait les cultivateurs prévoyants.

Or, à de rares exceptions près, l'expérience si durement acquise n'a pas profité. Une nouvelle sécheresse prolongée prendrait encore tout le monde au dépourvu et provoquerait une situation aussi critique qu'en 1893.

Et cependant les plantes ne manquent pas, surtout en ayant recours à l'ensilage, pour disposer toute l'année de fourrages supplémentaires permettant de nourrir les animaux de la ferme, lorsque la plupart des prairies naturelles ou artificielles (trèfle, luzerne, sainfoin, minette, etc.) sont dévastées.

Voici, pour chaque saison où on peut les récolter, l'énumération succincte de ces plantes, qui sont même presque toutes susceptibles d'être obtenues à des époques différentes, en échelonnant les semis d'après les climats et les besoins.

Printemps. — Seigles d'hiver, Navette d'hiver, Colza d'hiver, Vesces d'hiver, Trèfles incarnats, Pois d'hiver, Lentillon d'hiver, Jarosses, Chicorée sauvage, Pastel des teinturiers, Phacélie à feuille de tanaisie, Orges et Avoines d'hiver.

Été. — Moutarde blanche, Alpistes, Mohas, Sarrasins, Millets, Spergules, Navette d'été, Œillette,

Pastel, Phacélie, Serradelle, Consoude, Ortie, Oseille-Epinard, Gesses, Pois (semis de printemps), Fèves et Féverolles, Colza de printemps, Vesces de printemps, Céréales de printemps (Avoines, Seigles, Orges).

Automne. — Alpistes, Mohas, Millet, Spergules, Roseaux verts, Pastel, Phacélie, Serradelle, Consoude, Ortie, Oseille-Epinard, Gesses, Pois gris de printemps, Fèves et Féverolles, Colza de printemps, Vesces de printemps, Lentilles et Lentillons, Navette d'été, Chicorée sauvage, Sorgho et enfin les Maïs, ainsi que les Sarrasins, qui eux se récoltent avant les premières gelées et ne doivent jamais être semés après le 15 juillet. La moutarde blanche se récolte aussi l'une des dernières; à l'automne on peut la semer jusque fin août pour la couper en novembre; dans ce cas on la mélange souvent avec de la navette d'hiver.

Hiver. — Quant aux fourrages d'hiver, la liste en est très restreinte.

Dans les contrées granitiques peu éloignées du littoral, l'ajonc offre pour les pays pauvres une ressource fourragère de premier ordre, mais comme cette plante est calcifuge et préfère les climats maritimes, son aire géographique ne s'étend guère au delà de l'Ouest de la France.

En année peu rigoureuse, si l'on a eu la précaution de semer du pastel dans une céréale de printemps, on peut obtenir un pâturage à moutons assez avantageux pendant l'hiver.

Mais ce sont surtout les plantes racines et les tubercules qui doivent fournir la majeure partie de l'alimentation aqueuse en hiver. Celle-ci ne doit même jamais faire défaut, car l'eau de constitution de ces végétaux, favorise beaucoup la digestion et entretient l'animal en bonne santé.

Donc il faut consacrer, à l'époque propice, une surface suffisante aux betteraves fourragères, choux fourragers, choux-navets, raves, navets, carottes, panais, topinambours et pommes de terre à grands rendements.

De même, il faut augmenter la superficie consacrée à la production des fourrages verts de printemps, d'été et d'automne. L'excédent qui ne peut être consommé est *ensilé* et constitue un fourrage de réserve excellent pour l'hiver.

§ 4. — Association des plantes

Nous terminerons cette courte étude sur les fourrages à couper en vert en montrant par les quelques exemples suivants la façon dont les plantes peuvent être associées :

Vesces, Jarosses, Lentilles et Gesses avec céréales (d'hiver ou de printemps suivant l'époque) pour servir de tuteur.

Moha et Sarrasin ;

Moutarde blanche et Sarrasin.

Moutarde blanche et Navette d'hiver.

Moutarde blanche, Sarrasin et Moha.

Colza et Navette.

Colza, Maïs et Navette.

Alpiste, Millet, Moha.

Pois gris et Féverolles.

Vesces, Gesses, Féverolles.

Vesces de printemps, Pois gris, Féverolles (pour tuteurs).

Vesces, Lentillons, Seigle.

Alpiste, Millet, Spergule.

Comme on le voit, ces mélanges sont très variables; on peut même dire qu'il ne peut exister de règle fixe pour les établir, par suite de l'obligation de tenir compte du milieu où on opère et de la saison à laquelle on désire récolter le fourrage.

SEPTIÈME PARTIE

TABLEAUX

LATIN	FRANÇAIS	ANGLAIS	ALLEMAND	ESPAGNOL	ITALIEN	RUSSE
Achillea millefolium.	Achillée millefeuilles.	Yarrow.	Schafgarbe.	Aquilea milhojas.	Achilla millefoglie.	Fyciatchelisnyk.
Agrostis vulgaris.	Agrostis vulgaire.	Red top.	Gemeines Strauss-gras.	Grama vulgar.	Agrostide vulgare.	Obyknobennaïa pole vitsa.
— stolonifera.	— stolonifère.	Fiorin marsh.	Fioringras.	Agrostis común.	Agrostide stonoli-fera.	Pobiegonossnaïa pole vitsa.
Aira caespitosa.	Canche élevée.	Tussock grass.	Rasen schmiele.	Cancha elevanda.	Conca elevata.	Miatlitza sladkaïa.
— flexuosa.	Canche flexueuse.	Wavy hair grass.	Gebogene Schmiele	Concha flexuosa.	Conca flessuosa.	Izgibistaïa govitsa.
Alopecurus pratensis.	Vulpin des prés.	Meadow foxtail.	Wiesenfuchs-schwauz.	Cola de zorra.	Coda di volpe.	Licy Khvost polevoï.
Anthoxanthum odoratum.	Flouve odorante.	Sweet vernal.	Geruchgras.	Grama de olor.	Paleino odorato.	Jeltotsvietnik blago-vonny.
— Puellii.	Flouve odorante de Puel.	Annual sweet vernal.	Puel's geruchgras.	Anthoxanthum odorantum de Puel.	Anthoxanthum odorantum di Puel.	Jazvennik jivitelny.
Anthyllis vulneraria.	Anthyllis vulnéraire.	Kidney Vetch.	Wundklee.	Vulneraria rústica.	Trifoglio giallo delle sabbie.	Pchevitchny.
Avena elatior.	Fromental (avoine éle-vée).	Tall oat.	Franzosisch ray gras.	Avena descollada.	Vena elevata.	Joltovaty ovioss.
— flavescens.	Avoine jaunâtre.	Yellow oat.	Goldhafer	Avena amarillo roja	Gramiga bionda.	Miatliza gladkaïa.
Bromus mollis.	Brôme doux.	Soft brome grass.	Weiche Trespe.	Brome dulce.	Bromo dolce.	Polevaïa louskatch.
— inermis.	— inerme.	Awnless —	Wehrlose. —	Bromo inerme.	— d'Ungheria.	Skhamonia v kloubok.
Cynosurus cristatus.	Cretelle des prés.	Crested dogstail.	Kummgras.	Cola de perro.	Covetta.	Gaznolistanaïa za-nozka.
Dactylis glomerata.	Dactyle pelotonné.	Cocksfoot.	Knaulgras.	Dactilo apelotonado ovillada.	Dattilo aggomito-lata.	Longovaïa zanoska.
Ervum lens minor.	Lentillon.	Lentil.	Lentzen.	Lenteja.	Lenticio	Jito.
Faba vulgaris.	Féverole.	Bean.	Bohnen.	Habas.	Fave.	Koukourouza.
Fagopyrum vulgare.	Sarrasin commun.	Buckwheat.	Buckweizen.	Trigo saraceno.	Grano Saraceno.	Jeltotsvietnik blago-vonny.
Festuca heterophylla.	Fétuque hétérophylle.	Various leaved fescue.	Waldschwingel.	Canúela hétérofila.	Setajola eterofilla.	Sverdovasaïa —
— pratensis.	— des prés.	Meadow fescue.	Wiesenschwingel.	Canúela de prado.	Setajola dei prati.	Ovetchia —
— duriuscula.	-- durette.	Hard fescue.	Harterschwingel.	Canúela durillu.	Setajola duretta.	Vissokaïa —
— ovina.	— ovine.	Sheep's fescue.	Schafschwingel.	Canúela de oveja.	Setajola maggiore.	Krassnaïa —
— elatior.	— élevée.	Tall —	Hoherschwingel.	Canúela elevada.	Setajola elovata.	Tonkolistnaïa —
— rubra.	— rouge.	Red —	Rotherschwingel.	Canúela roja.	Setajola rossa.	Pazbievaioustchiassa zanozka.
— tenuifolia.	feuille menue.	Fine leaved fescue.	Feinblattrigers-chwingel.	Canúela hoja me-nuda.	Setajola foglia mi-nuta.	Mannaïa trava.
— fluitans.	— flottante.	Floating sweet grass.	Schwadengras.	Canuela flotante.	Setajola ondeg-giante.	Prossianik cherstistaïa

LATIN	FRANÇAIS	ANGLAIS	ALLEMAND	ESPAGNOL	ITALIEN	RUSSE
Glyceria fluitans.	Glycérie flottante.	Floating sweet manna.	Mannaschwingel.	Glyceria flottante	Glyceria ondeggiante.	Pievel italiansky.
Holcus lanatus.	Houque laineuse.	Woolly softgrass.	Honiggras,	Holco lanudo.	Erba bianca.	— anglisky.
Lathyrus sylvestris.	Gesse des bois.	Lathyrus sylvestris.	Wald Platterbse.	Yerbo silvestre.	Lathyrus sylvestris	Klever —
Lolium italicum	Ray-grass d'Italie.	Italian rye grass.	Italienisch ray gras	Vallico de Italia.	Lojetto italiano.	Donnik rogovidny.
— perenne.	— Anglais.	Perennial rye grass.	Englisch —	— — ratas.	— inglese.	Fchina liesistaïa.
Lotus corniculatus.	Lotier corniculé.	Bird's foot trefoil.	Gehornt, Schoten klee.	Pié de Gallo.	Trifoglio giallo.	Donnik sibirski.
Medicago lupulina.	Minette lupuline.	Yellow clover trefoil.	Gelbklee.	Mielga de gancho.	Minetta.	Prolomnik.
— sativa.	Luzerne.	Lucerne clover.	Futter luzerne.	Alfalfa cultivada.	Ginestrone.	Medounka nrovensalskaïa.
— sativa.	— de Provence.	Provencer lucerne.	Bleue luzerne.	Alfalfa de Provenza	Medica di Provenza	Diatlina sladkaïa.
Melilotus alba.	Mélilot de Sibérie.	Bokhara Clover.	Bokhara klee.	Meliloto blanco.	Trifoglio di Bokhara.	Medounka.
Onobrychis sativa.	Sainfoin.	Sainfoin esparcet.	Esparcette.	Esparcilla.	Jano fieno.	Lougovoi flcol.
Ornithopus sativus.	Serradelle.	Serradella.	Serradella.	Serradella.	Serradela.	Lougovoi miatlik.
Panicum germanicum.	Moha de Hongrie.	Millet grass.	Mohar.	Moha de Hungria.	Moha di Ungheria.	Vakhta (kachka) pomicsnaïa.
Phleum pratense.	Fléole des prés.	Timothy.	Timothee.	Piñuelas.	Codolina.	Vodianoy —
Pisum arvense.	Pois gris bisaille.	Field pea.	Klee erbsen.	Pesoles.	Piselli.	Malaïa tchetchevitsa.
Poa pratensis.	Paturin des prés.	Smooth stalked meadow.	Wiesen Rispengras	Grama de prado.	Paturino di prato.	Obyknobenny miatlik.
— aquatica.	Paturin aquatique.	Water Sweet grass.	Wasser Rispengras	— acuatica.	Paturino aquatico.	Liessisty —
— trivialis.	— commun.	Long stalked meadow.	Gemeines —	— Trivial.	Paturino sciammica	Vsegda zeleny —
— nemoralis.	— des bois.	Wood meadow.	Hain —	— de bosque.	Paturino dei boschi.	Niemetskoie prosso.
— sempervirens.	— toujours vert.	Evergreen meadow.	Immergrünes —	— siempre verde.	Paturino sempre verde.	Gortchitsa bielaïa.
Secale cereale.	Seigle.	Rye.	Roggen.	Centeno.	Schala.	Foritsa.
Sinapis alba.	Moutarde blanche.	White Mustard.	Weisser Senf.	Mostaza blanca.	Mostarda bianca.	Vakhla (kachka) alaïa.
Spergula arvensis.	Spergule.	Spurry.	Sporgel.	Espergula.	Spergula.	Vissokaïa lougovitsa.
Trifolium hybridum.	Trèfle hybride.	Alsike hybrid.	Schwedenklee al-sike.	Trébol hibrido.	Trifoglio ibrido.	Vakhla (kachka) fioletovaia.
— incarnatum.	— incarnat.	Italian crimson.	Incarnat klee.	Trebol incarnado.	— capo rosso	Vakhla — bielaia.
— pratense.	— violet.	Perennial Red Clover.	Rothklee.	Trebol de prado.	— violetto.	Vika mokhnatnio.
— repens.	— blanc.	— White —	Weissklee.	— rastrero.	— bianco.	Gorokh siery (smiess).
Vicia villosa.	Vesce velue.	Hairy Vetch.	Sandwicken.	Arveja velluda.	Veccia vellutata.	Souchenny touretski boby.
Zea maïs.	Maïs.	Indian corn.	Turkischer Weizen.	Trigo de Indias.	Grano turco.	Obyknobennaïa gretchikha.

II. — COMPOSITION MOYENNE
D'UNE BONNE SEMENCE MARCHANDE

INDIQUÉE PAR LA STATION D'ESSAIS DE SEMENCES

DE L'INSTITUT NATIONAL AGRONOMIQUE DE PARIS

NOMS DES GRAINES	PURETÉ %	FACULTÉ GERMINATIVE %	VALEUR CULTURALE PROPORTION DES SEMENCES PURES CAPABLES DE GERMER %
Trèfle des prés	98	90	88.20
Trèfle blanc	96	85	81.60
Trèfle hybride	96	85	81.60
Trèfle incarnat	98	90	88.20
Luzerne commune	98	90	88.20
Lupuline ou minette	97	88	85.36
Anthyllis vulnéraire	95	85	80.75
Lotier	95	75	71.25
Sainfoin	98	85	83.30
Pois	98	95	93.10
Vesces	98	95	93.10
Serradelle	98	75	73.50
Lupin	98	90	88.20
Spergule	98	90	88.20
Ray-grass anglais	95	85	80.75
Ray-grass d'Italie	95	80	76.00
Fromental	70	70	49.00
Dactyle	75	75	56.25
Fléole des prés	97	90	87.30
Fétuque des prés	90	85	76.50

NOMS DES GRAINES	PURETÉ %	FACULTÉ GERMINATIVE %	VALEUR CULTURALE PROPORTION DES SEMENCES PURES CAPABLES DE GERMER %
Fétuque rouge	85	5o	42.50
Fétuque ovine	85	65	55.25
Fétuque durette	85	65	55.25
Fétuque hétérophylle	85	6o	51.00
Flouve odorante	85	3o	25.50
Vulpin des prés	85	4o	34.00
Pâturin des prés	85	5o	42.50
Pâturin commun	85	5o	42.50
Pâturin des bois	85	4o	34.00
Avoine jaunâtre	45	35	15.75
Crételle	9o	6o	54.00
Houque laineuse	8o	4o	32.00
Agrostis	85	85	72.25
Chanvre	98	85	83.3o
Lin	98	85	83.3o
Betteraves	97	8o	77.6o
Carottes	9o	75	67.5o
Blé	98	95	93.10
Seigle	98	95	93.10
Orge	98	95	93.10
Avoine	98	95	93.10
Maïs	98	85	83.3o

III. — RÉSULTATS MOYENS DES ANALYSES
DE 1876 à 1894 [1]

ESPÈCE DES SEMENCES	PURETÉ %	PURETÉ Nombre d'échantillons	FACULTÉ GERMINATIVE %	FACULTÉ GERMINATIVE Nombre d'échantillons	VALEUR CULTURALE %	VALEUR CULTURALE Nombre d'échantillons
Légumineuses						
Anthyllis vulnéraire...	89.8	34	81	40	74.9	30
Haricot commun......	99.1	8	79	11	75.1	8
Lotier corniculé.......	93.0	61	61	61	54.9	53
Lupin jaune	98.5	19	81	22	78.6	19
— blanc..........	—	—	43	1	—	—
— bleu...........	—	—	69	2	—	—
Luzerne.............	97.2	2993	89	2878	86.9	2743
— faucille........	—	—	55	1	—	—
Mélilot fleur blanche...	95.7	15	82	15	80.0	14
— — jaune.....	84.2	1	48	1	40.4	1
Pois cultivé..........	96.5	23	90	25	93.6	32
Sainfoin.............	97.1	2418	76	2596	74.7	2389
Trèfle blanc	94.8	962	78	987	73.7	916
— incarnat........	95.9	54	86	79	86.7	49
— jaune..........	95.6	223	76	244	71.5	215
— hybride........	95.5	1130	76	1111	72.5	1044
— d'Egypte.......	88.5	1	93	2	85.8	1
— violet..........	96.3	8321	91	7719	87.8	7480
Vesce cultivée........	96.2	172	94	195	90.3	171
— hérissée.......	53.2	6	46	8	26.3	6
— velue..........	89.7	30	81	27	77.5	25
Graminées						
Agrostis stolonifère	74.2	660	85	608	66.1	554
— vulgaire......	74.4	12	83	16	68.1	12

(1) Exécutées à la Station fédérale suisse d'essais des semences à Zurich.

ESPÈCE DES SEMENCES	PURETÉ		FACULTÉ GERMINATIVE		VALEUR CULTURALE	
	%	Nombre d'échantillons	%	Nombre d'échantillons	%	Nombre d'échantillons
Graminées (*suite*).						
Ammophile des Sables.	87.0	5	45	5	39.1	5
Avoine jaunâtre.......	67.6	426	45	402	34.5	391
Brachypode penné.....	61.3	15	38	16	22.8	14
Brôme doux..........	66.3	55	51	61	35.1	51
— dressé........	67.3	71	55	82	37.6	67
— rude	59.0	3	28	3	17.8	3
— inerme........	78.5	19	89	23	69.6	18
— des champs....	92.1	11	85	11	77.9	11
— des seigles.....	87.5	2	48	2	40.8	2
Canche élevée........	74.1	94	49	81	37.1	72
— flexueuse......	79.1	138	54	131	43.5	118
Cretelle des prés.......	89.9	1644	67	846	60.8	716
Dactyle pelotonné.....	78.2	3785	79	3829	62.8	3627
Elyme des Sables......	92.1	11	58	18	73.6	10
Fétuque des prés.......	91.3	1555	84	1622	78.1	1516
— roseau........	87.7	200	78	234	70.4	194
— ovine........	77.4	945	64	1104	50.5	896
— feuille menue..	72.0	159	62	168	46.5	150
— hétérophylle...	76.4	76	45	90	37.7	68
— rouge........	70.1	141	53	154	35.9	131
Fléole des prés........	97.9	1125	90	1178	89.1	1104
Flouve odorante vraie..	91.1	200	37	229	35.7	191
— de Puel........	86.6	73	28	75	24.2	58
Fromental............	75.2	2700	72	2514	54.7	2456
Glycérie flottante......	93.1	16	73	20	68.6	14
— écartée.......	80.9	2	73	4	61.2	2
Houlque laineuse......	69.9	430	44	460	32.2	413
Kœlérie à crête.......	77.0	1	53	1	40.8	1

ESPÈCE DE SEMENCES	PURETÉ		FACULTÉ GERMINATIVE		VALEUR CULTURALE	
	%	Nombre d'échantillons	%	Nombre d'échantillons	%	Nombre d'échantillons
Graminées (*suite*)						
Molinie bleue..........	78.7	61	37	74	31.0	55
Pâturin des prés.......	85.9	1072	54	1149	47.3	970
— commun	85.3	338	70	357	61.4	314
— des bois.......	79.4	307	66	303	53.4	268
— fertile.........	69.5	2	51	2	36.6	2
— comprimé.....	80.7	31	82	34	67.1	29
— des Alpes......	—	—	89	1	—	—
Phalaris roseau.......	88.5	114	62	126	54.8	108
Ray-grass anglais.....	95.2	2274	78	2500	75.7	2204
— d'Italie.....	94.1	2089	74	2243	70.7	2020
Vulpin des prés.......	80.7	1073	57	1210	47.2	1030
Plantes fourragères vivaces						
Achillée millefeuilles...	86.9	76	63	123	56.7	76
Carum Carvi..........	97.8	5	67	9	68.5	5
Centaurée Jacée.......	89.1	3	35	7	28.2	3
Pimprenelle..........	56.0	10	85	11	49.1	10
Scirpe des forêts......	17.0	1	63	2	7.7	1
Plantes fourragères annuelles						
Maïs dent de cheval....	95.8	101	83	186	80.1	101
— cinquantino......	98.8	12	78	18	80.8	12
— jaune gros grains.	96.8	4	84	15	81.3	4
Moutarde blanche.....	95.0	24	70	26	74.0	23
Serradelle	93.3	59	69	91	68.7	57
Spergule des champs...	96.7	18	74	24	70.0	18
— géante	95.4	26	72	28	70.8	26

IV. — DURÉE, VÉGÉTATION ET DÉVELOPPEMENT

des graminées fourragères les plus communes

IV. — DURÉE, VÉGÉTATION ET DÉVELOPPEMENT DES GRAMINÉES FOURRAGÈRES LES PLUS COMMUNES [1]

Numéros	NOMS DE L'ESPÈCE	DURÉE (O annuelle, .. bisannuelle, ♃ vivace *)	VÉGÉTATION	DONNANT dans la 1re ANNÉE	RENDEMENT PRINCIPAL	ASPECT A LA 1re COUPE GÉNÉRAL	Hauteur moyenne des chaumes en cm.	Hauteur moyenne des pousses feuillées en cm.	RECRUE (seconde coupe)
1	2	3	4	5	6	7	8	9	10
1	Ray-grass anglais..	O.. ♃ (de 1-4 ans)	touffe plate	beaucoup de chaumes	dans la 2me année	herbe basse	60—70	30—40	maigre, beaucoup de chaumes, peu de feuilles.
2	Ray-grass d'Italie...	O.. jusqu'à 3 ans	— élevée	»	— 1re —	— moyenne	80	30—40	bonne, beaucoup de chaumes.
3	Dactyle.... ...	♃	— plate	peu de chaumes	— 3me —	— haute	80	50—60	bonne, peu de chaumes, beaucoup de feuilles
4	Fétuque des prés. ..	♃	— »	»	— 3me —	— »	90·100	40—50	bonne, beaucoup de chaumes.
5	Fétuque rouge.....	♃	traçante sous terre ou touffe plate	point de chaumes	— 3me-4me —	— basse	70	30	maigre, seulement des pousses feuillées
6	Fétuque hétérophylle	♃	touffe plate	»	— 3me-4me —	— »	90	20—30	»
7	Fétuque ovine.....	♃	— élevée	»	— 3me-4me —	— »	40—50	15—20	»
8	Fromental..........	♃ (3—5 ans) **	— plate	beauc. de chaumes	— 2me —	— haute	130	40—60	moyenne, chaumes assez nombreux
9	Avoine pubescente..	♃	— »	point de chaumes	— 3me —	— »	100	30—40	maigre, seulement des pousses feuillées .
10	Avoine jaunâtre....	♃	— »	peu de chaumes	— 2me-3me —	— »	60	30—40	bonne, beaucoup de chaumes.
11	Houlque laineuse. ..	♃	— élevée	»	— 3me —	— »	70	20	moyenne, chaumes assez nombreux
12	Houlque molle......	♃	traçante sous terre	point de chaumes	— 3me —	— basse	50—80	25—30	maigre, peu de chaumes.
13	Timothy..........	♃ (4—6 ans)	touffe plate	chaumes assez nombreux	— 2me —	— haute	100	40—50	bonne, beaucoup de chaumes.
14	Vulpin des prés....	♃	traçant un peu sous terre	peu de chaumes	— 3me-4me —	— »	60-100	50—60	bonne, beaucoup de chaumes, longues pousses feuillées.
15	Vulpin des champs.	O..	touffe plate	seulement des chaumes	— 1re —	— toutes en chaumes	60—70	—	ne donne qu'une seule coupe.
16	Flouve odorante....	♃	— »	point de chaumes	— 3me —	— basse	50	25	maigre, point de chaumes.
17	Flouve de Puel.		— »	seulement des chaumes	— 1re —	— »	20—30	—	ne donne qu'une seule coupe.
18	Alpiste roseau......	♃	traçant sous terre	point de chaumes	— 3me-4me —	— haute	140	60—80	bonne, beaucoup de chaumes.
19	Pâturin des prés....	♃	» » »	»	— 3me-4me —	— basse	70	40—50	moyenne, point de chaumes, longues pousses feuillées.
20	Pâturin commun....	♃	traçant sur le sol	»	— 2me-4me —	moyenne	80-100	10—20	presque nulle, point de chaumes,
21	Pâturin des bois....	♃	touffe plate	»	— 2me-3me —	— basse	60—80	20—30	moyenne, chaumes assez nombreux
22	Pâturin tardif......	♃	— »	»	— 2me-3me —	— »	70—80	30	bonne, chaumes assez nombreux.
23	Fiorin............	♃	traçant sous terre et sur le sol	»	— 3me —	— »	60—80	30—40	moyenne, peu de chaumes.
24	Agrostide commune.	♃	traçante sous terre	»	— 3me —	— »	40—70	30—40	maigre, point de chaumes.
25	Brome dressé......	♃	touffe plate	»	— 2me-3me —	— haute	100	30—40	»
26	Brome inerme......	♃	traçant sous terre	peu de chaumes	— 3me —	— »	100	30—40	moyenne, chaumes assez nombreux
27	Brome confondu....	.(semis d'automne)	touffe plate	seulement des chaumes	— 1re —	— toutes en chaumes	80-120	—	ne donne qu'une seule coupe.
28	Brome doux.	.. »	— »	»	— 1re —	— »	90	—	»
29	Brome des champs..	.. »	— »	»	— 1re —	— »	100	—	»
30	Brome stérile......	.. »	— »	»	— 1re —	— »	80	—	»
31	Brome-seigle.......	.. »	— »	»	— 1re —	— »	130	—	»
32	Cretelle..........	♃	— »	point de chaumes	— 3me —	— basse	50—60	20—30	moyenne, chaumes assez nombreux

*) Les espèces désignées par ♃ sont seules vivaces réellement.
**) A l'état sauvage, il est de durée encore plus longue.

(1) Tableau extrait de l'ouvrage magistral **Les meilleures plantes fourragères**, par Dr Stæbler et le Dr Schrœter. Nous ne pouvons trop recommander cette publication qui est un des chefs-d'œuvre de la littérature agricole.

V. — CALCUL DE L'ÉPUISEMENT DU SOL

En 1000 kg de foin, avec 14 0/0 d'eau, se trouvent :

LES CENDRES CONSISTENT EN :

Numéros	ESPÈCES DE PLANTE	AUTEURS DES ANALYSES	Cendres (kg)	Azote (kg)	Acide phosphorique (kg)	Potasse (kg)	Soude (kg)	Chaux (kg)	Magnésie (kg)	Acide sulfurique (kg)	Silice (kg)	Oxyde de fer (kg)	Chlore (kg)
1	Ray-grass anglais	Tableaux de Wolff	104.2	18.9	10.0	39.3	1.3	10.6	3.1	6.0	29.7	1.1	5.8
2	Ray-grass italien	Way et Ogoston	59.9	20.8	3.8	7.5	3.1	6.0	1.3	1.7	35.5	0.5	8.3
3	Dactyle aggloméré	Tableaux de Wolff	51.0	18.9	3.7	16.8	2.2	3.1	1.5	1.3	16.8	0.8	3.6
4	Fétuque des prés	E. Witting jeune	89.1	14.7[1]	7.4	25.6	5.2	9.2	3.9	1.7	22.8	3.9	11.2
	»	Arendt	62.1	10.1	4.8	—	—	3.3	2.2	—	35.5	0.7	—
5	Fromental	Arendt	71.0	18.4	5.0	—	—	3.8	—	—	25.5	1.2	—
6	Avoine dorée	Way et Ogoston	45.4	10.1[2]	4.2	16.4	0.6	3.6	1.4	1.8	16.0	1.1	0.3
7	Houlque laineuse	Way et Ogoston	53.8	14.2	4.4	20.4	1.9	4.6	1.9	2.6	15.5	0.2	3.2
	»	Knop et Arendt	76.1	24.1	4.8	—	—	4.6	1.4	—	30.0	1.4	—
8	Fléole des prés	Tableaux de Wolff	58.7	15.5	6.9	20.4	1.1	4.7	1.9	1.7	18.9	0.5	3.0
9	Vulpin des prés	Way et Ogoston	66.7	13.1[3]	4.2	28.9	—	3.6	0.9	1.5	26.0	0.3	3.0
10	Flouve odorante	Arendt	63.5	17.3	3.9	—	—	2.2	1.0	—	30.4	0.5	—
	»	Way et Ogoston	53.7	11.7[4]	5.8	19.8	1.4	5.0	1.3	1.8	15.4	0.0	3.4
12	Trèfle rouge	Tableaux de Wolff	59.0	19.7	5.7	19.0	1.9	20.6	6.4	1.9	1.6	0.6	2.2
13	Trèfle hybride	Traité des engrais de Wolff	40.6	24.6	4.1	11.3	1.2	13.8	5.1	1.7	1.7	0.2	2.2
14	Trèfle blanc	Tableaux de Wolff	63.0	22.5	8.0	13.5	4.6	19.0	5.9	4.7	2.8	1.3	2.7
15	Esparcette	Tableaux de Wolff	47.3	21.9	4.7	13.4	1.5	17.3	3.1	1.4	3.8	0.5	1.8
16	Alpiste roseau	Barbieri, champ d'essais	65.6	6.7	7.1	18.9	0.3	2.7	0.9	3.4	30.6	0	1.0
17	Pâturin des prés	Barbieri, champ d'essais	59.3	9.9	8.2	15.0	0.5	1.9	0.4	1.3	24.3	0	4.0
	»	Way et Ogoston	51.9	—	5.2	20.0	0.4	3.9	1.4	2.9	17.2	0.2	3.2
	»	Knop et Arendt	61.3	16.6	3.9	—	—	4.3	2.0	—	27.0	1.0	—
	»	Collier	44.5	15.5	4.4	18.8	—	2.1	1.4	2.1	13.5	—	2.8
18	Pâturin commun	Barbieri, pré de l'hôpital	82.6	9.8	12.7	26.3	1.1	7.2	1.2	4.2	19.3	0	10.1
19	Pâturin des Alpes	Barbieri, champ d'essais	123.7	15.9	14.1	36.0	2.3	8.1	4.8	5.0	43.1	2.3	9.0
20	Fétuque ovine	Barbieri, champ d'essais	63.9	11.7	4.6	16.8	0.2	3.5	0.6	1.7	37.3	0.1	1.5
		Hruschauer	28.1	—	3.0	4.7	3.5	6.5	2.3	1.2	6.0	0.8	0.1
21	Fétuque rouge traçante	Barbieri, champ d'essais	63.5	7.9	9.0	11.5	0.3	3.9	0.4	1.8	32.7	0	3.3
22	Fétuque rouge hétérophylle	Barbieri, champ d'essais	77.7	8.7	10.7	14.1	0.6	2.5	0.3	1.9	44.0	0	4.8
23	Brome dressé	Barbieri, Zürichberg	53.4	14.3	6.8	16.8	1.1	4.4	1.9	1.8	15.2	0.5	3.5
		Way et Ogoston	44.5	—	3.4	12.1	0.3	4.6	2.2	2.4	17.2	0.1	2.6
24	Brome inerme	Barbieri, champ d'essais	63.5	7.7	8.3	16.3	0.6	3.4	0.8	2.6	30.1	Oxyde fer traces	1.5
25	Crételle des prés	Way et Ogoston	54.9	13.7[5]	4.0	17.7	—	5.6	1.3	1.8	22.0	0.1	1.2
	»	Arendt	70.6	22.5	5.4	—	—	3.2	1.3	—	29.7	0.9	—
26	Galéga	Barbieri, champ d'essais	71.8	27.8	8.9	25.4	2.0	14.8	2.8	3.4	8.9	0.7	4.5
27	Anthyllide	Tableaux de Wolff	54.9	22.8	4.8	14.9	0.7	28.5	2.5	0.7	1.8	0.7	0.5
	»	Barbieri, champ d'essais	90.2	20.5	9.2	25.4	1.1	24.9	3.0	2.8	16.2	0.9	7.0
28	Luzerne	Tableaux de Wolff	85.9	23.6	7.3	21.9	1.5	34.9	4.2	4.9	8.2	1.6	2.5
29	Lupuline	Anderson et Marchand	55.5	24.2[6]	4.8	17.3	4.5	15.4	4.7	2.2	1.9	0.7	4.9
30	Lotier corniculé ordinaire	Barbieri, Zürichberg	79.1	25.1	10.9	23.3	0.9	20.8	5.7	2.4	7.8	1.6	4.5
31	Foin de prairie	Tableaux de Wolff	60.0	15.1[*]	4.3	16.0	2.2	9.6	4.1	3.1	17.2	0.9	3.7

1) D'après Collier, Wolff, Ritthausen et Scheven. — 2) D'après Way et Ritthausen, Frey, Peters et Collier. — 5) D'après Way et Ritthausen et Scheven. — 6) D'après les et Scheven. — 3) D'après Way, Frey et Ritthausen et Scheven. — 4) D'après Way, Wolff, tableaux de Wolff. — (*) Ce tableau est extrait de l'ouvrage cité à la page précédente.

VI. — COMPOSITION MOYENNE DES ALIMENTS
et leur richesse en éléments digestibles.

NOTA.— Cette table, ainsi que celles des pages 351 à 369,
sont extraites du remarquable ouvrage du Dr Emile Wolff :
Alimentation des animaux domestiques traduit de l'allemand
par Ad. Damseaux, professeur à l'Institut agricole de l'État
belge, à Gembloux. Nous ne pouvons trop remercier M. Damseaux d'avoir bien voulu nous autoriser à reproduire des
extraits de son excellente traduction.

1.— Foins.

NOM DES FOURRAGES	EAU	CENDRES	PROTÉINE brute	CELLULOSE brute	PRINCIPES extractifs non AZOTÉS	GRAISSE BRUTE	ÉLÉMENTS DIGESTIBLES Albumine	Hydrate de carbone	Graisse	MATIÈRES azotées / MATIÈRES non azotées	VALEUR en argent par 100 KILOG.
Foin de prairie de qualité inférieure	14.3	5.0	7.5	33.5	38.2	1.5	3.4	34.9	0.5	10.6	6.35
Foin de prairie de qualité meilleure	14.3	5.4	9.2	29.2	39.7	2.0	4.6	36.4	0.6	8.3	7.07
Foin de prairie de qualité moyenne	14.3	6.2	9.7	26.3	41.4	2.5	5.4	41.0	1.0	8.0	8.15
Foin de prairie de très bonne qualité	15.0	7.0	11.7	21.9	41.6	2.8	7.4	41.7	1.3	6.1	9.15
Foin de prairie d'excellente qualité	16.0	7.7	13.5	19.3	40.4	3.0	9.2	42.8	1.5	5.1	10.10
Foin des prairies alpines	14.3	6.2	13.5	22.7	39.4	3.9	9.2	40.9	2.3	5.0	10.05
Trèfle rouge de qualité inférieure	15.0	5.1	11.1	28.9	37.7	2.1	5.7	37.9	1.0	7.1	7.85
Trèfle rouge de qualité moyenne	16.0	5.3	12.3	26.0	38.2	2.2	7.0	38.1	1.2	5.9	8.45
Trèfle rouge de très bonne qualité	16.5	6.0	13.5	24.0	37.1	2.9	8.5	38.2	1.7	5.0	9.00
Trèfle rouge d'excellente qualité	16.5	7.0	15.3	22.2	35.8	3.2	10.7	37.6	2.1	4.0	10.15
Trèfle blanc de qualité moyenne	16.5	6.0	14.5	25.6	33.9	3.5	8.1	35.9	2.0	5.0	8.82
Luzerne de qualité moyenne	16.0	6.2	14.4	33.0	27.9	2.5	9.4	28.3	1.0	3.3	8.05
Luzerne de très bonne qualité	16.5	6.8	16.0	26.6	31.6	2.5	12.3	31.4	1.0	2.8	9.67
Luzerne des sables, comm' de la floraison	16.7	6.1	15.2	30.1	28.9	3.0	11.7	29.5	1.3	2.8	9.22
Trèfle hybride	16.0	6.0	15.0	27.0	32.7	3.3	8.6	34.8	1.8	4.6	8.77
Sainfoin à la floraison	16.7	6.2	13.3	27.1	34.2	2.5	7.6	35.8	1.4	5.2	8.45
Lupuline	16.7	6.0	14.6	26.2	33.2	3.3	9.2	36.4	2.0	4.5	9.35
Trèfle des pierres ou de Bokhara, jeune	14.3	8.0	16.7	30.3	27.9	2.8	8.5	31.7	1.6	4.2	8.27
Trèfle incarnat	16.7	5.1	12.2	30.4	32.6	3.0	6.2	34.9	1.4	6.2	7.75
Serradelle à la floraison	16.0	8.1	16.2	25.6	30.3	3.1	11.1	27.8	2.5	3.1	9.10
Vesce fourrage de qualité moyenne	16.7	8.3	14.2	25.5	32.8	2.5	9.4	32.5	1.5	3.9	8.75
Vesce fourrage de très bonne qualité	16.7	9.3	19.8	23.4	28.5	2.3	15.1	31.1	1.4	2.3	10.90
Vesce des oiseaux (V. *Cracca*)	15.6	5.8	23.1	16.4	37.4	1.2	16.3	38.5	0.5	2.5	12.12
Vesce des haies	16.0	6.0	19.2	27.5	28.9	2.4	14.6	38.4	1.5	2.6	11.17
Vesce des sables, à la floraison	16.0	9.4	23.2	25.4	23.2	2.8	17.6	28.9	1.7	1.9	11.70
Mélange de vesce et avoine	16.7	7.2	12.6	28.0	33.2	2.3	7.2	35.0	1.1	5.4	8.07
Pois, commencement de la floraison	16.0	7.3	21.8	23.3	28.8	2.8	16.7	31.4	1.7	2.1	11.67
Pois à la floraison	16.7	7.0	14.3	25.2	34.2	2.6	9.4	33.1	1.6	4.0	8.87
Soja à la fin de la floraison	16.0	5.8	14.2	35.5	26.3	2.2	9.1	36.5	0.4	4.1	8.87
Lupins de qualité moyenne	16.7	4.6	17.1	28.5	30.9	2.2	11.3	37.3	0.7	3.4	9.97
Lupins de très bonne qualité	16.7	4.1	23.2	25.2	28.6	2.2	17.2	36.0	0.7	2.2	12.25
Trèfle vulnéraire, commenc' de la floraison	16.7	6.4	13.8	25.5	35.1	2.5	7.9	35.6	1.4	4.9	8.55
Spergule des champs à la floraison	16.7	9.5	12.0	22.0	36.6	3.2	7.6	36.8	1.9	5.5	8.72
Consoude avant la floraison	15.0	15.0	20.7	11.5	35.1	2.7	12.0	31.8	1.8	3.0	9.82
Moutarde commencement de la floraison	16.0	8.8	14.9	23.3	34.2	2.8	9.8	37.4	1.8	4.3	9.67
Moutarde en pleine floraison	16.0	7.1	11.2	29.4	33.4	2.9	6.9	36.8	1.7	5.9	8.37
Seigle fourrage	14.3	5.1	10.4	23.1	44.5	2.8	6.6	44.3	1.3	7.2	9.17
Timothy (Fléole)	14.3	4.5	9.7	22.7	45.8	3.0	5.8	43.4	1.4	8.1	8.75
Ray grass d'Italie	14.3	7.8	11.2	22.0	40.6	3.2	7.1	41.5	1.4	6.3	9.02

NOM DES FOURRAGES	EAU	CENDRES	PROTÉINE brute	CELLULOSE brute	PRINCIPES extractifs non AZOTÉS	GRAISSE BRUTE	ÉLÉMENTS DIGESTIBLES			MATIÈRES azotées / MATIÈRES non azotées	VALEUR en argent par 100 kilog.
							Albumine	Hydrate de carbone	Graisse		
Ray-grass d'Angleterre	14.3	6.5	10.2	30.2	36.1	2.7	5.1	35.3	0.8	7.3	7.17
Ray-grass français (avoine élancée)	14.3	9.9	11.2	29.4	32.6	2.7	5.6	33.1	0.8	6.3	5.07
Brome de Schrader	14.3	9.4	9.7	22.8	41.6	2.2	5.4	39.0	0.9	7.6	7.85
Herbe de bonnes graminées (moyenne)	14.3	5.8	9.5	28.7	39.1	2.6	5.3	40.9	1.1	8.2	8.12
Foin de Moha	13.4	5.7	10.8	29.4	38.5	2.2	6.1	41.0	0.9	7.1	8.40
Fougère (sommités des tiges)	8.3	7.9	15.9	33.1	29.5	5.3	10.3	31.3	2.7	3.7	9.30
Lentille d'eau	17.0	10.4	15.3	13.9	35.5	1.9	9.0	31.1	0.7	3.5	8.42
Feuille d'ortie brûlante	11.4	14.0	18 3	10.6	38.0	1.7	12.8	36.0	4.9	3.8	11.57

II.— Fourrages verts.

NOM DES FOURRAGES	EAU	CENDRES	PROTÉINE brute	CELLULOSE brute	PRINCIPES extractifs non AZOTÉS	GRAISSE BRUTE	Albumine	Hydrate de carbone	Graisse	MATIÈRES azotées / MATIÈRES non azotées	VALEUR en argent par 100 kilog.
Herbe peu de temps avant la floraison	75.0	6.1	3.0	6.0	13.1	0.8	2.0	13.0	0.4	7.0	2.72
Herbe de pâturage	80.0	2.0	3.5	4.0	9.7	0.8	2.5	9.9	0.4	4.4	2.50
Herbe de pâture grasse	78.2	2.2	4.5	4.0	10.1	1.0	3.4	10.9	0.6	3.6	3.07
Ray-grass d'Italie	73.4	2.8	3.6	7.1	12.1	1.0	2.3	12.6	0.4	5.9	2.80
Ray-grass d'Angleterre	70.0	3.0	3.6	10.6	12.8	1.0	1.8	12.2	0.4	7.2	2.52
Fléole	70.0	2.2	3.4	8.0	16.3	1.1	2.1	16.0	0.5	8.2	3.20
Herbe de bonnes graminées (moyenne)	70.0	2.1	3.4	10.1	13.4	1.0	1.9	14.2	0.5	8.1	2.87
Seigle vert	76.0	1.6	3.3	7.9	10.4	0.8	1.9	11.0	0.6	6.3	2.40
Avoine fourrage	81.0	1.4	2.3	6.5	8.3	0.5	1.3	8.9	0.2	7.2	1.82
Mélange de vesce et avoine	84.0	1.4	2.4	5.4	6.4	0.4	1.4	6.9	0.2	5.4	1.57
Maïs vert	82.9	1.3	1.2	5.2	8.8	0.6	0.7	8.4	0.3	13.0	1.52
Sorgho	77.3	1.1	2.5	6.7	11.7	0.7	1.6	11.9	0.3	7.4	2.37
Moha à la floraison	75.0	1 8	3.1	8.5	10.9	0.7	1.8	11.8	0.3	7.0	2.45
Trèfle de pâture jeune	83.0	1.5	4.6	2.8	7.2	0.9	3.6	7.4	0.6	2.5	2.67
Trèfle blanc en fleur	80.5	2.0	3.5	6.0	7.2	0.8	2.2	7.9	0.5	4.2	2.12
Trèfle rouge avant la floraison	83.0	1.5	3.3	4.5	7.0	0.7	2.3	7.4	0.5	3.8	2.10
Trèfle rouge en pleine floraison	80.4	1.3	3.0	5.8	8.9	0.6	1.7	8.7	0.4	5.7	2.00
Trèfle hybride, commencement de la floraison	85.0	1.5	3.3	4.5	5.1	0.6	2.1	5.8	0.4	3.2	1.77
Trèfle hybride en pleine floraison	82.0	1.8	3.3	6.0	6.3	0.6	1.8	6.9	0.3	4.3	1.77
Luzerne jeune	81.0	1.7	4.5	5.0	7.2	0.6	3.5	7.3	0.3	2.3	2.52
Luzerne, commencement de la floraison	74.0	2.0	4.5	9.5	9.2	0.8	3.2	9.1	0.3	3.1	2.65
Luzerne des sables, commenc.t de la floraison	78.0	1.9	4.0	8.0	7.3	0.8	3.1	7.5	0.3	2.7	2.40
Sainfoin, commencement de la floraison	81.4	1.2	4.2	5.2	7.3	0.7	3.0	7.9	0.5	2.9	2.45
Trèfle incarnat	81.5	1.6	2.7	6.2	7.3	0.7	1.5	7.5	0.3	5.5	1.72
Lupuline	80.0	1.5	3.5	6.0	8.2	0.8	2.2	8.7	0.5	4.6	2.35
Trèfle des pierres, jeune	87.5	2.1	2.9	3.6	3.5	0.4	1.6	3.9	0.2	2.7	1.25
Trèfle vulnéraire commenc.t de la floraison	83.0	1.3	2.8	5.3	7.2	0.4	1.6	7.4	0.2	4.9	1.72
Serradelle en fleur	81.0	1.8	3.7	5.8	6.9	0.8	2.5	6.3	0.5	3.1	2.02
Lupin qualité moyenne	85.0	0.7	3.1	5.1	5.7	0.4	2.0	6.7	0.2	3.0	1.80

NOM DES FOURRAGES	EAU	CENDRES	PROTÉINE brute	CELLULOSE brute	PRINCIPES extractifs non AZOTÉS	GRAISSE BRUTE	ÉLÉMENTS DIGESTIBLES			MATIÈRES azotées MATIÈRES non azotées	VALEUR en argent par 100 KILOG.
							Albumine	Hydrate de carbone	Graisse		
Lupin d'excellente qualité	85.0	0.7	4.2	4.5	5.2	0.4	3.1	6.5	0.2	2.3	2.22
Féverolle, commencement de la floraison	87.3	1.0	2.8	3.5	5.1	0.3	2.0	5.2	0.2	2.8	1.60
Vesce fourrage en fleur	82.0	1.8	3.5	5.5	6.6	0.6	2.5	6.7	0.3	3.0	2.02
Vesce des sables en fleur	84.8	1.7	4.2	4.6	4.2	0.5	3.2	5.2	0.3	1.9	2.12
Grande consoude avant la floraison	87.7	2.2	3.0	1.7	5.0	0.4	1.8	4.6	0.3	3.0	1.45
Moutarde en pleine fleur	82.7	1.4	2.1	5.8	7.5	0.5	1.4	7.9	0.3	6.1	1.75
Pois fourrage en fleur	81.5	1.5	3.2	5.6	7.6	0.6	2.2	7.4	0.3	3.7	2.00
Spergule	80.0	2.0	2.3	5.3	9.7	0.7	1.5	9.8	0.3	7.0	2.05
Sarrasin en fleur	85.0	1.4	2.4	4.2	6.4	0.6	1.5	6.6	0.4	5.1	1.62
Colza vert	87.0	1.6	2.9	4.2	3.7	0.6	2.0	4.8	0.4	2.9	1.52
Feuilles de carotte	82.2	3.6	3.2	3.0	7.1	1.0	2.2	7.0	0.5	3.8	2.00
Ajonc	57.4	2.0	4.5	19.8	15.2	1.1	1.8	17.5	0.5	10.1	3.27
Conserve (ensilage) de maïs	84.1	2.0	1.2	6.1	5.9	0.7	0.8	7.1	0.5	10.4	1.45
Conserve d'herbe	80.6	2.0	2.0	6.5	8.1	0.8	1.4	8.5	0.5	6.9	1.87
Conserve de lupin	84.4	1.1	3.1	4.9	4.4	2.1	2.2	6.1	1.1	4.0	2.05
Conserve de trèfle rouge	79.2	2.1	4.2	5.9	6.4	2.2	2.8	7.2	1.7	4.1	2.62
Conserve de luzerne	82.9	2.1	3.8	5.0	4.7	1.5	2.8	5.3	0.9	2.7	2.12
Conserve de trèfle hybride	75.4	2.1	3.3	6.7	10.6	1.8	2.0	9.4	0.9	5.8	2.37
Conserve de moutarde	84.9	2.3	2.5	3.8	6.1	0.4	1.6	5.4	0.3	3.8	1.47
Conserve de sainfoin	83.3	1.3	3.4	5.9	5.1	1.0	1.7	4.4	1.0	4.1	1.57
Conserve de serradelle	78.3	1.9	3.9	5.8	9.2	0.9	2.6	9.4	0.5	4.1	2.50
Conserve de seigle fourrage	86.9	0.9	1.6	4.4	5.7	0.5	0.9	6.0	0.3	7.5	1.27
Foin brun de sainfoin	52.5	3.3	9.8	15.4	16.7	2.3	6.3	18.1	1.7	3.5	5.55

III. — Pailles

NOM DES FOURRAGES	EAU	CENDRES	PROTÉINE brute	CELLULOSE brute	PRINCIPES extractifs non AZOTÉS	GRAISSE BRUTE	Albumine	Hydrate de carbone	Graisse	MATIÈRES azotées MATIÈRES non azotées	VALEUR en argent par 100 KILOG.
Sarrasin	10.4	5.0	3.9	45.9	33.2	1.6	2.0	37.7	0.7	19.7	6.20
Vesce fourrage	16.0	4.5	7.5	42.0	29.0	1.0	3.4	31.9	0.5	9.8	5.92
Pois	16.0	4.5	6.5	38.0	34.0	1.0	2.9	33.4	0.5	12.0	5.92
Féverolle	16.0	4.6	10.2	34.0	35.2	1.0	5.0	35.2	0.5	7.3	7.05
Légumineuses, qualité moyenne	16.0	4.5	8.1	38.0	32.4	1.0	3.8	33.5	0.5	9.7	6.17
Légumineuses, qualité très bonne	16.0	5.1	10.2	34.5	33.2	1.0	5.0	34.6	0.6	7.2	6.07
Lentille	16.0	6.5	14.0	33.6	27.0	2.0	6.9	30.8	1.2	4.7	7.43
Lupin	16.0	4.1	5.9	40.8	32.1	1.1	2.2	41.6	0.3	19.4	6.70
Soja	15.0	10.2	6.7	27.0	38.6	2.5	3.4	35.6	1.5	11.5	6.70
Trèfle ayant porté graine	16.0	5.6	9.4	42.0	25.0	2.0	4.2	28.5	1.0	7.4	5.92
Colza	16.0	4.1	3.5	40.0	35.4	1.0	1.4	35.0	0.5	25.9	5.52
Maïs	15.0	4.2	3.0	40.0	36.7	1.0	1.1	37.0	0.3	34.4	5.62

NOM DES FOURRAGES	EAU	CENDRES	PROTÉINE brute	CELLULOSE brute	PRINCIPES extractifs non azotés	GRAISSE brute	Albumine	Hydrate de carbone	Graisse	MATIÈRES azotées MATIÈRES non azotées	VALEUR en argent par 100 kilog.
IV.— Balles et Siliques											
Vesce	15.0	8.0	8.5	33.0	33.5	2.0	4.2	34.3	1.2	8.9	6.77
Pois	15.0	6.0	8.5	32.0	36.9	2.0	4.0	36.2	1.2	9.8	6.94
Féverolle	15.0	5.5	10.1	33.0	34.0	2.0	5.1	34.7	1.2	7.4	7.20
Lupin	14.3	3.5	4.5	37.0	39.0	1.7	1.7	44.2	0.5	26.7	6.92
Soja	14.0	8.1	5.1	29.0	42.5	1.3	2.2	45.8	0.8	21.7	7.42
Colza	12.9	7.6	4.2	38.7	35.0	1.6	2.1	34.9	0.7	17.9	5.85
Rafle de maïs	13.1	2.3	3.5	38.9	41.3	0.9	1.6	41.7	0.4	26.7	6.70
V.— Grains, graines.											
Seigle	14.0	1.8	11.0	3.5	67.4	2.0	9.9	65.4	1.6	7.0	13.52
Orge	14.0	2.7	11.0	4.9	65.1	2.3	8.5	56.6	2.3	7.3	11.92
Avoine	12.4	3.0	10.4	11.2	57.8	5.2	8.0	44.7	4.3	6.8	10.60
Maïs	12.7	1.6	10.1	2.3	68.6	4.7	8.0	63.1	4.0	9.1	13.07
Millet	14.0	3.3	11.8	9.5	57.4	4.0	8.9	45.0	3.2	6.0	10.75
Sarrasin	14.0	1.8	9.0	15.0	58.7	1.5	6.8	47.0	1.2	7.4	9.60
Pois	14.4	2.7	22.6	5.4	53.0	1.9	20.1	53.0	1.4	2.8	15.97
Féverolle	14.4	3.2	25.0	6.9	4.89	1.6	22.0	50.0	1.4	2.4	16.32
Vesce	13.4	3.2	26.4	6.6	48.6	1.8	23.2	47.8	1.6	2.2	16.57
Lentille	14.5	3.0	23.8	6.9	49.2	2.6	21.4	51.2	2.2	2.6	16.47
Lupin jaune	13.8	3.9	38.1	13.6	25.6	5.0	34.7	49.2	4.6	1.7	22.30
Lupin bleu ou blanc	13.2	3.2	24.8	12.5	41.7	5.6	23.6	54.2	4.6	2.8	18.45
Soja	10.0	5.0	33.4	4.8	29.2	17.6	30.1	30.7	15.8	2.3	20.97
Serradelle	12.0	3.5	21.8	20.8	35.9	6.0	16.3	34.9	4.8	2.9	12.85
Colza	11.8	3.9	19.4	10.3	12.1	42.5	15.5	10.2	40.4	—	18.90

VII. — CONDITIONS DE LA DIGESTIBILITÉ
des aliments

A.

Taux moyens et taux extrêmes
des coefficients de digestibilité des divers aliments

(Déduits des résultats de recherches directes).

NATURE DES ALIMENTS	NOMBRE DES ESPÈCES	NOMBRE DES RECHERCHES	SUBSTANCE ORGANIQUE	PROTÉINE BRUTE	CELLULOSE BRUTE	GRAISSE BRUTE	CORPS extractifs NON AZOTÉS
I. — Recherches sur les herbivores *A. Fourrages verts et foins*							
Herbe de pâturage (1)	3	6	76.5	74.7	75.4	65.9	78.1
			75—78	72—79	72—80	63—69	75—84
Regain de prairie	6	30	64.3	62.1	64.3	45.5	66.3
			62—71	61—68	59—68	31—56	63—74
Foin de prairie	38	104	61.6	61.8	57.1	51.6	64.4
			46—71	42—72	46—71	10—63	49—76
Foin très azoté	14	42	65.2	63.6	62.1	50.4	67.5
			56—71	57—70	55—71	31—63	58—76
Foin moyen	24	62	59.8	56.5	57.8	47.8	62.4
			46—69	42—72	46—66	10—63	49—73
Foin pauvre	7	18	54.7	50.5	54.1	40.9	58.3
			46—59	42—56	46—61	10—57	49—61
Foin donné sec (2)	1	2	56.3	44.1	57.2	37.4	58.6
Foin traité par la vapeur	1	2	55.7	30.1	58.0	40.6	59.1
Foin de fléole	1	3	59.3	42.1	52.0	47.6	65.7
Herbe d'un pâturage, mélange d'herbe et de trèfle(3)	1	2	75.4	78.2	67.2	64.2	78.3
Trèfle vert et trèfle sec	18	46	61.2	62.1	48.7	62.3	69.1
			54—74	43—76	39—60	35—74	58—83
Trèfle avant la floraison	6	15	60.0	66.2	52.9	63.9	72.7
			59—74	60—76	47—60	58—74	63—83
Trèfle sec excellent	6	12	61.1	62.1	47.1	60.4	69.9
			58—63	55—69	39—52	44—72	67—72
Trèfle de qualité moyenne	6	19	56.8	54.6	44.9	50.9	65.0
			54—62	43—61	39—52	35—70	58—67
Trèfle vert avant la floraison (4)	1	2	73.9	74.0	60.0	65.2	82.7
Trèfle vert commencement de la floraison	1	2	68.0	76.1	53.0	67.0	74.6
Trèfle vert pendant la floraison	1	2	63.0	69.3	49.7	61.2	71.8
Trèfle vert fin de la floraison	1	2	58.3	58.6	38.8	44.5	70.7
Luzerne très bonne	9	28	59.5	73.9	42.7	38.7	66.3
			55—67	67—83	34—48	29—55	61—73
Luzerne avant la floraison	5	18	62.3	77.2	43.4	38.6	69.7
			58—67	72—83	34—48	30—44	66—73
Luzerne en floraison	4	10	55.9	69.9	41.9	38.9	63.3
			55—57	67—73	37—45	29—55	61—65
Luzerne donnée en vert	1	4	57.5	78.3	33.8	43.8	66.6
Luzerne fanée	1	2	55.4	73.4	36.0	32.0	64.9
Luzerne en foin chaud	1	2	54.4	72.4	44.6	43.3	54.0
Luzerne en vert	1	2	67.0	81.2	44.6	51.7	76.0
Luzerne séchée sur pyramides	:	2	61.5	78.0	42.0	32.7	70.4
Luzerne fanée avec soin	1	2	60.0	71.5	48.1	66.4	66.4
Luzerne avariée par la pluie	1	2	56.6	66.5	45.3	61.9	61.9
Sainfoin en vert	1	2	66.4	72.5	42.2	66.7	78.3
Sainfoin fané	1	2	62.1	69.9	36.4	66.2	74.3
Sainfoin en foin brun	1	2	59.3	63.5	45.3	75.6	67.0

(1) Il s'agit ici de l'herbe de pâturage telle qu'on la recueille du mois d'avril à la mi-mai dans les bonnes prairies.

(2) Ces résultats concernent un foin de prairie grossier, dur et pauvre en azote.

(3) Le produit, enlevé à la main tous les dix à quatorze jours, était formé de jeunes pousses et de feuilles de graminées et de légumineuses.

(4) Le trèfle vert de ces quatre recherches provenait du même champ; il était très beau et, par suite d'un temps humide, fortement versé.

NATURE DES ALIMENTS	NOMBRE DES ESPÈCES	NOMBRE DES RECHERCHES	SUBSTANCE ORGANIQUE	PROTÉINE BRUTE	CELLULOSE BRUTE	GRAISSE BRUTE	CORPS extractifs NON AZOTÉS
Sainfoin en foin aigre	1	2	44.9	50.2	28.8	74.1	53.2
Vesce fanée avant la floraison	1	6	64.7	76.4	54.3	59.8	65.5
Fourrage sec de soja (1)	1	2	58.8	63.8	57.8	13.8	61.2
Lupin fané en fleur	1	2	—	74.4	73.5	30.4	61.6
Serradelle en fleur	1	2	61.5	74.5	49.7	65.1	62.8
Serradelle, fin de la floraison	1	2	47.4	62.9	37.0	65.7	47.6
Maïs vert (2)	1	1	69.6	73.7	72.2	75.0	67.0
Sorgho vert	1	1	71.7	62.4	59.4	85.4	77.8
Grande consoude	1	2	69.3	58.1	18.1	71.1	84.6

II. — Expériences comparatives sur le cheval et le mouton (3)

NATURE DES ALIMENTS	NOMBRE DES ESPÈCES	NOMBRE DES RECHERCHES	SUBSTANCE ORGANIQUE	PROTÉINE BRUTE	CELLULOSE BRUTE	GRAISSE BRUTE	CORPS extractifs NON AZOTÉS
Herbe verte de prairie : Mouton	13	27	62.1	60.1	60.8	51.9	65.6
			57—76	53—73	51—80	43—65	56—76
Herbe verte de prairie : Cheval	12	15	50.4	59.8	40.6	21.8	58.7
			43—62	54—69	33—57	10—42	49—67
Herbe verte de prairie : Cheval	16	23	50.8	59.2	41.3	19.8	58.7
			43—62	51—69	33—57	7—42	49—68
Pâturage (herbe de pré) (4) : Mouton	1	2	75.8	73.3	79.5	65.4	75.7
Pâturage (herbe de pré) : Cheval	1	1	62.1	68.8	57.0	13.4	65.8
Foin de prairie, riche en azote : Mouton	4	10	64.2	64.6	63.2	53.8	65.1
			63—65	59—72	61—66	48—63	62—68
Foin de prairie, riche en azote : Cheval	4	6	51.3	62.0	42.1	20.0	57.3
			49—55	55—66	36—46	14—42	52—61
Foin de prairie moyen : Mouton	4	8	58.7	56.8	55.7	51.4	61.6
			57—63	55—61	51—60	45—56	56—68
Foin de prairie moyen : Cheval	4	4	47.7	57.4	36.2	24.1	55.4
			43—56	55—60	33—42	19—31	49—67
Foin de prairie, peu azoté : Mouton	3	7	59.2	54.2	58.0	45.5	61.7
			58—61	53—56	54—61	43—49	56—65
Foin de prairie, peu azoté : Cheval	3	4	47.2	57.2	38.9	23.5	55.9
			45—51	54—62	38—40	16—33	48—61
Trèfle sec : Mouton	4	8	56.0	56.3	49.8	56.3	61.2
			55—58	55—58	48—52	56—62	58—64
Trèfle sec : Cheval	4	5	51.3	55.7	37.4	28.7	63.5
			49—55	51—60	35—39	28—31	61—67
Luzerne : Mouton	4	12	59.3	71.3	45.0	41.2	66.4
			56—62	68—74	40—47	29—56	64—70
Luzerne : Cheval	4	6	58.1	73.4	39.6	14.3	69.7
			55—61	70—75	36.44	0—30	67—71
Maïs : Mouton	1	2	88.5	78.5	61.9	84.6	91.3
Maïs : Cheval	1	1	90.9	77.6	100	63.0	93.9
Féverolle : Mouton	1	6	89.6	87.1	78.5	84.2	91.2
Féverolle : Cheval	1	5	87.1	85.9	65.4	12.9	93.2
Pois : Mouton	1	2	89.5	88.9	65.7	74.7	93.3
Pois : Cheval	1	1	80.3	83.0	8.0	9.0	89.0
Lupin : Mouton	1	2	87.6	87.8	96.7	77.6	77.7
Lupin : Cheval	1	1	72.3	94.2	50.8	27.3	50.8

(1) Les siliques étaient presque entièrement développées.
(2) Maïs précoce, très riche en azote, obtenu en terre très fertile.
(3) Tous les fourrages ont été examinés presque simultanément sur le cheval et le mouton dans des recherches, entreprises, pour la plupart, à la station agronomique de Hohenheim.
(4) Obtenu avec une application de purin et récolté le 16 mai.

B

Composition moyenne et teneur en éléments nutritifs
des aliments employés
dans les recherches sur la digestibilité

(Exprimés en pour cent de la substance sèche.)

DÉSIGNATION DES ALIMENTS	NOMBRE des ESPÈCES	PROTÉINE BRUTE	CELLULOSE BRUTE	GRAISSE BRUTE	CORPS extractifs NON AZOTÉS	CENDRES pures ET SABLE	ÉLÉMENTS DIGÉRÉS ALBUMINE et AMIDES	HYDRATES de CARBONE	GRAISSE
I. — Recherches sur les ruminants.									
A. Fourrages verts et foins.									
Gazon de prairie	3	19.7	19.5	4.8	43.9	12.1	14.7	49.0	3.2
Regain de pré	6	13.8	26.3	3.9	46.7	9.3	8.6	48.0	1.8
Foin de pré	38	11.3	30.2	3.0	47.5	7.9	7.0	47.8	1.6
Foin de pré très azoté	14	14.1	25.8	3.9	47.4	8.9	9.0	48.0	2.0
Foin de pré moyen	24	10.0	30.9	2.9	48.6	7.7	5.7	48.2	1.4
Foin de pré inférieur	7	9.3	34.6	2.4	46.3	7.2	4.7	45.7	1.0
Foin de pré donné sec	1	8.2	34.5	2.1	48.6	6.6	3.7	48.2	0.8
Foin de pré traité à la vapeur	1	8.1	35.8	2.1	47.5	6.5	2.7	48.8	0.9
Pâturage d'herbe et trèfle	1	27.1	16.7	5.1	42.7	9.0	21.3	45.1	3.3
Foin de fléole	1	7.9	34.4	2.6	50.6	4.5	3.3	51.1	1.2
Trèfle vert et trèfle sec	18	15.9	29.6	3.3	43.8	7.2	9.9	44.7	2.1
Trèfle vert avant la floraison	6	18.3	26.6	3.8	42.8	8.4	12.1	45.2	2.4
Trèfle sec très bon	6	15.5	28.2	3.4	46.5	6.3	9.6	45.8	2.1
Trèfle sec moyen	6	13.9	33.7	2.3	43.5	6.7	7.6	43.4	1.2
Trèfle vert avant floraison	1	18.4	26.6	4.2	43.5	7.3	13.6	51.9	2.7
Trèfle vert, commencement de la floraison	1	18.7	27.9	4.7	41.7	7.0	14.2	45.9	3.1
Trèfle vert, en fleur	1	15.3	26.3	3.7	47.9	6.8	10.6	47.5	2.3
Trèfle vert, fin de la floraison	1	15.6	29.9	4.2	43.8	6.5	9.1	42.6	1.0
Luzerne fanée, très bonne	9	17.9	32.0	2.8	39.6	7.4	13.2	39.9	1.1
Luzerne avant la floraison	5	18.9	29.7	2.8	40.7	7.9	14.6	41.3	1.1
Luzerne à la floraison	4	16.8	35.0	2.8	38.2	6.8	11.7	38.9	1.1
Luzerne donnée en vert	1	20.6	30.3	3.7	37.6	7.8	16.1	35.3	1.6
Luzerne fanée	1	18.4	34.0	2.3	38.0	7.3	13.5	37.1	0.7
Luzerne en foin brun	1	22.4	37.0	2.7	29.6	8.3	16.2	32.5	1.5
Luzerne donnée en vert	1	17.4	28.2	3.0	42.8	8.6	14.2	45.1	1.6
Luzerne séchée sur isoloirs	1	17.2	29.9	2.2	42.1	8.6	13.4	42.1	0.7
Luzerne fanée sans perte	1	17.0	31.8	43.8	43.8	7.4	12.2	44.4	44.4
Luzerne ayant reçu des pluies	1	14.9	33.9	44.2	44.2	6.9	9.9	42.7	42.7
Sainfoin donné en vert	1	23.8	26.0	4.0	39.8	6.4	17.3	42.1	2.7
Sainfoin fané	1	23.1	26.9	3.9	39.7	6.4	16.2	39.3	2.6
Sainfoin en foin brun	1	21.0	31.8	4.9	35.2	7.1	13.3	38.0	3.7
Sainfoin en foin aigre	1	21.2	34.2	6.2	31.4	7.1	10.6	26.6	4.6
Foin de vesce avant la floraison	1	23.8	28.1	2.8	34.3	11.1	18.2	37.7	1.7
Foin de soja	1	16.9	42.3	2.5	31.3	7.0	10.8	43.4	0.3
Foin de lupin à la floraison	1	27.8	30.2	2.4	34.8	4.9	30.7	43.6	0.7
Serradelle à la floraison	1	22.6	29.7	5.2	30.9	11.6	16.8	34.2	3.4
Serradelle fin de la floraison	1	19.1	35.7	3.9	32.5	8.8	12.0	28.7	2.6

DÉSIGNATION DES ALIMENTS		NOMBRE des ESPÈCES	PROTÉINE BRUTE	CELLULOSE BRUTE	GRAISSE BRUTE	CORPS extractifs NON AZOTÉS	CENDRES pures ET SABLE	ÉLÉMENTS DIGÉRÉS ALBUMINE et AMIDES	ÉLÉMENTS DIGÉRÉS HYDRATES de CARBONE	ÉLÉMENTS DIGÉRÉS GRAISSE
Maïs vert		1	13.8	27.7	5.6	47.9	5.0	10.0	52.1	4.2
Sorgho vert		1	7.5	33.1	6.6	59.4	3.3	4 8	59.9	5.6
Grande consoude		1	19.9	13.2	2.7	42.4	21.8	11 6	39.3	1.9
B. Pailles, etc.										
Paille de féveroles		2	10.7	41.4	1.1	40.3	6 5	5.3	41.6	0.6
Paille de soja		2	7.9	31.8	3.0	45 4	12.0	4.0	42 3	1.8
Paille de pois, très bonne		1	14.0	31.9	2.4	44.4	7.3	8.5	45.1	1.1
Paille de lupin		1	7.9	48.6	1.2	30.8	3.4	2.6	50.5	0.4
Silique de soja		1	5.9	33.7	1.5	49.5	9.4	2.6	51.3	0.9

II. — Recherches sur le cheval et le mouton

DÉSIGNATION DES ALIMENTS		NOMBRE des ESPÈCES	PROTÉINE BRUTE	CELLULOSE BRUTE	GRAISSE BRUTE	CORPS extractifs NON AZOTÉS	CENDRES pures ET SABLE	ÉLÉMENTS DIGÉRÉS ALBUMINE et AMIDES	ÉLÉMENTS DIGÉRÉS HYDRATES de CARBONE	ÉLÉMENTS DIGÉRÉS GRAISSE
Herbe de prairie	Mouton	10	11.3	32.5	2.9	44.4	8.9	6.9	48.2	1.5
	Cheval.							6.9	38.3	0.6
Herbe de pâturage	Mouton	1	17.6	23.0	3.2	40.9	15.3	12.9	49.3	2.1
	Cheval.							12.1	40.0	0.4
Foin de prairie très azoté	Mouton	3	12.1	32.9	3.1	43.9	8.1	8 1	49.7	1.7
	Cheval.							7.8	39.0	0.7
Foin de prairie moyen	Mouton	5	9.6	34.1	2.6	45.0	8.7	5.4	46.7	1.2
	Cheval.							5.5	37.2	0.6
Foin de trèfle	Mouton	2	13.9	38.0	2.2	38.2	7.7	7.9	43.0	1.2
	Cheval.							7.3	36.9	0.6
Foin de luzerne	Mouton	1	19.8	32.0	2.4	38.6	7.1	14.6	41.9	0.7
	Cheval.							14.8	40.9	0.0
Maïs	Mouton	1	13.3	1.8	4.8	78.4	1.7	10.4	72.7	4.1
	Cheval.							10.3	75 4	3.0
Féverole	Mouton	1	33.3	8.0	1.6	53.3	3.7	29.0	54.9	1.4
	Cheval.							28.7	55.3	0
Pois	Mouton	1	29.0	6.6	1.6	58.3	3.6	20.6	58.7	1.2
	Cheval.							24.8	52.4	0.1

III. — Recherches sur le porc

DÉSIGNATION DES ALIMENTS		NOMBRE des ESPÈCES	PROTÉINE BRUTE	CELLULOSE BRUTE	GRAISSE BRUTE	CORPS extractifs NON AZOTÉS	CENDRES pures ET SABLE	ÉLÉMENTS DIGÉRÉS ALBUMINE et AMIDES	ÉLÉMENTS DIGÉRÉS HYDRATES de CARBONE	ÉLÉMENTS DIGÉRÉS GRAISSE
Maïs concassé		3	12.3	2.2	5.1	78.1	2 3	10.5	[illegible]	[illegible]
Pois		5	27.4	7.5	1.7	59.8	3.6	24.8	[illegible]	[illegible]

DENAIFFE.

C

*Limite des variations de composition
des aliments employés
dans les recherches sur la digestibilité.*

(Calculées en pour cent de la substance sèche.)

NATURE DES ALIMENTS	NOMBRE des ESPÈCES	PROTÉINE BRUTE	CELLULOSE BRUTE	GRAISSE BRUTE	CORPS EXTRACTIFS non azotés	CENDRE PURE ET SABLE
I.— Recherches sur les ruminants						
Herbe de pâturage	3	16.32—5.1	17.4—23.0	3.2—5.9	38.1—52.8	8.2—15.3
Regain de pré	6	10.7—16.1	23.0—31.1	3.1—4.3	44.1—49.5	8.7—9.7
Foin de pré	38	7.4—19.4	21.8—38.2	1.6—5.2	39.8 56.2	4.2—11.0
— très azoté	14	11.8—19.4	21.8—29.0	1.0—5.2	41.8—52.0	6.8—10.0
— moyen	24	7.4—11.2	24.1—38.2	1.6—4.2	43.3—54.8	4.2—11.0
— pauvre	7	7.4—11.2	32.2—38.2	2.1—2.8	43.3—48.7	4.2—8.9
Trèfle vert et trèfle sec	18	12.2—19.6	24.5—38.9	1.4—4.9	37.7—49.7	4.9—10.1
— avant la floraison	6	16.3—19.6	24.5—28.1	2.3—4.9	40.2—45.0	7.0—10.1
Trèfle sec très bon	6	13.4—19.9	25.7—31.5	1.6—4.2	41.4—49.7	5.4—6.8
— moyen	6	12.2—16.6	28.1—38.9	1.4—2.9	37.3—48.4	4.9—7.8
Luzerne sèche très bonne	9	14.9—20.6	25.1—37.9	2.3—3.7	35.5—44.1	6.3—8.6
— avant la floraison	5	17.3—20.6	25.1—34.0	2.4—3.7	37.6—44.1	7.1—8.6
— à la floraison	4	14.9—18.4	31.8—37.9	2.3—3.7	35.5—41.4	6.3—7.3
— Féverole	5	28.9—33.6	7.1—9.1	1.6—2.4	52.2—58.0	3.0—5.5
Lupin	4	36.1—47.9	14.5—20.9	6.0—6.7	22.9—38.1	1.7—4.8
II.— Recherches sur le cheval et le mouton						
Herbe de prairie	9	8.5—17.7	23.0—38.2	2.2—4.0	40.9—47.4	7.2—15.3
Foin de pré très azoté	3	11.2—12.9	31.6—34.9	2.7—4.0	43.3—44.8	8.0—8.2
— moyen	5	8.5—10.9	30.9—38.2	2.2—2.8	43.3—47.4	7.[illegible]—11.0
Trèfle sec	2	12.9—14.9	37.1—38.9	2.2—2.2	37.3—38.[illegible]	7.5—[illegible].8

VIII. — TENEUR DE QUELQUES ALIMENTS

En azote albuminoïde
et en azote non albuminoïde

NATURE DES ALIMENTS	NOMBRE des espèces
Herbe de prairie pâturée	4
Foin d'une prairie irriguée	1
Regain	2
Foin de prairie	10
Herbes des champs jeunes	6
— avant et pendant la floraison	6
— mûres	3
Sorgho vert	1
Maïs vert	2
Maïs d'ensilage	6
Avoine en vert, fin mai	1
Avoine en vert, fin juin	1
Ray-grass, en mai	1
— fumé en juin	1
Trèfle rouge jeune	3
— en fleur et trèfle sec	4
Trèfle hybride frais	1
— ensilé	1
Luzerne jeune	3
Luzerne commencement de la floraison et luzerne sèche	6
Sainfoin jeune	2
Vesce fanée avant la floraison	1
— fourrage en floraison	1
— mure (grain et paille)	1
— des sables en fleur	1
Soja fané fin de la floraison	1
Grande consoude avant la floraison	3
Moutarde blanche, commencement de la floraison	2
Moutarde blanche en pleine fleur	2
Lupin vert, fin de la floraison	2
Féverolle	1
Pois	1
Lupin (graine)	6
Lupin (décortiqué)	1
Graine de soja	2

| AZOTE EN POUR CENT DE LA SUBSTANCE SÈCHE | | | AZOTE NON ALBUMINOÏDE en pour cent du total |
TOTAL	DANS L'ALBUMINE	NON ALBUMINOÏDE	
3.172	2 320	0.852	26.9
2.61—4.01	1.84—3.14	0.50—1.05	19.0—34.8
3.18	2.47	0.71	22.3
2.327	1.974	0.353	15.0
2.27—2.38	1.92—2 03	0.35—0.36	15.0—15.0
1.779	1.552	0.227	12.8
1.35—2.52	1.25—2.08	0.10—0.44	7.5—17.5
4.361	3 185	1.176	27.0
3.58—5.09	2 68—3.79	0.55—1.70	14.6—38.5
1.708	1.380	0.418	23.2
1.20—2.53	0.94—2 08	0.23—0.64	16.1—32.4
1.06	0.850	0.210	19.8
0.94—1.31	0.74—0.98	0.20—0.23	15.0—21.8
1.70	1.261	0.439	25.8
1.920	1.565	0.355	18.5
1.91—1.93	1.38—1.75	0 16—0.55	8.4—28.5
1.664	0.971	0.693	41.7
1.49—1.80	0.71—1.16	0.45—0.91	27.9—56.0
4.14	3.51	0 61	14.8
2.29	2.03	0.26	11 3
2.35	1.81	0.54	23.0
3.64	3.04	0.60	16.5
3.881	2.662	1.219	31.4
2.47—5.20	1.75—3.24	0.72—1.96	24.5—37 5
2.234	1.810	0.424	19.000
2.06—2.24	1.57—2.06	0.32—0.67	13.9—39 9
2.143	1.573	0.570	26.6
2.150	1.468	0.682	31.7
5.417	3.631	1.786	33 0
3.57—6 92	2.39—4.79	1.18—2.13	30.5—35.5
2.545	1.812	0.733	28 9
2.30—3.01	1.55—2.28	0.65—0.92	24.2—37.3
3.140	2.306	0.834	26.6
3.03—3.25	2.22—2.39	0.81—0.86	26.4—26 7
4.08	2.53	1.55	38.0
4.05	3.124	0.926	23.9
3.09	2.679	0.411	13 3
4.46	3.30	1.16	35.7
2.707	2.148	0.559	20.6
3.89	3.38	0.51	13.1
2.84	2.16	0.68	23.8
2.14	1.74	0.40	18.5
3.425	2.220	1.205	35.2
3.28—3.57	2.08—2.36	1.20—1.31	33.8—36.6
4.780	4.10	0.680	14.2
4.780	4.237	0.543	11.4
6.657	5.973	0.684	10.3
5.31—7.59	4.90—7.01	0.41—1.22	6.8—16.1
8.63	8.41	0.22	2.6
6.513	6.073	0.440	6.09
6.30—6.73	5.90—6.45	0.28—0.60	4.2—9.5

TABLE ALPHABÉTIQUE

TABLE DES MATIÈRES